主编简介

戴荣四 男，汉族，副教授，博士，1972年8月出生，现在湖南农业大学学生工作部工作，主要研究方向：大学生思想政治教育，修业大学堂系列活动主要策划人。

邹晓卓 男，汉族，讲师，博士，1978年9月出生，现在湖南农业大学学生工作部工作，主要研究方向：大学生思想政治教育，修业大学堂系列活动主要策划人与实施者。

高校校园文化建设成果文库

走进修业大学堂

（第一卷）

戴荣四　邹晓卓◎主编

光明日报出版社

图书在版编目（CIP）数据

走进修业大学堂. 第一卷 ／ 戴荣四，邹晓卓主编.
－－北京：光明日报出版社，2018.6
ISBN 978 - 7 - 5194 - 4246 - 0

Ⅰ.①走… Ⅱ.①戴…②邹… Ⅲ.①湖南农业大学
—入学教育 Ⅳ.①S - 40

中国版本图书馆 CIP 数据核字（2018）第 117889 号

走进修业大学堂（第一卷）

ZOUJIN XIUYE DAXUETANG （DIYIJUAN）

主　　编：戴荣四　邹晓卓

责任编辑：曹美娜　朱　然　　　　　　责任校对：赵鸣鸣

封面设计：中联学林　　　　　　　　　责任印制：曹　净

出版发行：光明日报出版社

地　　址：北京市西城区永安路 106 号，100050

电　　话：010 - 67078251（咨询），63131930（邮购）

传　　真：010 - 67078227，67078255

网　　址：http：∥book. gmw. cn

E - mail：caomeina@ gmw. cn

法律顾问：北京德恒律师事务所龚柳方律师

印　　刷：三河市华东印刷有限公司

装　　订：三河市华东印刷有限公司

本书如有破损、缺页、装订错误，请与本社联系调换

开　　本：170mm×240mm

字　　数：323 千字　　　　　　　　　印　张：18

版　　次：2018 年 7 月第 1 版　　　　　印　次：2018 年 7 月第 1 次印刷

书　　号：ISBN 978 - 7 - 5194 - 4246 - 0

定　　价：68.00 元

编 委 会

序

在学校精心组织下,经过编委会的辛勤工作,我校修业大学堂第一本讲稿集——《走进修业大学堂》(第一卷)即将正式出版。这是一件振奋人心的事情,它是我校专业素养教育一个新的里程碑。编委会的同志拿着墨香四溢的书稿请我作序,面对众多大师精彩的讲稿,我深感力不从心。但回想起我校修业大学堂走过的三年不平凡的历程,一大批老师和学生为此所付出的努力,我丝毫不敢推却,更没有任何拒绝的理由。"大学者,研究高深学问者也。"作为教育和学术机构,得天下英才而育之,传承知识、启迪思想、示以做人之道,培养具有高素质全面发展的人才是大学的根本任务。专业素养是大学生综合素质的基础部分,加强大学生文化素质教育是改革传统教育模式和人才培养模式,全面推进素质教育的重要举措。

湖南农业大学始建于 1903 年 10 月 8 日创办的修业学堂,已有百余年办学历史。学校始终秉承"朴诚、奋勉、求实、创新"的校训和"质量立校、学术兴校、人才强校"的办学理念,坚持"产学研结合"的办学特色,为湖南乃至全国的社会发展和人才培养做出了重大贡献。经过百余年的发展,学校已成为以农科为特色,农、理、经、管、工、文、法等多学科协调发展的教学研究型大学,是农业部与湖南省人民政府共建学校。"修业大学堂"讲座旨在弘扬学校百年的学术精神,传播学术文化,以校学术委员会为主体开展专题讲座。主讲者既可结合个人的成长经历、治学经验、做人处世,传经授道;也可针对自身研究领域的热点问题、前沿问题,授业解惑。校学术委员会每位委员在每届任期内至少开展一次专题讲座。"修业大学堂"以"半月讲"的形式开展,面向全校师生、员工开放。

　　今天,编委会把学者们在修业大学堂的"思想"整理出来,结集出版。最主要的目的是想让更多的学子、读者听到专家学者的声音,品味人文大餐、拓展知识视野、提高文化品位、实现全面发展,让更多的人了解修业大学堂、走进修业大学堂,更好地发挥修业大学堂的育人功能。作为一所省属农业大学,我们更应该注重坚持科学教育与人文教育的结合,科学精神和人文精神的统一,更多地关注我们学校的氛围、品位、思想和精神的形成与提升。我希望我们的修业大学堂越办越好,我更期待《修业大学堂》第二卷、第三卷的出版问世。

　　是为序,聊以总结过去,肯定前者;展望未来,激励来者。

2017. 9. 26

目 录
CONTENTS

序 ··· 周清明 （1）

教学育人

漫谈科研与教学 ····································· 官春云 （3）

职业教育课程设计理念与教学策略 ············ 邹立君 （10）

漫谈大学生自主创新创业能力的培养 ········· 周冀衡 （22）

高等教育国际化的现状及发展趋势 ············ 岳好平 （37）

夯实学科基础，提升协同创新能力 ············ 周文新 （43）

内涵建设上层次　开拓创新谋发展——体育事业值得我倾其一生 ······ 李 骅 （47）

迷失与重拾——中国外语学与教走势 ········· 胡东平 （57）

经济文化

中国粮食安全问题的瓶颈与对策 ··············· 周清明 （67）

提升创新能力，夯实强校之基 ················· 陈光辉 （77）

金融体系的功能以及农村经济改革 ············ 李明贤 （83）

大数据时代的社会运行、产业发展和大众创业 ······ 王 健 （86）

管理与管理者 ··································· 兰 勇（100）

湖南美丽乡村建设规划设想 ··················· 龙岳林（110）

浅谈创新型科技人才的基本素养 ··············· 吴明亮（118）

加快农业供给侧结构性改革 ··················· 匡远配（122）

科学研究

现代农业发展动态——转型与创新 ················· 邹冬生（135）

科技创新与中国茶产业发展 ····················· 刘仲华（144）

生猪产业现状与展望 ························· 贺建华（152）

信息化技术与国家农村信息化技术建设的实践 ············· 沈　岳（161）

植物激素研究与植物的绿色革命 ··················· 肖浪涛（169）

以产业需求为支点，有效提升柑橘科技创新能力 ··········· 邓子牛（177）

理性看待转基因 ··························· 戴良英（187）

思考与漫谈农田土壤重金属污染与修复 ················· 罗　琳（195）

动物源性食品安全控制 ······················· 孙志良（203）

现代渔业发展与科技创新 ······················· 王晓清（209）

农业机械化与现代农业生产 ····················· 孙松林（213）

作物转基因研究的现状及发展趋势 ··················· 陈信波（219）

油炸食品的安全性分析 ······················· 谭兴和（228）

复杂生物数据分析 ························· 袁哲明（236）

远离草木丛，避开吸血鬼——蜱及蜱传病简介 ··········· 程天印（246）

转型期中国农业生产技术发展的机遇与挑战 ············· 邹应斌（251）

数据，计算与认知 ························· 戴小鹏（259）

猪的遗传育种 ··························· 陈　斌（265）

后　记 ····························· （274）

01

教学育人

漫谈科研与教学

官春云,蒙古族,中国工学院院士,教授,博士研究生
导师,国家高等教育教学名师。从 1959 年起致力于作物
栽培和育种的教学科研工作,在油菜栽培育种领域做出
了突出贡献,其研究成果产生了重大的社会效益、经济效
益。先后主持和参加国家科技攻关、国家"863"计划、国
家自然科学基金、国家"948"项目、国家高科技产业项目、
省部重点科研项目等 40 多项;培育国家及省级审定油菜
品种(组合)20 个,其创立的冬发理论与培育品种推广创社会经济效益近 150 亿
元;出版专著 8 本,发表论文 200 多篇;已获科技成果奖 20 项,其中国家科技进步
二等奖 2 项、三等奖 2 项,省部一、二等奖 11 项,8 项为第一名;获国家教学成果二
等奖 2 项,省教学成果一等奖 2 项,2 项为第一名。

我所讲的题目为"漫谈科研和教学",主要围绕科研工作方面做了什么来进行
讲述。

首先谈谈油菜冬发。油菜是个越冬的植物,在冬前要播种,过冬后才能收割,
在这个过程当中便会出现一个问题:油菜冬前生长好一点儿对产量提高有好处,
还是春后长得好一点儿有好处? 所以这个问题自然地就摆在了我的面前。以前
我们国家的油菜都是本地油菜,即白菜型油菜和芥菜型油菜两种,现在所说的油
菜大都是甘蓝型油菜。1954 年全国大旱,干旱过后蚜虫危害非常严重,对油菜影
响较大,蚜虫是传播病毒的媒介,会吸收有病毒的油菜的汁液来危害好的油菜,致
使好的油菜得病,这种病叫作病毒病,蚜虫的危害使油菜大幅减产。在这样的情
况下,农业部便组织专家到全国调查,找寻有没有能抵抗病毒病的油菜,找寻种质
资源,最后在西南农科所油菜地里发现了原始材料,其中有一种叫作胜利油菜和
另一种叫早生朝鲜,这两种油菜基本没有受到病毒的危害且都为甘蓝型油菜。最
后得出结论,当时认为甘蓝型油菜对病毒病是免疫的,但通过后面的研究知道甘

蓝型油菜也不是全部免疫，只是抵抗力强一点儿。

　　为了防止大旱带来的问题，当时农业部做了一个决定：从1956年以后在全国推广甘蓝型油菜。但因为当时的农民一直是种白菜型油菜，没种过甘蓝型油菜，普遍是用种白菜型油菜的方法来种甘蓝型油菜，导致了油菜产量很低。以前认为油菜在冬前不用长得很好，又加上当时的一些科学研究认为油菜冬前的苗很小，到了春后不断地生长发育，所以不要在冬前管理它。因此，很多人认为油菜只要冬前长出苗就行了，不需要长得太好，正因为总是在用种植白菜型油菜的方法来种植甘蓝型油菜，所以湖南省种了甘蓝型油菜以后十几年的时间油菜的产量都提不上去。针对这个问题，我们对甘蓝型油菜生长发育和产量形成进行了较系统的研究，得到一个结果：冬前是甘蓝型油菜器官分化的重要时期，春后是器官形成的重要时期。甘蓝型油菜有30个节，越冬之前已经长了20多个节，因此，甘蓝型油菜必须加强冬前的培育管理。

　　另外，从湖南的气候来看，春天的问题很多，风险很大，如果多施肥，病害会比较厉害。再加上春后的雨水比较多，不利于油菜花的发育，我根据油菜的生长特点和湖南的气候条件提出了冬发。1964年，我针对这个观点，发表了一篇关于"促进油菜冬发是长江中游地区油菜高产的重要途径"的文章。此外，在湖南省我与农业厅紧密结合做了些试点，发现如果冬前生长好的话，春后产量就很高，如果冬前生长得不好，春后产量就不高。随后对冬发技术进行了推广，1972年湖南省油菜产量大幅提高，基本实现了菜籽油的自给自足，并登上《湖南日报》的头版头条。当时农业部在了解了这个情况后，在湖南省办了一个长江中游四省的油菜干部的学习班，在这个学习班上我就讲述了油菜冬发的原理，这是我第一次把油菜冬发的观点宣传出去。那么冬发的不同生育时期的形态指标相比过去有什么不同呢？比如过去要求冬前油菜只要有五六片叶就够了，现在要求长十五片叶，还有十五片叶已经分化。对于种植措施，一是早播，白菜型油菜怕冻，而甘蓝型油菜抗冻，可以播早点儿，九月就要播种，且早播不会引起早花，施肥重在冬前等一套的种植措施，这便是冬发，就是促进油菜在冬前或冬季的生长发育。这在当时有一定的影响，特别是促进了长江中游地区油菜单产增加至少100公斤以上，油菜的产量大幅度提高。后来我也因为此油菜冬发成果荣获奖项。

　　接下来对油菜光温生态条件的研究进行第二点漫谈。我刚开始接触油菜就对油菜的生长和发育做了系统的研究，过去认为冬油菜强感光很强，但研究以后发现我国的冬油菜对光照都不敏感，从实际情况来看湖南油菜冬季日照还不到12小时，根据我们对油菜的感光和感温特性进行研究，油菜感温性有春性、半冬性与冬性，感光性有强感光与弱感光。湖南的油菜属于半冬性弱感光类型。得到这些结论后发表了一些相关文章。

到了 1984 年,改革开放初期,农业部派了代表到加拿大学习。代表发现加拿大的油菜品质较好、生育期短、产量高,就向国务院提出了建议,建议在中国长江流域大力推广加拿大的春油菜。中国油料所对这个建议进行了认真的讨论,当时,我提出了我国冬油菜生长的光温条件与加拿大不同,在长江流域推广春油菜将无法正常发育,将建议否定。后来通过实验证明把加拿大的春油菜拿到长江流域来种,一是生育期很长;二是抗病性很差,产量减产 30% 左右。幸亏没有大量引进种植,否则将会导致我国油菜大量减产。

接下来针对双低油菜的研究来进行第三点漫谈。加拿大的双低油菜无法在我国直接种植,地域性较强,产量上不去,要创造中国的双低油菜只有靠中国人自己。从 80 年代初期,我就在执行这个任务,因为进行的研究比较早,遗传规律也比较了解。很多单位怕低芥酸、低硫苷的性状会消失,所以他们在选择的时候把双低品质放在第一位置,产量等别的因素放在了一边。而我则选择了另外一条路线。我认为双低油菜的双低品质根据它的遗传规律来看达到是很容易的,不是件难事,关键是作为一个品种必须要兼备高产和高抗才有生产价值,产量和双低的特性都必须兼顾。最后选育完成后与全国其他品种进行比较,我们培育的品种最好,所以 1987 年率先通过了品种审定,也是中国的第一个双低油菜品种。诀窍究竟在哪里呢?就是在选择中把农艺性状和抗性性状放在首位,双低的品质只要有基因在里面随时可以分解出来,再进行繁殖,而后陆续育成了多个双低油菜品种在生产上大面积推广。经过农业部统计,在 20 世纪 90 年代前期,我校的油菜品种推广面积居全国第三位,使得全国各地许多单位都到我校来引种,品种的销售面积特别广。

我们再来漫谈第四点——利用化学杂交剂制种的研究。当时认为油菜杂种优势利用主要有三个途径,而我根据当时的情况大胆地决定走另外一条途径。当时涉足化学杂交剂领域的人并不多,我选择了几个化学杂交剂,有人对我说我们这个研究途径不正规。而我就是利用这个方法来进行研究,并且化学杂交剂越来越受到人们的重视。特别是后来发现油菜的高含油量主要受到母体的影响,母本起重要作用,因此利用化学杂交剂进行高含油量杂交育种越来越受到大家的重视。这个成果也获得了国家的奖励。

第五个方面是新疆野生油菜研究。当时业内有人提出新疆野生油菜是一个新种,但我们表示怀疑,然后我们联合中国农科院油料所申报了一个项目,到新疆进行了实地考察,观察了它的分布和表现,后面我们在国家自然科学基金的资助下对新疆野生油菜遗传特性等进行了系统的研究,并到加拿大与他们的物种进行了比较，发现它就是野芥（Sinapis arvensis）在中国的新分布。

第六点是转基因。我校20世纪80年代开始对转基因开展研究，最早通过转基因的办法获得了转Barnase基因的不育系，后续通过研究选育出包含Barstar恢复基因的恢复系，另外培育出转Bt基因的抗虫油菜品系T7。

接下来我们漫谈的第七点，是对于开展的机播机收适度管理的研究。通过研究设计出了可以一机多用的油菜播种机和收割机，重点抓好油菜播种和收割两个环节，提高了油菜产量和生产效率，促进农民增收，累计推广350万亩。通过辐射育种培育出高油酸的油菜品种，该品种有别于国外通过EMS诱变的材料，农艺性状并未劣化。高油酸的油是营养保健油，对中老年心血管疾病有很好的效果，使菜籽油的营养价值大大提高，现在高油酸菜籽油已经进行产业化开发。

接下来，我们针对教学改革方面进行漫谈。

第一，20世纪90年代初，教育部为适应社会进步和科技发展，对高等教育如何改革，提出了一些研究课题。当时我正担任校长，与中国农大、南京农大共同主持了"植物生产类专业人才培养规格、教学内容和课程体系改革"项目，动员全校力量，进行了认真探索。主要内容有：加强基础课教学，加强动手能力培养，使学生学到真本事。专业课采取"六边"方式进行教学，如农学专业在水稻生长全过程中，专业课和专业基础课老师采取"边实习、边教学、边科研、边调查总结、边做群众工作"的方式，这样既压缩了专业课教学，又使理论与实践紧密结合，学生学得牢、用得上。这一改革成果获国家教改成果二等奖，并为有关学校采用。

第二，20世纪90年代，在全国加快职业教育发展中，我牵头创立了发展职业教育的"个十百千万工程"。我认为河北农业大学创立的"太行山道路"很好，农业高校师生下乡面对面带领农民致富的方式值得学习。但如何加快这一过程？为此，我提出具有辐射效应的"个十百千万工程"，湖南农业大学是"个"，重点培养好省内十所示范型职业中学，每所职业中学又辐射十所，层层辐射，使成千上万农民得到提高。湖南农大每年对所属示范职业中学进行培训，明确推广应用的技术技能。经几年实施后取得了良好效果。2000年时任教育部副部长张宝庆在湖南邵阳召开现场会，项目得到大力推广。随后，该项目获得国家教育成果二等奖。

我认为以上所做的科研教学工作都是应该做的工作，只是还做得很不够。

最后，我来谈谈自己的感悟。

第一，树立正确的人生观，世界观，价值观。

把自己的事业和前途与国家民族的事业和前途紧密联系起来，只有这样，才有宏大的奋斗目标，才有永恒的动力，才不会受社会上各种不良思想的诱惑和干扰，才经得起失败和挫折。我的人生目标是在实际经历中逐渐形成的。对我影响最大的几段经历,一是家境贫困,只想通过自己的奋斗能过上好日子;二是经历7年逃难(因日本帝国主义侵略我国),使我深刻认识到反帝强国的道理;三是从大学时代开始我经常下乡,与农民同吃同住同劳动,体会到了农民的艰辛、农村的落后,最后决定努力工作改变现状。

在党和国家多年的培养和教育下,我逐步树立了正确的人生观和价值观,把爱祖国、爱人民、爱劳动、爱科学,遵纪守法、艰苦奋斗作为做人的准则,并在这个基础上努力工作才做出了以上成绩。

第二,为祖国"四化"献身,为科学事业献身。

这两句话要求很高,为祖国建设献身,就是把国家的前途与命运作为自己终生奋斗的目标。为科学事业献身,即在促进科技进步方面做出自己的贡献。为什么?因为没有国,也就没有家,更没有个人的事业。国家的前途命运是大事,个人的前途命运一定要服从国家需要。促进科技进步是每个科技工作者的责任。我认为搞科技工作不是为了粉饰门面,或为了评上职称等,而是要进行自主创新,完成国家和社会交给我们的光荣任务,并使自己也从中得到提高。

第三,坚持正确的政治方向,坚持多读书、多实践、多总结。

我在坚持正确的政治方向的前提下,始终坚持这"三多",是我快速成长的关键。第一是多读书。书是前人实践和思维的总结。高尔基曾说"我读的书愈多我就愈接近世界"。有人说知识就像冰山越积越大,但到用时它就会化作滔滔的江水,为我所用。首先要多读自己从事的专业书,知道前人做了哪些工作,哪些问题还没有解决,研究才会有的放矢。现在有些人申报自然科学基金资助老是得不到,其中一个主要原因是没有掌握国内外动态,引用文献太少。还要读基础方面的书,没有好的基础理论,研究很难深入,也很难取得创新性成果。如农业科学是一门综合性、应用性很强的科学,过去的研究多侧重于外在表现(虽然这也是十分重要的),但内在原因研究还不够。由于生命科学的迅速发展,人们完全可以从分子水平来探索生命的奥秘,因此农学的应用基础研究更注重内在变化特点,使常规育种发展到分子育种,作物栽培学发展到分子作物栽培学。这就要求农业研究人员经常获取新的基础理论知识,使研究更加深入。此外还要读政治书、文艺书等,这样可以不迷失方向和丰富自己的精神生活。

第二是多实践。俗话说实践出真知,只有勇于实践、勤于实践的人,才能做出创新性成果。如果一个农业科学家长期不下田,也不到实验室,那么他就不可能做出创新成果。经常下田跟经常读书一样,把你的试验材料看熟了,你才可能发现它们之间的差异或变异。农业研究人员经常在泥里水里或在风里雨里工作,比较艰苦,但只有不畏艰苦且勤于实践的人,才能取得第一手资料。

第三是多总结。总结就是梳辫子,是一个去粗取精、去伪存真,由此推彼、由表及里的加工制作的过程,并能够提高到理论上来。我建议把读书、实践、总结结合起来同时进行,而不是把读书、实践、总结分开进行。研究论文是衡量研究水平的重要标志。当前有些研究论文水平偏低,除了选题和写作方面等的问题外,主要是研究方法和研究内容缺乏创新,此外是讨论部分没有提出新观点、新理论。论文的讨论是在做完研究工作后提出的各种看法,是体现论文创新最重要的部分,这部分没有写好,将使论文大为失色。

第四,教学要有奉献精神。

习近平同志2014年曾提出"做好老师,要有理想信念,要有道德情操,要有扎实学识,要有仁爱之心"。我非常认同这个观点,并要在这方面下功夫。除了要教好自己的学生,还要调动学生的积极性,做到教学相长。另外,教学要求老师知识面要宽,要关注教学计划、教学内容、教学方法和存在的问题,并不断进行教学改革。教学不像搞科研,搞科研是攻其一面,教育是方方面面都要联系到。同学们对老师的要求也是这样,就好比是育种,从取种开始要用什么育种、什么方法,同学们以为老师是非常清楚的,事实上老师也应该很清楚才可以。我认为教学改革不仅要促进教学质量的提高,而且还要因材施教,像培育盆景一样,培养好每个学生。因为培育盆景跟这个大品种不一样,比如种油菜、种水稻,种子一播,都是一样,但这个搞盆景呢,一盆一盆的,各有不同,想要根据它的生长发育情况来培育它。因此,我提倡要因材施教,要把学生教好的话要对每个学生都很关心,这个就像培育盆景一样把学生培育好。

第五,科研要有创新精神。

我认为科研工作范围要窄,不能研究宽;目标要新,要创新;方向要稳,不能老是变;工作要实。因为一个人的精力有限,科研目标不能太多,只能抓住一个目标进行研究。科研工作就像果实剥皮一样,一层一层剥下去,剥到最里面看究竟是什么东西,一层层剥,解决一个问题再解决另一个问题。所以科研工作不能方向不稳定,东打一枪、西放一炮,科研工作就很难成功。另外,有些人跟着经费跑,哪儿有经费,哪儿有项目,就变更他的方向,这个都是不好的。这虽无可责难,但主要目标仍应抓住不放,才有可能取得好的成果。

我强调科研工作主要是抓住主要目标,持之以恒,解决问题。要老老实实工作,尊重事实,是什么结果,就是什么结果,不能想当然,不能浮夸,也不能急于求成,更不能弄虚作假。弄虚作假是对科学道德的败坏,是重大的学风问题,而且弄虚作假的人是永远做不出什么科研结果的。因此学风是很重要的一个问题。

第六,五分钟时间很长,五十年时间很短,人生欲成才,分秒惜光阴。

　　我认为五分钟的时间很长,真正利用起来的时候,这个五分钟是很长的,但是,五十年很短,就是有效的工作时间大概五十年,一晃就过来了。记得自己刚毕业的时候还是二十岁左右,因为是小学到中学跳了两个年级,四年级还没读完的时候就读初中了,当时刚刚解放,制度还没有这么严格,直接就到初中了。大学毕业的时候,人还在二十岁左右,一下子就过来了。五十年时间,确实是很短,眨眼就过去了,人生要成才,就要分秒惜光阴,年轻的时候就发奋做起。

　　第七,人生如马拉松赛跑,不要为一时落后而气馁,只要持之以恒,努力奋进,定会迎头赶上,实现人生的梦想。

　　我以自己的亲身经历告诉你们,我小学四年级还未能读完,因为逃难到处跑,直接就读初中。那时的我很困难,初中学得很吃力,感觉自己很笨,怎么也学不会,但是到了高中以后,慢慢地开始上来了。因而要持之以恒,搞科研工作也是一样,只要坚持做下去,就可以把成果做出来。

职业教育课程设计理念与教学策略

邹立君,教授,湖南农业大学1982级植物保护专业的毕业生,现任教育学院教育心理学教授,学校第十三届学术委员会委员,教育学硕士生导师。她主要研究的方向有职业教育、教师教育和课程与教学论。承担研究生和本科生的"课程与教学论""职业教育教学法""教学系统设计"等课程的教学,还承担中等职业学校骨干教师国家级培训相关课程的教学工作。自1993年以来,邹教授一直从事职业教育课程与教学方面的研究与实践,先后多次主持和参与国家级、省部级和校厅级等科研项目,获得省部级和校厅级奖励18项,出版著作2部,在国家级、省级学术期刊上发表论文50余篇,曾多次荣获校优秀硕士生导师、优秀教师、优秀共产党员等荣誉称号。

首先,我想问同学们两个问题,请同学们如实回答。现在学校开设的这些课程有多少是你们自己主动且愿意去学的? 课堂对你们的吸引力大吗? 为什么今天讲这么一个主题呢,是基于我观察到的两个现象。一是我发现我们学校有不少学生不惜花大价钱到培训学校培训。我曾对我们学校某个班的学生做过一个调查,他们班50%的学生花17000多元钱到培训机构去培训,学习网页鉴定师的课程和软件设计师的课程。我问他们为什么去培训,他们的回答几乎一致:学校开设的课程太理论了,对毕业后就业的作用不大。培训机构开设的课程有一个非常鲜明的特点就是针对职业、针对技术领域的知识。另一个现象就是我们学校的有些课堂有点沉闷,存在学生逃课、旷课、低头玩手机等现象。这就让我思考了一些问题:大学教育的课程是不是要引入一些职业教育的课程理念? 怎样让我们大学的课程受学生的欢迎? 怎么让学生愿意到课堂上来? 基于对这些现象的观察和思考,我们今天就一起来分享和交流一下职业教育课程设计理念和教学策略。

我们知道,在教育体系中有两大类教育:一类是普通教育,另一类是职业教育。在座的老师和同学对普通教育非常熟悉,对普通教育的课程与教学也非常熟悉。因为学习生活一路走来,大家经历的都是这类教育及它的课程和教学。普通教育课程设计的视角是"学科",是一种基于学科的课程与教学。这种课程与教学的特点是:以坚持科学性原则为主,课程内容置于学科体系之中,以获得实际存在的客观知识为目标,其教学的目标是使学生掌握学科知识结构,即学科的基本知识、基本技能和基本方法,为未来应对模糊的科学世界打下基础。而职业教育作为一种有别于普通教育的教育,在其核心领域,即课程与教学领域,它应该有也必须有自己独特的视角。职业教育课程与教学的视角是基于"职业",基于"技术",基于"工作体系"。而对于这一视角的课程与教学,我想,在座的老师和同学可能涉猎不多。我们湖南农业大学的前身是带有鲜明职业教育特色的学校。湖南农业大学的前身是1903年创建的修业学堂,1912年修业学堂更名为修业学校,1928年修业学校更名为湖南私立修业农业职业学校,1934年更名为私立修业高级农业职业学校,应该说,当时的课程与教学带有浓厚的职业教育的特征。现在这种特征已然没有或很少了。当然这与学校人才培养目标定位的变化有关。但我认为,今天我们一起从"职业"和"技术"的视角,交流职业教育课程设计理念与教学策略有它的现实意义。

一、职业教育课程设计理念的缘起

1. 学科课程在职业学校教育教学中的低效或无效的客观现实

具体表现:(1)学不懂;(2)学习无兴趣;(3)没有真正掌握,死记硬背,考试完就全忘记了。

这个时候,一些职业教育的实践者和学者开始思考,如何从课程与教学的层面来解决这种教育教学低效或无效的现实问题呢?课程与教学除了可以从学科的视角,还有其他的视角吗?研究发现,学科知识是附着于学科而存在的,课程可以遵循学科体系开发,形成学科课程。还有一些知识,如工作知识,就不具有自身独立的存在形态,而是附着于工作体系而存在的。职业教育的目的是要使学生通过职业教育后获得职业资格以及工作的经验,把学生带入"工作世界",使其"有业,乐业"。因此,职业教育的课程与教学就必须更多地关注职业,关注工作体系,关注技术,关注工作知识,通过工作过程系统化课程与教学,提升学生的职业竞争力,即提升学生的岗位操作能力、职业综合能力、职业发展能力和职业创新能力。

学生的职业竞争力的培养,我觉得也是像我们湖南农业大学这样的普通高校应该关注的。

这里有两个概念给大家解释一下:

什么是学科?在座的各位会有一些具体的概念,如植物学、生物化学、管理学、植物病理学、教育学、心理学、英语、数学,等等。一个学科何以成立?学科独立有五个标志:(1)要有独立的知识体系;(2)科学家群体的产生;(3)研究机构和教学单位的产生;(4)学术团队建立并开始有效活动;(5)有专著和出版物的问世。

什么是职业?在座的各位会有一些具体的概念,如教师、律师、人力职业管理师、会计师、物流师、维修电工、车工,等等。那么,职业是个什么概念?

(1)从职业社会学角度看

职业:是个体社会生存的载体;是个体与社会融合的一个载体;是个人社会定位的一个媒介;是个体与社会交往最直接的一个空间。

(2)从职业教育学角度看

职业:是个体接受教育的结果;是个体习得的职业资格与所获得的工作经验的一种组合。职业资格包括知识与经验、技能与能力、态度与行为等方面。

职业的价值在于:①满足个人基本生存的需要;②满足个体提升生活意义的需要。

2. 对职业教育课程的有效性和科学性问题的思考

所谓课程的有效性就是课程能否实现教育的目标,多大程度上实现了教育的目标。所谓课程的科学性就是课程是否遵循了应该遵循的规律。

泰勒在《课程与教学的基本原理》一书中就提出了学校教育的四个基本问题:学校应力求达到何种教育目标?如何选择有助于实现这些教育目标的学习经验?如何为有效的教学组织学习经验?如何评估学习经验的有效性?

职业教育的课程必须为职业教育目标服务,必须围绕职业教育的目标设计课程。那么,职业学校教育应力求达到何种教育目标呢?换句话说,职业学校是要培养什么类型的人才呢?

要回答上述问题,我们就得先看看在社会人才结构中有哪些人才类型。

从人类认识世界和改造世界的整个流程上来考察人才类型:

——科学发现

——技术发明(科学原理的应用)、工程设计

——技术应用(工程施工、工艺设计、操作规程设计)

——技术操作

不同流程上需要不同类型的人才,由此就有了下列的四种人才类型:

学术型;工程型;技术型;技能型。

四种人才分别由不同类型的专业学校来培养。学术型和工程型人才由普通高校培养,技术、技能型人才由职业院校培养。由于学术型、工程型、技术型、技能

型人才在人类认识世界和改造世界的整个流程要完成的使命不同,使得普通高校和职业院校在人才培养活动上呈现差异。具体我们可以从职业谱、教育谱和研究谱三个维度考察它们的差异。

一是,职业谱上(培养后做什么?):

普通高校＝发现知识、建构理论;集成知识,设计开发

职业院校＝集成知识,技术转化/应用;技术应用、生产施工

二是,在研究谱上(研究什么?)

普通高校＝怎样发现知识;怎样集成知识

职业院校＝怎样集成和应用知识;怎样应用知识

三是,在教育谱上(学习什么?)

普通高校＝学术知识;课程设计知识

职业院校＝技术理论、技术应用等知识;技术应用、工艺操作等知识

正是由于上述三个方面的差异性,我们在考察职业教育课程的有效性和科学性问题的时候,其视角就不在学科,而是看课程是否符合技术活动的规律,是否符合职业活动的规律。也就是说,职业教育的课程设计的视角应该是基于职业和技术的。

二、基于职业与技术视角的课程设计理念

1. 课程不能割裂与工作过程的客观联系

职业教育的重要目的是发展学习者职业发展的灵活性,帮助其适应企业和社会的飞速变化,帮助青年人设计自己的个人生涯,为接受终身教育做准备,为工作中和工作外的学习创造条件。

职业教育的最终产品是"职业能力"。这种能力对个人而言,是个体学习成果的体现;对于社会和个体需求以及整体行业发展而言,是实用性成果的具体体现。

职业能力,即职业行动能力,即解决典型的职业问题和应对典型的职业情境,并综合应用有关知识和技能的能力。它包括以下三个方面的能力:

(1)专业能力,专业知识和技能,是基本的生存能力。

(2)方法能力,学会学习,学会工作,是基本的发展能力。

(3)社会能力,学会共处,学会做人,是基本的发展能力。

"职业能力"不是简单地通过课堂讲授、他人告知就可以获得的,而是要在具体的职业行动中才能形成的。因此,职业教育必须与具体的职业行为相联系,职业教育的课程必须与实际工作过程相联系。

2. 课程没有割裂技术、劳动组织和职业教育三者的辩证关系

技术发展、生产和工作组织以及职业教育处在一种三角的、直接的、相互制约

和相互影响的关系之中。在社会发展和生产中,技术并不是唯一的决定因素。采用相同的技术和不同的劳动组织方式,对生产力的促进程度有可能完全不同。通过不同的生产组织,还可以使技术按照不同的模式发展,即人类在一定程度上可以设计技术的发展道路。职业教育则通过对劳动者的能力的开发,对劳动组织、劳动内容和生产技术产生影响,创造了技术发展的可能性。

职业教育培养的人才不仅要具有技术适应能力,而且更重要的是应对能力,本着对社会、经济和环境负责的态度,参与设计和创造未来的技术和劳动世界。

职业教育的课程不能简单地适应技术的发展及职业工作任务一时的要求,必须更多地关注工作、技术与教育之间的相互关系及其相互作用。不能根据现有的生产技术以及与之相应的劳动组织方式就简单地确定技术工人的工作内容,并由此确定技术工人的资格和教育的课程。

3. 课程要遵循职业能力发展的一般规律

职业学习心理学研究发现,职业能力发展的一般规律是"从门外汉到专家"五个发展阶段,即新手—进步的初学者—内行的行动者—熟练的专业人员—专家。

不同阶段要完成的工作任务和应具备的知识是不同的。新手(初学者)通过相应职业取向性工作任务的完成过程,尽快了解职业所涉及的本质内容,从职业化角度来理解所学职业的轮廓,并对自己的职业行动进行批评性反思,从而成长为有进步的初学者。

有进步的初学者通过系统的工作任务的完成过程,对职业工作世界的系统结构充分了解和理解,在考虑技术与劳动组织间的关系及相互作用的前提下,在相关的职业情境中解决问题和完成工作任务,并在此过程中培养和获取相应的职业合作能力,进而成长为内行的行动者。

内行的行动者通过具体特殊问题的工作任务的完成过程,掌握与系统能力互补的、涉及解决问题较多且具有特殊性职业工作任务的细节与功能知识,相应理论知识、特殊的手工艺技术及对最初经验的运用,形成完成诸如故障诊断等非规律性的工作任务的能力,进而成长为熟练的专业人员。

熟练的专业人员通过不可预测的工作任务的完成过程,形成基于经验的专业系统的深入知识,形成对于直至学科体系深化知识的关联性理解,并为职业继续教育打下专业基础。

三、职业教育课程设计理念下的课程样式

1. 课程目标指向：技术实践能力

意味着职业教育课程目标是让学生"会做"，能正确地完成相关职业中的任务。

意味着职业教育课程目标是技术领域的实践能力。

技术实践能力——是与理论家的"理论沉思能力"相对应的一个概念，是运用身体完成具体职业任务的能力，是以"技术"为内容的实践能力，是技能、态度、价值观等多种要素的一种综合状态。它包括"实践性思考"和"动作技能"。

实践性思考的两个核心要素：情境性判断和对实践方法的思考。

情境性判断——在实践情境中，判断实践问题的实质，并判断该采取什么合适的行动。实践情境的复杂性、不确定性决定了判断是一种十分复杂的能力。

这里又有个概念：技术。何谓技术？对"技术"这一概念，我们可以从物质维度、知识维度、过程维度和现代意义四个方面把握。如下图：

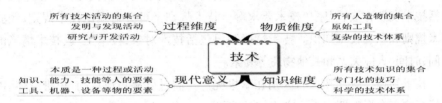

2. 课程内容选择的重点：技术知识

何谓技术知识？技术知识，从功能上说是为生产某种物品，或提供某种服务所需的知识，它包括技术理论知识和技术实践知识，其表征的方式有符号表征和过程表征。那技术知识包括哪些具体内容？这个我们可以从技术活动单元的基本结构中考察技术知识结构。

人们要进行技术操作，首先是判断现有的技术规则是否符合现在的技术情境，若符合就按照技术规则进行技术操作，若不符合就生成新的技术规则，再进行技术操作，如下图所示。

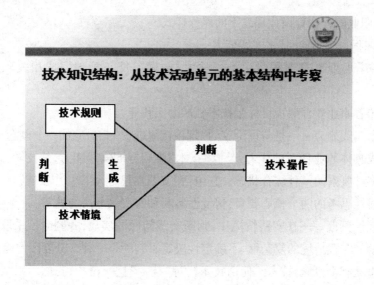

由此,技术规则、技术情境知识和判断知识构成了技术实践知识。技术规则包括技术实践方法、程序和技术要求等。技术规则又可分为理论技术规则、经验技术规则和默会技术知识。技术情境知识包括技术对象、技术工具、技术情境的空间、时间、人际关系和其他物质等要素。

技术知识与科学知识的区别在哪里呢？我们可以从知识目的、思维载体、内容特征和存在形态四个方面来比较,见下图。

技术知识与科学知识的比较

比较维度	科学知识	技术知识
知识目的	理解:理解世界	功能性:完成技术任务
思维载体	语言逻辑思维:主要应用语言逻辑思维。	思维具体性:需要应用语言逻辑思维、具体形象思维和直观动作思维多种思维。特别是具体形象思维和直观动作思维。
内容特征	普遍性:适合于所有现象	情境性:只适用于具体情境,需要适用判断力知识决定。哪个情境该应用哪个技术规则或经验。
	简单性:追求简单、力图用公式、命题逻辑地描述世界。	复杂性:很零碎、具体、复杂,无法用简单的几条命题或公式来概括。
存在形态	命题型:以语言等符号为载体,以命题、公式的形式而被记载。具有静态性。	过程型:存在于实践过程本身,具有动态性。虽然技术规则等也能运用语言进行描述,但只有在实践过程中才可能真正掌握这些技术规则。
	内在逻辑:按照知识本身的逻辑进行组织。	任务逻辑:以实践任务为核心进行组织。

3. 课程内容组织模式:工作任务模式

课程内容的组织模式主要有四种:

一是,学科课程模式。课程内容组织的基点是"学科"。这是一种最古老且应用最广泛的课程内容组织模式。这种模式的两个基本特点是:按照学科方式对课程内容进行分类和组织;强调解释技巧。

二是,活动课程模式。课程内容组织的基点是"兴趣"。活动课程有三个基本特征:学生的兴趣决定课程内容与结构;共同的兴趣与共同的学习;要进行准备,但没有预先严格规划的内容。

三是,核心课程模式。课程内容组织的基点是"社会问题"。核心课程具有以下两个特点:强调以社会价值为核心;社会问题构成核心课程的结构。

四是,工作任务模式。课程内容组织的基点是"工作任务",这种课程内容组织模式主要存在于职业教育领域。工作任务模式具有四个显著特点:课程目标是培养完成工作任务的能力;工作任务结构决定课程结构;对课程内容的标准有严格要求;工作任务结构的刚性,决定了课程内容的刚性。

职业教育课程内容组织为什么要采取工作任务模式呢? 理由是:不同的能力不仅来自不同的知识,而且来自不同的知识结构。根据这一基本原理,要有效地培养学术能力,就必须把学术教育课程结构与学科结构对应起来,从学科结构中获得学术教育课程结构;而要有效地培养职业能力,就必须把职业教育课程结构与工作结构对应起来;从工作结构中获得职业教育课程结构。

工作结构与学科结构是两种完全不同的结构,两者具有完全不同的内涵。

学科是以知识本身的相关性所组成的知识体系。按照研究的需要所划分的学科门类之间的组合关系及每门学科内部知识的组合关系便构成了学科结构。在学科体系中,知识是附着于学科而存在的,学科知识的结构取决于学科结构,因而以学科知识为内容的学科课程的结构也取决于学科结构。

与作为知识体系的学科体系不同,工作体系则是一个实践体系。这一体系不是按照知识之间的相关性,而是按照工作任务之间的相关性组织的。不同的工作任务按照某种组合方式构成一个完整的工作过程,并把目标指向工作目标的达成,这就是工作结构。工作结构是客观存在的,而非人为构建,揭示客观存在的工作结构的技术是工作分析。

与学科知识的存在形式完全不同,工作知识是在工作实践中"生产"出来的,它们的产生完全出于工作任务达成的需要,附着于工作过程是其存在的基本形态。既然在工作体系中,工作知识不具有自身独立的存在形态,而是附着于工作体系而存在的,那么以工作知识为内容的职业教育课程的结构只能来自工作结构。工作结构与学科结构之间的本质差别,便形成了学术教育课程结构与职业教育课程结构之间的本质差别。

基于工作结构的课程结构,在课程分类上,课程门类划分以工作过程的划分为基本依据;在课程排序上,课程排列顺序反映工作过程的展开顺序;在课时分配上,以所对应的工作任务的重要程度和难易程度为基本依据;在课程内容选择上,以工作过程的需要为基本选择标准;在课程内容组织上,以动态的工作过程中的知识关系为基本依据。

四、职业教育教学策略

上述职业与技术视角的课程设计理念,使得其教学必须坚持学为中心的行动导向。

1. 为什么要学为中心?

要学为中心是因为想要获得教学的成功。那教学成功的基础又在哪里呢?

我先讲一个教学故事吧。一个知名的培训师准备给一家企业做培训,主题是关于员工的激励。当他走进授课大厅时,惊讶地发现,整个大厅空荡荡的,只有一个年轻人坐在前排,准备听他的演讲。培训师大失所望,他情绪低落地问这个年轻人:"你是做什么工作的?""我是工厂餐厅的一名厨师。"年轻人回答。培训师问年轻人:"听课的只有你一个人,你觉得我到底还要不要讲呢?"年轻人想了想,对培训师说:"我这个人头脑简单,懂得也不多。不过,如果当我走进餐厅,发现只有一个人坐在里面时,我肯定会给他送上饭菜。"培训师深受触动,于是,他面对仅有的一个听众,开始发表演讲。他满怀激情地讲了两小时。课程结束后,培训师对自己的精彩演讲非常满意,甚至有些得意扬扬。"你觉得我的课上得怎样?"培训师问厨师,他以为年轻人会对他的演讲给予高度评价。没想到,年轻人回答说:"我刚才说过,当我走进餐厅,发现只有一个人时,我仍然会送上饭菜,不过,我并不会把厨房里准备的所有饭菜都给他。"

这个故事给我们的启示就是:教学要针对学生的实际。教学成功的基础更多地基于教师对所教学生的观察和理解,而不是科本身。

2. 何谓"学为中心"?

教学存在双主体,在教的一方,教师是主体,学生是客体;在学的一方,学生是主体,教学条件和环境都是客体。教学有双主体,但教学的中心只有一个,那就是"学"。"学为中心"就是:以学习者为中心,以学习者的"学"为中心,教师服务于学生,教师的"教"服务于学习者的"学"。

3. 为什么要行动导向?

我想问大家一个问题:大家平时是怎样学习新知识的? 比如新买了一个最新的数码相机,大家是怎样获得数码相机的操作使用知识的呢? 我想无非就是这样三种途径:一是直接动手尝试;二是看说明书,然后动手;三是找别人问,然后动手。不管哪种途径都归根到一点,那就是要动手,要行动。

我国伟大的教育家孔子就说过"讲给我听,我会忘记;指给我看,我会记住;让我去做,我会理解"。

"真正的获得知识,首先是以学会相应的行动和行为为前提,它们的产物就是知识。学生学会一个概念,是通过与物品的基本特征打交道来达到的,例如他通过对比,并在此基础上将物品划分到相应概念。"(列昂耶夫·加尔培林)

"从最基本的有感觉的行动(例如碰和拉),到最复杂的有理智的行动,即内化了的带有想法实施的行动(例如统一、排序、分类),知识一直都与行动或者行为,即与转变,有着紧密联系。"(皮亚杰)

4. 何谓行动导向教学?

行动导向教学并不是一种方法,而是一种教学设计的理念。它在组织教学过程中,符合个人和学校的条件下,为设计的可能性提供更大的自由空间。

行动导向教学中,学生是教学的中心。学生作为行动个体,可以在很大程度上自我决定,可以积极参与到教学过程的设计中并进行反思,可以独立自主地决定行动目标、路径和手段。

行动导向教学是以自我决定学习为主。教师在教学过程中,由统治地位逐步后退到扮演学习伙伴的角色。

行动导向教学是以自我控制学习为主。

行动导向教学是基于行动理论上的教学,教学设计首先意味着创造学习的条件。

行动导向教学的目标在于培养职业行动中的专业能力、方法能力和社会能力,也就是说,在职业教育和培训中,全面发展学生的人格。

行动导向教学考虑到两个平行的行动层面:一个是学生在有组织的学习过程中的行动;另一个是在工作生活和个人生活中非组织的学习过程中的行动。

行动导向教学是完整的学习,是认知、情感和精神层面学习过程的统一,是个体和集体的教学活动互为补充。在学习中,学习内容是描述性的,有调节作用的、标准规范的,并且要尽可能地调动各个感官。

行动导向教学,要求在教学设计中,注意人类行动的基本结构:以执行学习行动为导向分析问题、确定目标、获取信息、设计行动、进行决策—执行行动—检测和评价行动结果,对做法进行反思。

行动导向教学首先是根据学习的内在逻辑而产生的,其次是根据以学科体系为基础的结构而产生的,它是跨学科的。

行动导向教学以案例化的深入的学习,取代了广泛而肤浅的学习,这些案例对于学生的行为来说,是基本的学习对象。这样获得的知识应该能迁移应用到相类似的情境中。

行动导向教学在制度和组织方面提出了框架要求,这将为学生提供空间,使授课方式和学科分类变得灵活。

行动导向教学是:根据完成某一职业工作活动所需要的行动和行动产生和维持所需要的环境条件以及从业者的内在调节机制来设计、实施和评价职业教育的教学活动,而学科知识的系统性和完整性不再是判断职业教育教学是否有效、是否适当的标准。

行动导向教学是行动过程与学习过程的统一;通过行动来学习和为了行动而学习,"从做中学";"由师生共同确定的行动产品来引导教学组织过程,学生通过主动和全面的学习,达到脑力劳动和体力劳动的统一"。

行动导向教学是自我管理式学习。行动导向教学的根本目的:促进学生职业行动能力的发展。行动导向教学的设计原则:以学生为中心,以学生兴趣为教学组织的起点并要求学生自始至终参与教学全过程。行动导向教学的参照标准:以实际工作过程为依据。

5. 教学实践中如何贯彻"学为中心""行动导向"

首先,要实现教师角色的转变。教师从全知者、控制者和主宰者变成学习者、学生学习的顾问,学生学习活动的主持人、组织者和协调者。

其次,是要灵活采取行动导向的一些具体的教学方法。如项目教学法、张贴板教学法、案例教学法、角色扮演法、引导文教学法、职场模拟教学法等。对这些教学方法,若同学们感兴趣,可以去阅读《职业教育教学方法》。

讲到这儿,我总结一下:职业教育课程科学性基础在技术活动的规律中,在职业活动的规律中。职业教育的课程应该做到:没有割裂课程与工作过程的客观联系,没有割裂技术、劳动组织和职业教育三者的辩证关系,遵循职业能力发展的一般规律。职业教育课程目标应指向技术实践能力,课程内容选择的重点应是技术知识,课程内容组织模式主要应采取工作任务模式。职业教育教学的基础在于对学生的观察和了解,教学要体现教学的本质,即体现"体验加分享";要以学生为中心、针对学生实际。

最后我们来做一个游戏:请同学们将这九个点连成四条直线,要求落笔后就不能离开纸。谁能做到?要完成这个任务最重要的一点是什么?就是我们的思维不要被九点形成的隐形的框框给框住,必须突破这个框框才能完成任务。这就是著名的九点连线问题,它蕴含着非常深刻的寓意,就是创造性思维——在格子外思考。课程与教学是教育研究和教育实践中两个最基本的领域,任何的教育改革只有落实到课程与教学的层面才具有实质性的意义和实际的效果。课程与教学改革是教育改革的永恒主题,让我们用多维的视角、创新的思维,创造性地设计课程,实施教学,使我们的课程体系既探索学术又技艺纷呈,既畅游科学领域又走进职业世界,让教育教学焕发出生命的活力!

漫谈大学生自主创新创业能力的培养

周冀衡,校学术委员会委员,我国著名烟草专家和烟草科学与工程技术博士学位点创始人。1977年考入安徽皖南农学院茶叶专业学习,1981年被选派到湖南农学院生理生化遗传师资班进修。1983年结业后回到皖南农学院基础部任植物生理生化讲师,实验室主任;1993年任国家烟草专卖局合肥经济技术学院副教授,烟草研究室主任;1999年任中国科学技术大学烟草与健康研究中心教授。2003年作为人才被引进到母校工作,任湖南农业大学烟草研究院院长、烟草科学与工程技术博士学位点领衔人、植物学、生化与分子生物学、农业经济管理学博士(硕士)生导师,2012年首批晋升二级教授。兼任中国科协决策咨询专家,中国烟草中南试验站副站长,中国烟草学会理事,湖南省烟草学会常务理事,云南省烟草农业科学研究院研究员,云南、湖南、上海、江苏、浙江、四川、重庆等省(市)区域经济发展和烟草科技顾问。周冀衡教授从事农业和烟草教学科研30多年来,先后培养硕士研究生160多人、博士(后)生30多人,主持和主要完成的国家和省部级科研项目70多项,累计到位科研经费上亿元,发表论文530多篇,获省部级以上科技成果奖十多项、国家专利十多项。

今天非常高兴在这里和大家做一次交流,应该说我和同学们一样,是校友,是同学,只是我年纪大一点儿。看到同学们坐在这里朝气蓬勃、英姿飒爽,不禁想起几十年前我在湖南农大学习的场景。此时很想把我在农大学习和成长的经历与大家一同分享,我想通过分享几个对我一生影响较大的有趣的故事,来介绍我人生的几个转折点。

刚刚周清明书记已经把我的基本情况对大家进行了简要介绍,我是1977年恢复高考后的第一届大学生,在安徽的皖南农学院茶叶专业学习,毕业后留校当老师。因为当时大学里师资严重缺乏,特别是基础课老师,尤其是植物生理学、生物化学、遗传学这些专业基础课的老师更为紧缺。当时的湖南农学院在湖南省政府的支持下,选拔在校的优秀大学生,开办了《植物生理生化和遗传》师资班。我虽远在安徽也有幸被选送到湖南农学院进修学习,所以严格地讲,我也是湖南农大的一名学生。作为湖南农大的学生,我对母校怀有非常深的感情,我也为母校骄傲。当时我们这个师资班里人才济济,出了很多有影响的人,比如周书记介绍的教育部副部长杜占元就是我们同班的小师弟。我经常在想,为什么同样是湖南农大的学生,就像一些同学,来到湖南农大读书却总觉得湖南农大不怎么样,即便是考研究生也要千方百计考出去? 实际上,从我个人的成长经历来看,这个地方可以培养出在中国,甚至在世界都有影响的专家和管理者。我希望同学们能够珍惜在母校学习的好时光,因为这段学习经历会对你们未来的发展产生十分深远的影响。如果大家到校史馆看过,就知道我们农大辉煌的发展历史,校园从原来很小的一块,已经发展成现在国内最美的校园之一。而且我校的一些学科在全国农业院校里也是非常有影响力的,比如说我们烟草学科就已经成为全国最有影响力的学科之一。

今天在这里主要和大家一起分享,我本人是如何从一个普通的大学生逐步成为我国具备创新创业能力的烟草学科领域最具影响力的专家。我想把自己学习发展和所走过的道路与同学们进行一次分享。从这张表可以看到我的发展历史大致分成三大块:下放知青、上大学学习、高校工作。第一块和当时所有的高中生一样,从安徽铜陵市第三中学毕业后,作为一名知识青年,被下放到安徽省皖南山区——祁门县,在农村种了三年茶叶和水稻。从一名知青成长为大队民兵营长,后来成为大队主任,也就是现在的村主任。1977 年恢复高考,这也是中国历史上唯一一次冬季举行的高考。当时正是在年底,全大队 3000 多贫下中农等着算工分分钱过大年。我作为大队主任,必须要主持搞好全大队的年终结算。根本没有时间复习高考,当时下放的皖南山区的农村供电不正常,身边连高中教材都没有,只好向队里正在读高中的学生借课本,晚上在煤油灯下看书,第二天早晨要把书还给要上学的孩子,白天还要忙全大队的生产和年终结算。当时我国已经十年没有高考了,1977 年是恢复高考的第一年,当时大学的录取率仅为 1%,我虽然没有达到重点大学录取分数,但还是上了高考分数线。因为我当时是种茶叶的,又在皖南山区祁门县(安徽著名的茶叶之乡)参加高考,就被就近录取到皖南农学院茶叶系,我当时甚至不知道世界上还有茶叶专业。这样就从下放种茶的农民,变成茶叶专业的一名大学生。我从种茶叶到上大学学茶叶、研究茶叶整整经历了 10

年时间,当时也发表了几篇茶叶论文,出席了几次全国会议,应该说我在当时的茶叶界也小有名气。20世纪80年代中期国家准备颁布《烟草专卖法》,各地开始组建烟草专卖局。新建的国家烟草专卖局要办一所大学,用来培养烟草行业的专业人才。1985年国家选择在安徽皖南农学院的基础上,筹建国家烟草专卖局合肥经济技术学院。为了教好未来的烟草专业学生,从那个时候我就开始从茶叶研究转为烟草研究,1990年我正式从皖南农学院转到合肥经济技术学院开始烟草专业的教学科研。1999年全国高等教育大调整,国家规定除了教育部直属大学,各部委都不再办大学,将已有大学一律交给地方政府管理。合肥经济技术学院也在那个时候并入中国科学技术大学,我从那时起进入中国科学技术大学烟草与健康研究中心当了五年的教授。2002年我到长沙卷烟厂做学术报告,机缘巧合,正好赶上湖南农业大学《植物生理生化和遗传师资班》举行二十年同学会,在同学会上我遇见了很多老同学,周清明校长作为老同学也在座。见面后周校长就动员我:"能不能来湖南农大任教,我们一起好好研究研究烟草。"我当时在心里就犯嘀咕,我在中国一流大学——中国科大,房子、实验室也都有,跑到湖南农大干什么。周校长看出我的心思说:"你不要小看了湖南农大这个牌子。第一,我们是老同学;第二,作为一校之长,我会尽我所能来支持你,我相信你来到湖南农业大学后一定会有所发展。你可以先不办调动手续,来农大试一试,不行可以再回去。"我当时心里没底,但在老同学的感召下,还是抱着试试看的心态,先来到湖南农业大学试验性工作了一段时间,到了2005年才正式提出与中国科技大学脱钩。来到湖南农大的15年时间里,我与周校长紧密合作,在各级领导和同志们的大力支持下,湖南农业大学的烟草学科确实发生了翻天覆地的变化,我们作为老同学一起参与建设并见证了烟草事业的发展,我们从心里感到非常高兴。其实这不只是我们创新创业的经历,更是我校学科建设发展的缩影。

在这里,我想回顾一下我是如何从一名普通大学生起步从事科研,怎么有创新感悟,怎么不断培养自己的创新创业能力的。我想把我的心路历程和自己亲身经历的几个小故事与大家共同分享。先讲我大二时进行的茶叶实验以及发表的第一篇文章,那时候应该和在座各位的年龄差不多大,我想所有在座的同学都可以做同样的工作,而且应该会做得更好。第二个是落花生的故事。第三个是企鹅的故事,等等。最后我想和大家共同分享一下15年来我们在湖南农大创建烟草科学工程学科的故事,如何创建烟草学科,如何将其建设发展成中国一流的特色学科。现在湖南农业大学已经围绕烟草行业的发展需求,发展起全国、全世界都绝无仅有的涉及烟草农业、工业、商业和吸烟与健康的学科群。这个学科群已经成为我校在全国最具影响力的一流学科。大家都知道吸烟有害健康,但烟草对中国的实体经济影响非常大,烟草经济占中国财政收入的8%左右,也就是说中国政府财政每开支100块钱中,就有约8块钱是烟草提供的。云南、湖南、上海等省(市)政府财政收入中烟草占到20%~60%。我国经济最发达的上海,2016年仅烟草年纳税就达到776亿,在全市工业纳税中占比45%。虽然烟草备受争议,但这个学科的发展非常有意思,也具有挑战性。下面就分成几个小故事开始我们的交流。

一、改写教科书的故事

我首先讲的第一个故事是改写教科书的故事。

我是恢复高考的第一届大学生。当时上大学的时候,能在实验室里上实验课就已经非常不错了,而大学生自己是没有机会进实验室做试验的,本科生也没有参加科研的机会,更没有科研经费。我当时想大学生就应该在实验室做实验、搞科研。于是我主动与实验室老师套近乎,毛遂自荐帮助老师准备实验课,换取能够进实验室的机会。当时不像现在国家、学校和老师给你们设立了各种创新基金,想方设法请你们进实验室搞研究,培养你们的创新能力。我记得当年去跟老师讲:"我是茶叶专业1977级的学生,我很想学做实验,你能不能给我一个机会?"他说:"好啊!欢迎你!"就这样我走出了开展实验研究,进行科研的第一步,为此我兴奋了很长时间。其实每个老师都很欢迎学生主动学习和开展科研,当时老师给我提供了实验室和简单的实验条件。我每天没事就到那里帮助老师准备实验课,自己在业余时也可以做些小实验,特别是暑假没有学习任务了,我可以进行比较长的试验研究,现在回想起来,那是我最幸福的时候。

当时我学的是茶叶专业,教科书里有一个非常重要的定义,就是茶树种子需要经过半年以上的后熟期才能从土壤中萌发。有一天晚饭后我们同学冒着小雨在校园边上的茶园里散步,看到满园的茶花盛开,茶树上挂满了茶籽,我突然看到一些挂在茶树上的茶籽有些异常,走近一看那些新鲜的茶籽居然发芽了。我当时触动很大,马上想到教科书里讲的茶树种子要经过半年的休眠才能萌发的内容,而眼前这些茶籽还没有离开树梢就已经开始长芽了,我当时非常震撼,为什么现实和教科书说的不一样,我带着这个问题去向老师请教,但没有得到满意的答案。后来我跑到那个地方,把茶树上的种子摘下来,播种到一个装满沙子的玻璃瓶内,放在窗台上,结果一个礼拜后就长出绿色茶苗了。这个现象给我一个启示,茶籽其实没有后熟作用,新鲜的茶树种子就可以发芽,但我们储放的茶树种子播到土壤后确实要经过半年多时间才能长出茶苗,这是为什么?我把晾干后的老种子的外种皮剪开,发现内种皮包裹着的子叶和胚芽在里头缩成一团,而外种皮是很厚的角质层,不易透水透气。在自然状态下外部的水分只有以水蒸气的方式缓慢透过外种皮进入种壳内。当水蒸气逐渐将子叶和胚芽泡大以后,它才能使外种皮胀开,大量的水分才能用于种子萌发,而这个过程非常漫长。为了证明这是导致茶树种子萌发需要所谓"后熟作用"的主要原因,我设计了一个非常简单的实验,我用刀片把老茶树种子的硬壳划了一个口子后播到潮湿的沙子里,结果过去需要半年才能萌发的种子,十几天后就陆陆续续长出绿苗。我把实验结果写成一篇文章,投到《福建茶叶》杂志上,居然发表了,这也是我大学时发表的第一篇研究论文。通过试验,我证明了茶树种子所谓的"后熟作用",实际上是一种获得性强制休眠,我们在把种子晒干的同时,就赋予了茶树种子强制休眠条件。这篇文章发表后,受到同行们的高度重视,后来在全国茶叶栽培学统编教材里,"茶树种子需要经过半年以上的后熟期作用才能萌发"的观点得到了修改。这个故事说明,作为一名普通的大学生实际上是可以去开展创新研究的。这个实验看似很简单,但它对我们过去的一些传统理论进行了非常重要的修订,这是我作为本科生发表的一篇文章,直到现在这个研究成果还有影响力。这个小小的研究过程,说明书本是我们获得知识的宝库,但是书本并不能完全相信。我们一定要在实践中验证和考察理论或结论的真实性,我们要在学会从书本中学习理论的同时,掌握如何在实践中去验证和运用,更重要的是能够学会从书本中发现没有解决的问题,并从中获取创新的灵感。这个过程对我一生从事科学研究具有重要的意义,这个小故事也是我最想和同学们一起分享的人生经历。

二、落花生的故事

我要讲的第二个是落花生的故事。

在这个图片里头,是我接触时间很短但对我一生影响非常大的一位可敬的老师——许智宏教授。大家知道他是原北大校长、中国科学院副院长,他是我们学校胡笃敬老先生的好朋友,不过 20 世纪 80 年代他还是中科院上海植物生理研究所的一个普通研究员。我原来从安徽到长沙要先到上海转车才行,胡老先生给我写了一封推荐信,让我在路过上海时顺路能去上海植物生理研究所学习。所谓实习,就一周时间,那么大的一个中科院植物生理研究所你能学到什么东西呢,也就是能在各个研究室里转一转。我去以后,到很多实验室看了一些先进的设备和当时国内开展的最先进植物生理学研究,非常震撼,受到了启发。转到许智宏教授的植物发育实验室,当时许老师还不是北大校长,也不是院士。一看他的实验室非常简陋,也没有什么仪器设备。那时候我还年轻,和你们一样,跑到那么一个教授的面前,说:"许老师你这实验室怎么没有什么仪器设备啊?"许老师也没有生气只是笑了笑。第二天上班的时候拿出一本 *Nature* 杂志,就是英国的《自然》杂志,给我看了一篇封面文章,上面就是一个盆栽的花生图案,他对我说:"你好好看一看这篇文章,我们再谈。"我当时看了以后也没感觉到什么。后来许老师说这篇文章讲述了花生为什么在地上开花,在地下结果的机理。他给我很简单地讲了这个故事:实际上花生是在地上开花后,花落了以后形成果针,通常只有当果针向下长到地里后才能结出花生。为什么自然界会有这样的现象呢?很多人做了许多实验,证明花生果针必须在黑暗中才能结花生,而且必须要有水分条件,要有土壤,还要有养分。结果有一个学生,做了一个非常简单的实验证明了花生果针要分化发育结果的原理和必要的条件,这个试验结果在世界顶级的《自然》杂志(影响因子 38.138)上作为封面文章得到发表。这篇小文章就是介绍他在一个花盆里栽了一棵花生,花生开花后他在花盆外铺一张报纸,开花后形成的果针一半让它们长在报纸上,结果一直没有发育,也没有结出花生。而另一半开过花形成的果针也让它们长在报纸上,但每天用手轻轻去搓那些果针头。结果呢,虽然这些果针也没有长到土壤里,就在报纸上面也结出来了非常大的花生。因此,*Nature* 接受了这篇具有原创性的研究论文。他用最简洁的实验证明了花生的发育机理和最重要的条件,也解释了为什么种花生要选择质地疏松的沙壤,才能结出又大又多的花生。实际上花生果针在土壤里的生长过程,也是与土壤颗粒发生摩擦的过程,而这种摩擦是刺激花生果针分化发育形成花生的主要诱因。当时许教授语重心长地说:"小周啊,你看这个学生,他能在全世界顶级水平的杂志上发表封面文章,我十分佩服他。他并没有非常先进复杂的仪器设备,主要是精彩的实验设计,应用最简洁最直接的试验证明了这个难题。全世界为什么只有他设计了这个实验并且对机理进行了证明?这才是科学研究的乐趣和境界。"当时我听完这个故事后完全被震撼到了,自己也感到十分惭愧。这个故事实际上影响了我的一生。为什么呢?因为科学研究,尤其对自然现象的认知和科学论证,都需要有创新的思维。有时候又不需要太复杂,最好用最直接、最简洁的试验来解释和验证自然现象,那才是最科学的。而这种创新思维,才是原始创新能力,也是最宝贵的。与许智宏老师的这段对话影响了我的一生。

时隔 20 多年,2012 年深圳召开中国植物学会学术年会,许智宏教授作为中科院副院长暨特邀嘉宾参加了会议。当我见到他时,有许多记者围着他,他老远地看到我跟我招招手。我开口说:"许先生,您还认识我吗?"他说:"怎么不认识你呢?你是小周!"我当时非常激动,被许老师的人格魅力和记忆力所感动。大科学家之所以能成为万人敬仰的大家,人品和记忆力超群是必需的条件。我们当年只进行了短短的交流,分隔 20 多年后再也没有见过,但他仍然记得我,真让我感到意外。我赶紧向他汇报了我的工作,他说:"我知道,不过我到你们湖南农大去还没见到过你。"在大会邀请他做报告时,他又讲了那个落花生的故事,让全国参会的代表们都感受到了震撼。作为湖南农大的本科生、硕士生或者博士生，我们如何能够选择这种实验呢？实际上，这样的实验并不需要太多的钱，也不需要复杂的设备，但却能够得到世界一流的科学成果，这才是科学研究的最高境界。我们学校实际上给同学们发了很多钱，硕士生有几千块，博士生有2万多元，但是大家还埋怨这些钱少。其实大学不是你赚钱的地方，是获得知识和学习创新方法的地方。你学会了发现问题、研究问题、解决问题的方法和技能，才是我们研究学习的真谛。当你学会了这些，今后就会有发展的机会，当然也不缺少赚钱的机会。所以我无论是带研究生，还是自己做科研，首先要思考的是我做的科研项目有没有创新性，有没有科学思路的先进性和应用的前景，绝对不能只是简单的抄袭和模仿。简单的抄袭和模仿实际是一种最可怕的浪费，浪费了资源，更重要的是浪费了我们最宝贵的时间和智慧。

三、企鹅的故事

我要讲的第三个故事，是南极企鹅的故事。

2000年，那时我还在中国科技大学当教授，当年中国科技大学发生了一件让全校为之震撼的事情。那时我们国家开展南极科考不久，当年中国科技大学选派了年仅22岁的尹雪斌同学参加科考队，尹雪斌是中国科技大学地球与空间科学系五年级的本科生，他是我国派往南极参加科学考察的第一名在校大学生，他随同南极科考队乘坐"雪龙"号到南极进行科考。在科考过程中，他参加的项目是什么呢？就是《地球空气质量的时间演化规律研究》。南极下雪，而落雪的时候实际是把空气中的尘埃给净化了，空气中的尘埃随着降雪一层一层铺在南极大地上，在南极生物罕见，降雪就像大树的年轮一样，一层一层地落在那个地方，千万年不会被扰动。中科院为此做了一项非常重要的《地球空气质量的时间演化规律》研究，在南极雪原上按照一定的分布规律在冰雪中用雪钻钻取雪样，这样就可以通过对雪样进行分析，得出不同年代空气尘埃变化的情况，从而得出地球大气的变化规律。那么中国科大的尹雪斌同学在南极干什么呢？他负责把从南极各地取来的雪样登记后，将每年下的雪分开，如果上面有点儿污秽或者杂质就切掉。然后把每层干净的雪装袋，带回到国内进行分析研究，这是一个研究地球大气演化规律的十分重要的实验。这个科大的学生，在南极度过的102天的科考生活中，除了参加取雪样的工作，天天就是拿刀片把雪一层一层分开，然后拿胶袋分装取样。就是这个本科生突然灵光一现，他把本该丢到垃圾桶里，从每年雪里分离出的杂质也分别装了袋。他还利用空余时间积极参加各种科考活动，就这样他为中国科技大学带回了200多公斤的南极样品，包括岩石、土壤、生物、动物粪土、气体等，这些样品涉及古环境、表生地球化学过程、全球环境变化等的研究。他把那些杂质带到中国科技大学后,把自己的想法告诉了院士们,但当时科大在南极是没有这些任务的。经过他多次争取终于得到生命科学院施蕴渝院士的支持,他的想法得到了实施。后来当他的研究结果发表到 *Nature* 杂志后,*Nature* 杂志专门加上了编者按,说这是中国关于南极科考研究最具原创性的文章之一。为什么说这个事件对我和整个科大都非常震撼,他实际上运用原有的试验平台进行了一次系统科考,把原来试验的废弃物进行了一次最先进的科学研究,做出了题为《南极企鹅3000 年来的生长规律研究》的论文。现在这个学生已经成为中科院南极古生物研究所的教授,也是当时中国科技大学最年轻的教授。这个实验令我感到最为震撼的关键是,创新思路,就是在有这种机会时你能不能及时把握住,你是不是能够及时地创建自己的研究课题。他的这个研究课题的原始创新性已经远远超出中科院原有的项目。*Nature* 杂志的编者按,表明该研究是世界首创的创新研究,也是世界顶级杂志对中国南极科考的首次报道。实际上在座的同学们多半将来是研究生,都有机会进实验室,要去主动接触科学研究。而我们从事研究能不能只是简单重复和完成老师交代的任务,关键是你在实验室里有没有创新的思维,你有没有创新的能力和动力。

四、富硒梨的故事

我还想给大家讲的第四个故事是富硒梨的故事,也是一个与创新创业有关的故事。

我到了中国科技大学以后,接触了一件非常有趣的事。大家都知道安徽有个砀山县,是世界最大的梨乡,盛产世界最好的砀山梨。现在安徽砀山县一个县就有 70 多万亩梨园。从这张卫星照片上可以看整个砀山县基本种的都是梨树,这个地方原来是黄泛区,也是有名的盐碱地和贫困县。经过多年的努力,全县大力发展梨园经济,砀山梨长得非常漂亮,也非常好吃。原来的砀山梨每年只有 4 万吨,物以稀为贵,砀山梨畅销全国,2~3 元/斤,还供不应求。但到了 20 世纪末,砀山全县的 70% 土地都用来种梨,砀山梨年产量达到了 150 多万吨。每年生产的大量鲜梨根本卖不掉,加之砀山梨的耐储性较差,当时没有气调库等长期保存鲜梨的条件。梨价从过去供不应求的 2~3 元/斤,降到了卖不掉的 0.5~1 角/斤。整个砀山县的经济发展太过单一,全靠砀山梨来养活,当时又没有什么深加工技术和产业,砀山县一度陷入经济和生存危机。为此,安徽省政府领导提出"全力拯救砀山梨"的号召。砀山县科委受到当时"北大富硒康"保健品大行其道的启发,提出能否开发出富硒梨的想法,很快得到安徽省科委的支持。当时想如果能把部分砀山梨变成富硒梨就可能在市场上形成高附加值的新销路。安徽省科委建议砀山县科委与中国科技大学合作来共同完成这个科技项目。当时中国科大没有搞农业的教授，学校找到我说："周老师你是学农出身，又搞过富硒烟，你能不能来承担这个课题？"我说："我是搞烟草的，不是学园艺专业，更没有种过梨呀！"后来分管科技的范校长找我谈话："我们科大虽然直属中国科学院，但坐落在安徽省，应该积极为地方经济发展做贡献，你能不能代表科大把这个课题当任务去尝试一下。"后来我想学校都把话说到这个份上，那就去试一试吧。我就把我们生产富硒烟时用叶面喷施亚硒酸钠的方法，应用到富硒砀山梨生产上，开始研究生产富硒梨的叶面喷施技术。我请了一位已经退休的老教师，带着一个本科生在实验室做试验。我们共同做了一个实验方案，就开始研究生产富硒梨的配方。学校周边没有梨树，就跑到合肥近郊林场的梨树上去做试验。进行了一个阶段的试验，初步结果出来了，我们把配方做出来了，还给起了个好听的名字——砀山梨富硒营养液。我心想这个任务基本完成了，我就通知了砀山县科委来拿我们配好的砀山梨富硒营养液，让他们按照使用说明书的浓度在梨树上喷施。可是没过多久，对方就来电话说："不行啊，周教授，你们搞的这个东西一加水就沉淀。"你们想，富硒营养液在配制过程就出现了沉淀，喷到梨树上肯定效果很差。我说不可能啊，因为我在研究开发时就已经想到农村水质问题，用农村的各类水进行过试验，都很满意，没有出现沉淀等异常的现象，可是为什么一到产区就发生沉淀呢？我只好亲自去砀山县实地调查解决这个问题。我到现场一看，确实，我们配的富硒砀山梨营养液加水后就发生大量沉淀，我对此也感到十分意外和郁闷。2000 年我也是第一次去砀山，当时我就注意到在砀山不管穷与富，家家户户都在饮纯净水。我看到后觉得很奇怪，心里还在想这里的人真讲究。现在突然明白了，原来这个地方全是盐碱地，所有的水都是硬水，水里含有大量的钙离子，当这种水与富硒营养液的亚硒酸钠接触后就会发生亚硒酸钙沉淀，当然亚硒酸就不可能进入梨树中，也不可能生产出富硒梨。所以，我说这个东西怪不到我，我们在合肥都做得好得很。在砀山必须先解决好软水的问题才能生产富硒梨。后来我们进行了测算，一棵大梨树，如果每次全部喷洒的话，最少需要 0.5 吨纯净水，当时用这么多纯净水，这样高的价格是搞不起的，从外地运来软化水也要在 100 多公里外才有合格的水源，运费和水的运输都是问题，看来此路也难以走通。当时砀山的一个副县长在陪我吃午饭时说："你是中国科大的教授，我们都指望你了。我们已经签了合同，水质虽然是硬的，但我们还是希望你能帮助解决问题。"我想这事是很棘手的，当时也非常无奈。下午我提出到梨园去看看，我当时也是第一次来砀山，进入梨园后方圆数百里全是梨树，我完全被震撼了。我们驱车在梨园中穿行时，突然看到一群工人在树丛里忙活，我问他们在干什么？陪同的当地梨树专家说原来的梨树种植的密度较大，当梨树长大后，人就进不去了，这个时候需要把大树挖出来，搬到新的地方种植。我们来到大梨树移栽的现场,发现移栽的大梨树各个吊着输液瓶。我还头一次看到给树打点滴,很是新奇,就问这是在干什么? 他说大梨树进行移栽时,为了保证成活率和移栽当年开花后可以挂果,必须要不断输水。听完这句话我内心豁然开朗,说我们的问题解决了。我和他们说,每棵树不用一吨水了,500 克纯净水就可以解决问题。我看到大树移栽后,就想到为什么我们的培养液不能以输液的方式打进去呢? 这样加水沉淀的问题不就一下解决了吗? 因为我还有课,第二天就回合肥了,把那个同学留在当地做实验。一个礼拜后她来电话了,说的第一句话是,周老师,树都死掉了! 这可把我吓了一大跳。因为,采取将富硒营养液直接输入法要比叶面喷施进入亚硒酸钠的效率高,我当时已经想到了这一点,在离开砀山之前已经让她在原来喷施基础上再稀释 1000 倍。虽然没做实验,心想这样的浓度应该没有问题。现在得到这样的信息让我吃惊的同时,又在预料之中。我很快镇定下来,马上详细了解具体情况,后来她告诉我,吊着输液瓶的一侧梨树叶都落了,另一侧还是绿色的。我马上想到植物的运输系统,具有同侧效应。我明白这个浓度并没有让整个梨树坏死,但已经发生毒害。后来我说赶紧做实验,稀释倍数从 1000 倍再提高到 10000 倍。后来传来的结果好像好了一点儿,但是输液后梨树依然有点萎蔫。最后经过反复试验,结果在我们配的富硒砀山梨营养液喷施液的基础上再稀释 13000 ~ 15000 倍,进行输液就不会出问题。虽然输液的问题解决了,但是我心里还是没有底,还惦记着到梨长出来后能不能达到合同里要求的富硒梨的硒含量标准。待梨长定型后,我们拿到富硒梨的样品,到实验室进行检测,完全符合他们的产品要求。从此就有了富硒砀山梨,后来还发展出一个产品系列,成为砀山县的重要产品,一个富硒梨在香港超市可以卖到 10 块钱,这个项目也成了科技部的科技富民项目,那个学生也留在当地工作,现在成了副县长。这是一个非常典型的创新创业的案例。这里面有很多的科学道理,但是如果你没有很好的基础和实践经验,没有敏锐的眼光,没有踏实的功底是不可能完成的。我之所以要与在座的同学们分享,这个并不复杂,也不是最前沿的东西,但却是一些能够自我实现的创新活动,是一个大学生、一个研究生能够做到的事情。我想同学们也一定可以做到,而且也一定会做得更加精彩。

五、包衣种子的故事

第五个是包衣种子的故事,这个故事也非常有意思。

烟草的种子非常小,只有二十分之一到五十分之一个芝麻那么大。所以说在播种育苗的时候是非常难的,为了解决这个问题,1999 年我国从美国引进了一种机器可以对烟草种子进行包衣,包衣后比原来的烟草种子要大 100 倍,变成像仁丹一样大小,这样就可以方便播种。结果,应用引进的机器做出来的包衣种子出苗后不整齐。中国烟草种子公司就跑到人家国外的种子公司问这个事情,对方说:"可以呀,我们可以再转让一项技术,保证你的种子出苗整齐,但这个技术要500万美元的转让费。"他们听了后很生气,但中国烟草公司也是挺牛的,500万美元就500万美元吧,我们机器都买回来了,再进口一项技术又有什么。但是心理还是有些不平衡,就抱着试一试的心态,在国内请了一些专家来咨询,我也被请去了。听了对方的介绍,我马上联想到我们的一项试验和发表的文章。我说:"等一等,我来琢磨琢磨。"我当时想到我实验室里的一次事故。那次我让同学们做一个不同烟草品种和储存时间的萌发率差异的实验,结果同学们在这个实验进行到一半的时候,正好赶上假期,同学们都跑到黄山去玩了。放在培育皿里进行萌发率实验的烟草种子就没人管了,我到实验室一看萌发一半的种子,都已经露白长根了,却因为没有加水,干死了,实验室里也没人值班。我看到这个样子虽然很生气,但还是习惯性地随手在几个干培养皿浇了一点儿水。等同学们回来后,我狠狠批评了他们,要求他们重新做实验。在布置他们返工的同时,我突然发现我后来随手补水的那几个培养皿里的烟草种子不但没有死,又重新生长出了新绿。我心想不可能呀,都已经完全干死的烟草种子,居然还能活吗?这件事当时给我的震撼很大:已经萌发的种子,干燥一段时间,并没有完全死,如果再有水,还是可以继续生长的。我立刻跟同学说:"你赶紧做一个实验,对烟草种子进行浸种—回干—再浸种的反复萌发试验。"因为过去我们在烟草育苗时,在前播种时有个非常重要的工作,就是要对烟草种子进行浸种催芽。经过浸种催芽后的烟草种子萌发率、萌发势都会大幅度提高,育出的烟苗整齐健壮。包衣种子因为要在种子外面包一层种衣剂,所以播种前就不可能再浸种,这样就导致烟草包衣种子出苗不整齐。当时我们都有一个定式,总觉得种子浸水后,就不容易储藏,种子很快就会失活,萌发率肯定会下降。当我看到前面讲的那个失败的试验,马上安排同学做实验,经过几个月反复研究终于搞清楚了是怎么回事。这个结果我们以《烟草种子浸种回干处理对其萌发和幼苗生长的影响》为题在1998年第6期的《烟草科技》上发表。当时这个报道并没有引起大家的重视。我建议采取浸种处理,先通过水选把发育不好的烟草种子淘汰掉,再经过水选和催芽处理把烟草种子滤出回干,再做包衣,结果成功了。实际上美国要转让的技术,也就是"浸种—回干—包衣"技术。我介绍了这篇文章后,采取浸种—回干再包衣,500万美元没花,咱们中国人自己把问题全部解决了。原来我们想风干种子是不能用水泡的,因为水泡后,种子萌发就启动了,而且是不可恢复的,再进行包衣后,烟草种子很快就会死亡,所以没有进行浸种催芽,用干种子直接包衣的烟草种子萌发率和发芽势较低,成苗后不整齐。采取浸种—回干技术处理后,进行包衣的种子发芽率更加整齐,成苗的整齐度大幅度提高。现在所有的包衣种子都采取了这项种子引发技术或浸种催芽技术。在这个技术的基础上,我们可以开发出很多东西,比如采用营养液浸种。最重要的是烟草种子可能带有病菌或病毒,我们现在就可以在浸种过程中采取脱毒、去病菌,脱毒了以后种子传播病害的风险会大幅度下降。作为一个种子公司,如果不能控制自己的种子是否带毒的话,那是风险大的事情,如果几万亩烟田都感染了烟草花叶病毒,这对一个企业来说肯定是毁灭性的打击。所以烟草种子脱毒技术已经成为烟草行业种子供应非常重要的一项技术。通过这个研究你们可以认真想一想,前面提到的现象同学们可能也看到过,但是如果不去注意很快就滑过去了,但是你只要稍微有点儿眼光,你看中它、记住它,这就是你创新的开始,也是你创业的资本。尤其是你们在实验室里摸索的时候,要特别留意这些细微的现象,往往其中孕育着创业的机会。我刚刚说的这个看似微不足道的现象,实际蕴藏着巨大的经济效益和商机,整个烟草行业的种子工程和种子安全问题都可以从中得到很好的解决,如果你进行创新开发,500 万美元也不是没有可能!

六、转基因烟草抗性鉴定的故事

还有一个就是转基因烟草抗病性鉴定的故事。

20 世纪 80 至 90 年代全国上下都在搞转基因育种。烟草花叶病毒对烟草生产是毁灭性的病毒病,素有烟草癌症之称。那时候全世界包括中科院和很多大学都在搞转抗花叶病基因烟草品种。当然现在转基因烟草不能用于生产,因为国际上有规定,但当时国家烟草局还是拿到许多转基因烟草品种,怎么去鉴定这些品种到底能不能抗病,还没有很好的办法。于是,国家烟草局下了个文件给我们学校——合肥经济技术学院,要求我们作为我国烟草行业唯一的大学,必须尽快解决转基因烟草品种抗病性鉴定的问题,并要求当年就要拿出研究报告。中国烟草总公司一下拿了 40 多份转基因烟草品种给我们学校。校长对国家烟草局的文件也不敢怠慢,校长找到我,同时把国家烟草专卖局的文件也交给了我,要求我代表学校完成这个任务。我当时也很头痛,这件事情怎么解决呢?一年时间要准确得到转基因烟草品种抗性的结果显然是十分困难的。但季节不等人,还是采取常规方法,先把这些转基因烟草品种育苗,在病圃里种起来再想办法。结果就发现有些品种根本就不抗病,有的长得还不错,但并不等于就可以下结论那些品种有抗病性。一天我突然想到,烟草有个很大特点,就是它长大以后,在茎的每个叶片叶腋部分都有潜伏芽。如果把主茎砍掉的话,叶腋部分的潜伏芽就会在茎基部很快萌发长出侧芽,并能够再生出一个烟株。我突发奇想,为什么不利用烟草这个潜伏芽萌发的能力,给转基因烟草品种进行多代的选择压力实验,而且这个试验就是在病毒区里反复进行,如果反复进行病毒侵染还能够活下来,这个品种一定是抗病的。结果,第一批里有的感病死了我就进行淘汰,没感病,我把它的主茎砍掉,结果在它长的侧芽生长过程又有一些感病了,但还是有一些没有感病,这个时候我再把它砍掉,利用这样一个技术很快我就完成了一个生长期,一共用了120多天的时间,做了三轮实验。最后得出了一个对转基因抗烟草花叶病病毒品种的评价报告,这个报告完成了国家烟草局下达的任务。而这个方法也变成了一个对烟草花叶病进行抗病性鉴定的标准方法,就是可以在一年时间里,利用烟草叶腋处形成的潜伏芽,进行三次的选择压力实验。我想同学们也可以将这项技术运用于其他作物研究,而且也一定会做得更加精彩,取得更好的成果。

七、创建烟草学科的故事

今天我在前面与大家分享的小故事,既有创新的一些内容,也有创业的可能。不要认为创新创业对同学们来说都是浪费时间,都是大教授做的事,其实我们大学生很多时候也可以做。我们最重要的是努力形成创新创业素养。另外我想跟大家分享一下,创建烟草学科群的故事,应该说是比较重要的一个。2002年以前的湖南农大烟草专业,每年到位的经费就4万~5万块钱。一年发表烟草相关的文章只有两三篇,属于低潮期。我们来了以后要怎么去发展呢?其实这个时期烟草行业也经历了快速发展的过程。我来农大之后还是做了大量的工作:现在国家级研究平台有两个,一个是国家发展改革委的《烟草控制框架公约》履约研究中心,一个是中国烟草总公司的中南实验站。我们和湖南中烟、云南省烟草研究院以及全国多个烟草公司都建立了合作联合实验室。我们还做了一个非常重要的工作,这个工作应该是我们湖南农业大学独有的。就是一个地方大学在全国举办了大量的研究生班,在湖南、云南、河南、福建、广东、江苏都有,而且这个研究生班招了很多届,都是我们自己讲课。一个地方院校能在全国形成如此广泛的影响力是非常了不起的事情,在多年的打造下,湖南农业大学烟草研究院已经形成了多学科发展的一个学科群。我们有研究生联合培养基地;有工业、商业和经济管理的方向;有烟草科学工程和吸烟与健康的方向;有烟草与农业科学的推广方向,这四个大的方向都有学科群。烟草行业不仅仅是农业问题,它实际上是一个涉及产业链很长,行业性非常强的特殊行业。我们现在从农业到工业到经济管理到吸烟与健康整个的四个大方向跟烟草专卖局进行合作。所以考我们学校烟草专业的研究生实际上有的是做农业的,有的做工业,有的做管理,有的做外贸,有的甚至做医学方面,就业面也比较广泛。所以各地烟草专卖局直接到湖南农大进行考察、指导和帮助。我们的课题经费在学校应该说首屈一指,有一年达到了全校的50%以上,我们有国家发展改革委、工信部、国家烟草局和各省企业的项目。据不完全统计,我们的研究经费 2003 年以前就几万元,之后迅速增长,累计的到位经费 3.83 个亿,自主的科研经费有 1.95 个亿。用科研经费购买的仪器设备将近 1000 万元,就是说全校最好的设备我们烟草专业基本上都有了,而且都是进口的设备。所以说同学们在实验室里都可以使用到非常好的分析仪器。另外,我们在学校的耘园建立了非常好的烟草科创实验基地,累计投资将近 500 万元。这些东西都是我们自出经费的,所以校长非常有底气地说我们烟草的各项基本设施建设没花学校什么钱,都是自己出钱建设的。现在我们经过努力已经形成了一个非常大的烟草人才培养和研究体系,基本覆盖了整个烟草行业,在全国范围内是学科涉及范围最广的平台,赢得了全国烟草行业科技创新发展空间,所以说湖南农大烟草在全国烟草行业中真是响当当的,我们的科研项目创新能力、人才的培养在全行业中是很棒的。我校烟草学科已经为行业培养了一大批精英,我做了一个不完全统计,建立学科十多年来,培养了各类人才 1434 人,博士后占 0.63%,博士 3.4%,学术型硕士 17.2%,专业硕士 44.63%,本科生 34%。所以说,我校烟草专业是研究型的,我们培养的人才中将近 70% 硕士以上,这批人才到了烟草行业里头影响是很大的。另外,学科在全国的影响很大,湖南农大发表的烟草论文,从 2002 年累计到现在有 3300 多篇,长期占据中国烟草行业的龙头,以单位来计的话,应该是前两名,有四年我们湖南农大占到了第一位,其中在权威刊物发表论文数我校是全国第一。博士的论文答辩情况,我们带的一个博士是云南省公司的副总,现在已经晋升为国家烟草进出口公司的总经理,也是我们学校烟草专业十年里培养的第一个正厅级的干部。烟草专业同学的论文有很多都是省级优秀博士论文,省级优秀硕士论文。有了这样好的条件,有了这样好的教学团队,我们湖南农大烟草研究生毕业率是 98%,攻读博士的 7%,出国留学的 6%,毕业就业率是 96%,关键的后面一条,就是行业就业率为 54%。烟草行业大家知道是属于央企,待遇比较高,一般转正的话年薪 20 多万元。除了西藏和台湾目前没有我们的毕业生以外,其余省份都有我们学生的覆盖,湖南农大烟草专业的毕业生在短短的十年里遍布全国,就业质量是非常高的,就业以后待遇也比较好。另外,在全国做推广的时候,我们的基地获得了党和国家领导人的关注,比如云南曲靖的基地,那年赶上云南大旱,我们的烟草育苗工作做得非常好,虽然那一年大旱但是烟草却得到了大丰收。

这就是我今天所讲的主要内容,现在的大学生、研究生,要有点儿家国情怀。我给大家推荐几个栏目,凤凰卫视的《世纪大讲堂》和《一虎一席谈》等栏目,我希望你们通过收看这些栏目关注一些社会和世界的热点问题,拓宽自己的视野。另外,我相信在座的各位,只要肯干、肯努力、肯思考,终究会有成就。因为我和你们都一样,我也是从你们这种年纪走过来的,我相信我能够做到的,你们也能做到,而且会做得更好。你们的发展,你们的成就,能造就湖南农大的辉煌,也一定能影响到湖南,影响到世界。谢谢大家!

高等教育国际化的现状及发展趋势

岳好平,中共党员,硕士,教授,英语语言文学硕士生导师,湖南农业大学国际学院党委副书记、院长,主持学院行政工作,学校学术委员会成员、学院学术委员会主任。

岳好平教授长期从事教学、科研及管理工作,已指导培养硕士生近20名,先后担任硕、博士研究生、英语专业生英语核心课程的讲授,是学校雅思听力、雅思口语精品课程的负责人。现任中国高等教育学会中外合作办学研究分会理事、湖南省翻译者协会理事,先后主持和参加国家级、省级课题30余项,主编教材8部,出版学术专著1部,发表学术论文50余篇(其中国家级核心期刊9篇),发表专利1项。先后获得湖南省教学成果三等奖、学校哲学社会科学优秀成果一等奖、优秀教学质量奖、科技进步二等奖及学校教学成果一等奖多项,并荣获学校"优秀教育工作者"称号。担任教育部中外合作办学评估工作通讯评议专家、河南省本科专业评估中外合作办学项目评估专家。

在国际学院工作十余年,我对中外合作办学有一定的感悟,在查看大量文献和总结之后,和大家分享一下我的收获。今天的主题是"高等教育国际化的现状及发展趋势",主要内容为以下五个部分:一、高等教育国际化的战略意义;二、高等教育国际化的内涵拓展;三、高等教育国际化的现状;四、高等教育国际化的发展趋势;五、湖南农业大学中外合作办学现状。

一、高等教育国际化的战略意义

高等教育国际化是大学服务国家战略的使命要求。高等教育国际化是世界高等教育发展时代潮流,中国作为最大的发展中国家、世界第二大经济体,随着国际话语权和参与权的持续提升,"一带一路"倡议的提出,对我国大学提速国际化进程做出了迫切要求。习主席在2014年12月对留学工作做出重要指示,指出留学工作要适应国家发展趋势以及党和国家的工作大局,统筹规划出国留学和来华留学,综合运用国际国力培养更多优秀人才,努力开创留学工作的新局面。

高等教育国际化是衡量大学办学水平的重要指标。国际化是世界一流大学的基本特征。世界一流大学在服务本国、面向世界方面有着强烈的使命感。例如,美国麻省理工学院提出"把服务于国家作为首要的和最重要的原则,但要认识到这需要全球性的参与、合作与竞争";英国剑桥大学校长莱谢克·博里塞维奇爵士提出"最好的大学也是最为国际化的学府,此等学府不仅应具备胸怀天下之志,也应具备'让世界更加美好'的实力"。这些大学正是把自己的使命摆到国际化的高度上来定位,才能获得全球一流的生源、师资队伍和教学资源,才能产出人类社会共同的知识、杰出人才和科技成果。同时,高等教育国际化的推进,必将为本土高等教育改革发展引入更多元的教育理念和教育手段,创造更广阔的交流平台和合作空间,促进资源互通,激发教育智慧,增强国际影响力,使高等教育的未来呈现更为丰富的可能性。

二、高等教育国际化的内涵拓展

联合国教科文组织(UNESCO)所属的国际大学联合会(IAU)定义高等教育国际化:"把跨国、跨文化的观点和氛围,与大学的教学、科研、社会服务等主要功能相结合的过程"。高等教育国际化是一个不断发展的概念,随着国际高等教育交流合作呈现全方位、多层次、宽领域发展态势,其内涵也在不断深化和拓展。高等教育国际化的内涵拓展在三个方面得以体现:第一,它已经不是简单的增量,而是复杂的变量。国际大学联合会认为,高等教育国际化"是一个包罗万象的变化过程,既有学校内部的变化,又有学校外部的变化;既有自上而下的,也有自下而上的;还有学校自身的政策导向变化"。国际化并不只是简单地增加交换生和在校留学生数量,不只是多召开几次国际会议或多延聘几位外籍教师,不只是多开设几门外语课程或多设立几个"国际日",更重要的是通过国际化,更新教育理念、教育内容和教学方法,引发高校改革发展的"连锁反应"。第二,高等教育国际化不是简单的单向流动,而是双向互动。目前,我国高等教育国际化在很大程度上是以学习为主、引进为主的单向性输入。只有基于平等互利的原则,"引进"和"输出"双向互动、合作共赢的国际化才有可持续性。而且我国自身内部蕴藏着丰富优质的国际教育资源,不少专业领域已经跻身"国际教育援助国"地位。在强调"引进国外优质教育资源"的同时,切不可妄自菲薄,忽视"开发国内优质教育资源",湖南农业大学拥有许多非常优势的学科,如作物栽培、动物科学、园艺学等学科为非洲、亚洲等发展中国家培养了大量的人才。当前的高等教育国际化不仅要引进还要输出,引进意味着让中国去了解世界,那么输出意味着让世界了解中国。

第三,高等教育国际化不再是一味地趋同,而是和而不同。经济全球化和国际交往的增多促使越来越多的领域建立国际通行的活动准则和技术标准,使世界各国的高等教育有了越来越多的"共同语言";同时,各种大学排行榜在世界范围内确立了"好大学"的标准,很多大学都自觉不自觉地用这样的指标体系衡量自己的发展水平,也在一定程度上催发了评价标准的趋同倾向和"接轨"意识。任何一所发展中的大学都无法漠视高等教育所面临的这种趋势,不能游离于这种趋势和规则之外,放弃与国际高等教育界的对话和融入。但是,高等教育国际化也不应导致大学文化的同质化。在国际化进程中,既要放眼世界,学习国际上先进的办学理念,更要立足于本土特色,明确自己的定位,这样才能通过国际化最终形成符合自身实际的办学特色,才不至于在国际化的浪潮中迷失方向。

三、高等教育国际化的现状

截至目前,经审批或复核通过的中外合作独立大学、二级机构和项目共计2371 个,其中包括上海纽约大学、宁波诺丁汉大学、西交利物浦大学等 7 所中外合作大学,本科以上的二级机构 56 个,项目 1087 个。中外合作办学覆盖各个教学层次和类型,涉及理工农医人文社科等十二大学科门类 200 多个专业;从办学规模来看,据不完全统计,目前各级各类中外合作办学在校生总数约 55 万人,其中高等教育阶段在校生约 45 万人,占全日制高等学校在校生规模的 1.4%。高等教育阶段中外合作办学毕业生超过 150 万人。中外合作办学的国家和地区情况显示最受欢迎的合作国家是美国,我国和美国合作的中外办学项目和机构已经有 252 个,其次是英国 220 个,然后是澳大利亚 149 个,接下来依次是俄罗斯,加拿大等。

国际化进程中的学生流动是教育国际交流合作的最主要方式,对我们来说主要是留学事业。党的十八大以来,我国留学工作呈现出了比以往更加生动活泼的发展局面。主要体现在:

一是出国留学规模持续扩大。2015 年度我国出国留学人员总数为 52.37 万人,其中国家公派 2.59 万人,单位公派 1.60 万人,自费留学 48.18 万人。从 1978 年到 2015 年年底,各类出国留学人员累计达 404.21 万人,其中 126.43 万人正在国外进行学习和研究,277.78 万人已完成学业,221.86 万人在完成学业后选择回国发展,占已完成学业群体的 79.87%。

二是来华留学生规模不断扩大。我国已成为亚洲重要的留学目的国,规模累计已达 300 多万人次,2015 年全国来华留学生数据日前发布。统计显示,共有来自 202 个国家和地区的 397635 名各类外国留学人员在 31 个省、自治区、直辖市的811 所高等学校、科研院所和其他教学机构中学习。

三是留学国别不断增多。目前我国留学生遍布 180 多个国家,来华留学生源国增至200多个国家和地区。

四是高校的学生国际化程度有所提升。2014年我国接收留学生的高校、科研院所为775个。根据已发布的《2015中国高等教育国际化发展状况调查报告》,平均每所高校的外国留学生人数为390人,人数最多的是6572人(北京语言大学)。我国留学工作为国家建设提供了人才支撑,为我国在世界版图中增加了层次较高的知华友华力量。一方面,目前我国70%以上的985高校校长、80%以上的两院院士、90%以上的长江学者、98%的"青年千人计划"入选者都有过留学经历。另一方面,来华留学培养出了埃塞俄比亚总统穆拉图、哈萨克斯坦总理马西莫夫、越南副总理阮善仁、泰国公主诗琳通等发展中国家领袖,在推进中外友好关系中发挥着不可替代的作用。

四、高等教育国际化的发展趋势

在全球化竞争日益激烈的今天,教育的发展程度直接决定和影响着一个国家或地区的发展程度和高度。随着中国的改革开放,特别是加入世贸组织以后,高校的国际化程度在不断提高。高等教育国际化是当代世界高等教育发展的主流特征之一,也是中国大学尤其是研究型大学发展的一个共同目标之一。就目前来看,高等教育国际化呈现出五大发展趋势:

学科分布越来越多元化。在高等教育的国际化发展中,学科分布反映了一个国家学科领域的优势和劣势以及未来前沿及新兴领域的发展趋势。在早期的高等教育国际合作中,比较活跃的学科领域主要是商科,这不仅仅是因为商科较早开始引进海外学者,推进一些教材和教学方法的国际化,更重要的是它比较容易且较早地产生了一些双赢模式。在目前以及未来的时期里,高等教育国际化的学科分布将逐渐从单一走向多元,随着国际科研合作的广泛开展和深入进行,不同高校通过发挥自身的学科优势来"给力",或向其他高校已有的优质学科资源"借力",使学科分布范围和领域不断增加。以湖南农业大学的国际化教育为例,国际学院起初只有会计和工商企业管理专业,2011年我们获批湖南省第一个中外合作办学本科项目从而扩展到本科的生物科学和环境科学专业,国际本科教育实验班食品科学与工程专业和农林经济管理专业,现在我们正在推进发展风景园林专业的中外合作办学项目。总的来说,专业的多元化发展正逐渐向我校优势领域扩展,使学科分布的范围和领域不断增加。

教育理念由教到育的转变。国际化的现实正在以不同于以往的速度,更加深刻地影响甚至重构教育。"教育"这两个字,"教"比较偏向于知识传授,常常以系统的方法传播正式而规范的知识,我们称之为显性知识的转移;而"育"意味着培育以及从生活体验中学习,我们称之为隐性知识的转移,这种隐性的知识从非传统渠道的学习和生活的经验中获取,是一种置身其境的体验和领会过程。教育国际化使大学成为一个具有整合性、开放性、生成性与引领性的生态系统,学生对校园文化和学科文化等方面的体验需要以嵌入的方式向纵深发展,而不是流于表面形式。以湖南农业大学国际学院为例,按照中外办学的规则和要求,我们必须引进"四个三分之一",即引进合作大学课程数要占总课程数的三分之一、引进合作大学核心课程数占核心课程的三分之一、引进合作院校的老师来华授课的门数和时数要达到总门数和总时数的三分之一。我们通过专业外教和口语外教营造了一个实境的学习氛围,这个就是所谓的"育"。此外,国际学院通过各类文化体验活动来营造留学氛围,例如举办圣诞晚会、流行文化活动月、流行文化知识竞赛、英文歌曲大赛、英语演讲比赛等,并且举办了各类学习交流项目实境体验国外学习和现实生活,利用暑期和寒假进行短期素质拓展。今年暑期,国际学院部分学生参加了赴加拿大 UBC 大学交流项目,学生直入课堂进行学习,入住在 UBC 大学学生宿舍,与本校学生共同生活和学习,回国后举行经验分享会,与同学分享自己的感触,这就是教育理念从教到育的转变。

形式和内涵发生了质的转变。目前教育国际化的主要表现形式是大学或科研机构之间的双边或多边合作,而未来高等教育国际化发展的趋势已经从合作转向全球化校园(global campus)或全球化教育(global education)的构建,而不仅仅是国际教育(international education),教育国际化的形式和内涵发生了质的转变。"无国界高等教育观察组织"最新统计数据显示,近几年大学海外分校数量的增长幅度年均15%左右,在全球 162 所高校的海外分校中,78 所由美国高校开设,占总数的48%,其后是澳大利亚 14 所、英国 13 所、法国和印度各 11 所。大学海外办学的输出和输入国目前虽然仍相对集中,但值得注意的是,大学海外办学正在向更大的范围扩展,海外办学国家和目的国都呈现增加的态势。

教育的对象和教育的层次得到进一步的拓展。国际学位教育项目从以硕士教育为主的合作扩展到了从本科教育到博士教育在内的全方位、多层次的合作。其中部分原因是硕士项目培养周期比较短,项目的推广和运行相对容易。就我校而言,从专科项目启动中外合作办学项目,层次逐渐提升,拓展到本科项目生物科学、环境科学专业,现在正在争取硕士项目的落实。

国际教育在角色上发生转变。国际教育起初作为附加的一个选项,或作为有特色培养的方案引进到办学体系中,现在慢慢地转变为嵌入式的选项,进入办学的核心组成,这是国际教育在角色上产生的巨大转变。放眼未来,国际化的高等教育将会成为学校、各学科、各专业的核心组成部分。

五、我校的中外办学的现状

湖南农业大学国际学院成立于 2003 年 7 月,是湖南省最早开办中外合作办学项目的学院,也是湖南省第一个获教育部批准中外合作办学本科项目的学院。学院致力于培养国际型、复合型人才,现已与英国、美国、加拿大、澳大利亚等国多所大学建立了稳定的合作关系。

学院现有国际合作教育项目 6 个。其中,教育部批准的中外合作办学项目 4个,分别是:与英国格林威治大学合作举办的生物科学、环境科学专业本科项目,以及会计、工商企业管理专业专科项目;教育厅批准的国际教育本科实验班项目 2个,分别是:与美国加州州立大学弗雷斯诺分校合作举办的农林经济管理、食品科学与工程专业本科项目。此外,还有与美国俄勒冈州立大学、俄勒冈大学和夏威夷大学马诺阿分校、加拿大不列颠哥伦比亚大学(简称 UBC 大学)和布鲁克大学及澳大利亚南澳大学等合作举办的学分互认校际交流项目。国外主要合作大学在学院设立了合作办学项目联合管理办公室,派常驻代表,负责协助监控教学质量,并为学生在国外学习和生活提供咨询与帮助。

学院已连续 13 年面向湖南省招生,2014 年正式面向省外招收本科生。自2006 年首届毕业生开始,出国学生雅思通过率达 70% 以上,出国学生签证通过率达 100%,出国学生国外大学攻读硕士率达 90% 以上。先后有 600 多名学生出国深造,已有近 500 名学生获国外大学硕士学位,100 多名学生正在攻读国外大学硕士和博士学位。毕业的学生大多在英国、澳大利亚、加拿大、新加坡等国,以及中国北京、香港特区、上海、长沙等地工作,工作范围涉及银行、证券、民航、出版、外贸、医疗、机械制造等领域。

夯实学科基础,提升协同创新能力

周文新,研究员,1988 年进入湖南农业大学学习,2006 年获得湖南农业大学作物栽培学与耕作学博士学位,并先后担任学校驻北京办主任、对外联络处的副处长,现任学校学术委员会委员,湖南农业大学理学院院长,研究员、研究生导师。周文新教授长期从事教学、科研及管理工作。主要研究领域及方向:作物生理生态及分子生物学、耕作制度与可持续发展。先后主持参加了国家、省、部级科研课题 10 多项,培养硕士 8 人。在生态学报、核农学报、中国水稻科学、Maydica、环境科学学报、湖南农业大学学报等刊物上发表学术论文 40 多篇。审定品种 4 个,授权发明专利 4 项,申请发明专利 8 项。获国家科学技术进步二等奖 1 项、省科技进步一等奖 2 项、二等奖 1 项,三等奖 4 项,湖南省教学成果一等奖 1 项。主讲课程《农业质量标准化》《农学实践》。

今天我的主讲题目是"夯实学科基础,提升协同创新能力",根据理学院发展的过程,与学校创建一流学科一流大学,谈谈我肤浅的认识。

大家都知道,我们做任何事情必须要打好基础,基础是根本,基础也是前提。知名学者、重要领导对基础做了一些相关的见解,物理学家马大猷明确提出学好数理化掌握基本知识是非常重要的。在座的各位有我们理学院的学生也有其他学院的学生,我想要告诉大家,掌握好基本知识,不纯粹是死记硬背,而是要学以致用。比如说,物理数学你背几个公式,就是学到了知识,那是不可能的,重要的是要清楚为什么要学,怎么去学,学了做什么用。著名的化学家卢嘉锡对化学基础课程重要性的论述:"化学发展到今天,已成为人类认识物质自然界,改造物质自然界,并从物质和自然界的相互作用得到自由的一种极为重要的工具。就人类的生活而言,'农轻重'(农业、轻工业和重工业),'吃穿用',无不密切依赖化学,在新技术革命浪潮中,化学更是引人瞩目的弄潮儿。"①

下面我从四个方面跟大家一起探讨《夯实学科基础,提升协同创新能力》。首先我们一起认知数理化基础的重要性。数学是科学的基础,理、化两科承担了当今自然科学与物质科学的理论基础。同时,它们是人类科学认识自然的有力工具,更是今天丰富的物质文明与科技产品的根本源泉。随着科学的飞速发展,学科间的相互渗透,自然科学与社会科学的相互交叉,无论将来从事什么工作,都必须具备起码的数理化基础学科知识。只有理论基础扎实,才能应用到现实生活中去解决实际问题,加快科技的发展。

数学是科学之母,任何科学都离不开数学,数学有利于培养创新精神,无论知识的运用,还是知识的发展,都离不开数学,通过推理,数学还是我们找到相关问题的解决途径的关键。请问同学们,数学,尤其是高等数学,难学吗? 大部分同学的回答应该是"难",我到理学院的时候,跟我们数学老师探讨一个题目,谁能画好平行线? 大家沉默了一会儿,有一位副教授博士回答"我在一定平面上能画得平行线",请问您能画否? 我的回答是:点和点的拓宽是平行线。因为在画线时是有误差的。数学本身是哲学,我们只要找到点的规律,学习就很容易;数学也有利于理性思维的发展,数学是人类思维所能达到的最严谨的理性,正是通过数学,引入了理性,从此人们才有可能开始靠理性,而不是凭感觉去判断是非曲直;数学有利于培养科学的审美观,数学文化的教育有利于美育教育和科学教育相结合,培养科学的审美观,数学之美的主要体现是对称美、简单美、统一美、和谐美、奇异美,以至数学常常被作为一种特殊的审美形态——数学美为人们所普遍欣赏和追求。数学是靠理性而不是靠感觉来判断是非对错。譬如说,数学可以根据相关的预测进行推理,这就有利于培养科学的审美观。也就是说,数学它不但是美,而且很适应社会。袁隆平院士就是依托理想株型(数模)来解决粮食安全问题。

我们院的物理老师大部分是从事材料计算的。物理对人类走向高新技术做出了突出贡献。

化学作为基础也极具重要性,学校不同学科门类是靠理化和生科承担了科学的基础,数学是科学之母,化学是农学之母。为什么说化学是农学之母呢? 因为我们的任何农作物的生长都离不开化学,生态保护离不开化学,它是人们认识自然的有效工具。

数理化学科是农业院校一流学科建设的重要组成部分,加强基础学科建设,

① 张艺、雷艳虹:《绪论课对大学化学教学的重要性》,载《保山师专学报》,2006 年第 25 卷第 2 期。

提高基础研究水平,是应用学科保持生机和不断发展的重要前提和强大支撑,一所大学仅有应用学科而没有基础学科或基础学科太弱是很难建成高水平大学的,只有应用学科与基础学科协调发展,才能确保学科的可持续发展,提升学校的整体办学水平。大多数农业高校由于偏重于应用学科建设,导致基础学科过于薄弱,影响了学校又好又快地发展。为此,农业高校应在加强传统优势学科建设的同时,选择与该类学科密切相关的基础学科作为校级重点学科进行建设,以传统优势学科带动基础学科的发展,力争在理学学科的数学、物理学和化学等领域有所突破,尽快提升基础学科水平,成为支撑农业应用学科发展和解决前沿应用领域问题的基础。

从理学院数理化发展可以看出,以前的数学物理化学主要是公共课为主,之后学科逐步成型了以后,数学与统计,化学与材料融合发展,"十三五"期间,我们学校申请化学一级学科的硕士点,它涵盖了数理化、农学等。数理化成为农学发展基础的外围和强有力的支撑。

数学在农业中的应用非常广泛,农业中农作物生长周期长,影响因素很多,有光、温度、水等,我们都需要通过数学统计的方法来将数据转化为农业问题的实际解决方案。在植物病理、遗传的上数学也用得比较多。学校周清明书记主持的粮丰工程第四期项目,周年肥水一体化、绿色防控,全程机械化,"物联网+技术",都必须把数理化基础应用;物理在农业上的应用大家也了解一些,例如声和光对植物的生长的影响。通过这些来了解整个农作物的生长发育过程,还有物理杀虫,通过光学、声学、磁学、辐射技术等,以及声探技术在海洋资源的探测上应用广泛。

化学就更不用说,化学基础学科是综合性学科,化学是在分子水平上研究物质的性质科学,联系着物理学科、材料学科、环境学科、医学学科,它们是处理化学变化的基础,是中心科学。大家都知道最近习近平总书记参观植物工厂,我院周智团队通过植物工厂育苗,一方面,解决南方春节低温寡照,利用 LED 技术,缩短育苗期,壮苗提升作物产量;另一方面,特种经济作物、果树 B 提高复种指数,增加经济产量,早生快长;王辉宪教授创新研究团队、董新荣教授创新研究团队通过煎煮法、浸渍法、渗漉法、回流提取法、连续回流提取法、索氏提取法从小米椒中提取辣椒素,有抑菌作用等;熊远福教授团队对缓控释肥研制与应用产生多项专利并进行转化;吴雄伟副教授团队研究化学与环境科学学科协同发展,在新能源上取得了较大成果;易自力副校长带领喻鹏副教授团队研究化学与生物学的协同创新发展,南荻生物炭的研制与应用取得阶段性成果。

关于学科融合发展,肖良涛老师做得很好,本科专业学果树,博士专业学生理生化,主持几项国家基金重大专项,清华、北大,包括上海生理所都请他主持项目,因为他基础支撑、学科融合做得好。

数理化基础学科与大农学的协同创新发展,高校学科交叉模式经验:中国农业大学——专业设置;西北农林科技大学——交叉学科实践。

基础学科自建,支撑农学发展,我校近几年 ESI 学科论文产出分析看出,我校数理化自身在加强,支撑也在提升,基础学科,学科基础凸显。通过学科共建,湖南农业大学作为农林类高校,数学、物理和化学等基础学科,越来越成为我校学科建设的重要依托对象。

最后对我校数理化基础学科发展提两点建议:夯实基础学科,支撑农学发展,发扬农学特色;学科共建,实现基础学科与农学双赢发展。

总之,夯实基础就是基础打牢,学科发展就是共赢与多赢,袁隆平院士说得好:"人抬人无价之宝,水抬船万丈之高",让我们为湖南农业大学双一流建设添砖加瓦。

内涵建设上层次　开拓创新谋发展
——体育事业值得我倾其一生

李骅,1962 年出生,湖南吉首人,中共党员,校学术委员会委员,教授,硕士生导师。1992 年毕业于湖南农学院作物专业,1981 年 12 月毕业于湖南师范大学体育系,获教育学学士学位,毕业后到吉首大学工作,1994 年调入湖南农业大学体育艺术学院工作至今。曾先后担任湖南农业大学体育艺术学院党委副书记、书记、院长,校工会兼职副主席,长沙市芙蓉区第四届政协委员,中国大学生健美操比赛湖南赛区评判部主任,高等农业院校中南区体育理事会副理事长等多项职务。从教 35 年来,先后主讲了《体操》《艺术体操》《教育学》等 10 多门课程。发表科研论文 20 多篇,主编和参编教材 4 部,主持和参与国家级、省部级科研、教改项目 10 余项。创编民族健身舞蹈组合 60 余套。获湖南农业大学教学成果一等奖 1 项,1 门主讲课程被评为湖南农业大学教学精品课程。先后被评为湖南农业大学青年骨干教师培养对象,获得湖南省优秀青年骨干体育教师、中国农业院校优秀青年体育教师、中国农业院校优秀体育工作者、芙蓉区优秀政协委员等多项荣誉称号。

学校体育是学校教育的重要组成部分,在丰富校园文化、促进学校精神文明建设中起着不可替代的作用。

我院体育教育工作始终坚持"以学生为本,健康第一"的指导思想,认真贯彻国务院批准的《学校体育工作条例》和国家教育部颁发的《全国普通高等学校体育课程教学指导纲要》《高等学校体育工作基本标准》,走出了一条"内涵建设上层次,开拓创新谋发展"的发展道路,在学科专业建设、师资队伍建设、体育教学改革、体育科研与组织管理、体育训练与竞赛、课外阳光体育运动开展、体育场馆管理等方面都迈上了一个新台阶,实现了跨越式发展,学校体育工作获得了湖南省教育厅、湖南省高校体育专业委员会各位领导和专家的一致好评,我校体育工作得到了充分的肯定。

一、提升体育发展理念,搭建学科专业平台

2000年,学校成立体育艺术学院,与学校体育运动委员会两块牌子一套人马。体委主任由校党委副书记兼任,这样不仅加强了领导、理顺了关系,同时为学校体育事业的发展提供了强有力的组织保障。

在工作实施的具体过程中,我们坚持"以管理规范人,以事业凝聚人,以发展鼓舞人,以情感带动人"的管理理念,极力弘扬"以学校为家,以事业为重,以学生为中心,以育人为己任"的职业信条。大力提倡"热爱学生,爱岗敬业,团结协作,拼搏进取"的职业道德。把学科专业平台逐步搭建起来。

1. 本科专业建设起步

体育艺术学院自成立以来,下设三系二部:社会体育系、表演系(体育表演方向)、艺术设计系、公共体育教学部和公共艺术教学部。2012年随着国家教育部《普通高等学校本科专业目录(2012年)》的出台,对原有的专业进行了新的划分、设置和调整。

其中我院社会体育专业更名为社会体育指导与管理专业,艺术设计系由原来的视觉传达设计、生态室内设计、公共艺术设计、展示设计四个方向调整为视觉传达设计专业、环境设计专业、产品设计专业三个专业。

我院2014年申报的体育教育专业于2015年获批,并在本年度开始招生。截止到2015年9月,学院本科专业已达到6个,1个二级学科硕士点。

2. 二级硕士点取得突破

我院在夯实本科专业的基础上,不断地提升专业办学层次,积极发展研究生教育。"十二五"规划的第二年就开始筹划硕士点的申报工作,确立了以教育学一级学科下的二级学科硕士点为突破口。

2012年9月组织包括教育部"长江学者"王健教授在内的北京体育大学、华中师范大学、华南师范大学、湖南师范大学等大学的国内知名专家对体育教育硕士点进行了论证工作。

2013年开始招生。

2014年体育教育学(0401Z2)列入湖南农大2014年硕士研究生招生目录,标志着我院获取了体育教育学硕士研究生的独立招生资格。完成了"十二五"规划目标任务。

3. 招生规模逐年扩大

建院以来,我院招生规模稳健增长。特别是在"十二五"的五年间,我院招生规模扩张明显。

2011 年我院体育与艺术专业学生总计只有 640 人,而 2015 年在校的全日制本科生就已经达到 930 人,增幅达到了 145%,更是建院初(2005 年)的 21.6 倍。同时,还拥有 6 名在读研究生。当前的在校学生数量远远超过"十二五"规划制定的 750 名目标。

4. 毕业生就业形势良好

<table>
<tr><td colspan="5">"十二五"期间体育艺术学院本科毕业生就业率</td></tr>
<tr><td>2011 年</td><td>2012 年</td><td>2013 年</td><td>2014 年</td><td>2015 年</td></tr>
<tr><td>92.60%</td><td>94.24%</td><td>95.36%</td><td>90.73%</td><td>90.82%</td></tr>
</table>

5. 完成"十二五"规划目标

"十二五"目标任务:本科专业数全日制本科生 750 人,毕业生就业率 87%。"十二五"完成情况本科专业数 6 个,全日制本科生 959 人,毕业生就业率达 90.82%。

二、加强师资队伍建设,提升体育教师素质

学校之魂在教师。近年来,学校、学院采取多种措施培养优秀教师,全面提升体育教师素质,鼓励在职教师外出学习深造,师资队伍的学历结构、职称结构、年龄结构得到了明显的改善和加强,一支年富力强、结构较合理的教师队伍已初步形成:

学院现有教职工 80 人,其中专任教师 63 人(体育教师:42 人,艺术教师:21 人)。教授 6 人,副教授 23 人,讲师 27 人,助教 9 人;行政管理:17 人。具有研究生学历 50 人;硕士导师 10 人;湖南省高校青年教师培养对象 3 人,学校骨干教师 3 人。

"十二五"期间,我院新进教师 10 人,其中专任教师为 8 人;教师新增副教授职称 7 人、讲师职称 18 人。体育与艺术本学科的新增博士(含在读)已达 7 人,且有 1 名教师为中美联合培养的博士。

<table>
<tr><td colspan="3">"十二五"期间体育艺术学院博士(含在读)人员名单</td></tr>
<tr><td>姓名</td><td>院校</td><td>专业</td></tr>
<tr><td>邵 华</td><td>湖南农业大学</td><td>农林经济管理</td></tr>
<tr><td>刘周敏</td><td>北京体育大学</td><td>体育人文社会学</td></tr>
</table>

范才清	北京体育大学	体育人文社会学
唐瑶函	湖南农业大学	园艺产品采后科学与技术
聂清德	湖南农业大学	教育生态学
王佩之	湖南农业大学	观赏园艺
齐立斌	华南师范大学	体育人文社会学

1. 提高师德水平和业务水平

提高师德水平和业务水平,增强教师教书育人的荣辱感和责任感。全面贯彻党的教育方针,把立德树人作为教育的根本任务。脚踏实地为学校体育工作做出自己应有的贡献。

教师是社会的代言人,文化的传播者,学生成长的引导者。

作为教师要做到:学习教学、规范教学(模仿——自我关注)、熟练备课、驾驭教学(技术——任务关注)、创作教案、创作教学(效果——学生关注)、研究教学、发展教学(事业——成就关注)。

作为教师要爱岗敬业、遵守职业道德。严守教师的职业要求:以爱岗敬业为荣,以敷衍塞责为耻。以开拓创新为荣,以因循守旧为耻。以勤勉博学为荣,以懒惰肤浅为耻。以关爱学生为荣,以漠视学生为耻。以廉洁从教为荣,以岗位谋私为耻。以因材施教为荣,以千篇一律为耻。以团结协作为荣,以损人利己为耻。以仪表端庄为荣,以不修边幅为耻。以尊重学生为荣,以辱骂学生为耻。(九荣九耻)

2. 组织教师国内外学习考察

我院一贯以来奉行"走出去、请进来"的政策,先后组织体育、艺术教师前往华东师范大学、上海体育学院、浙江大学、广州美术学院、中国美术学院、华东交通大学、九江学院等十几所高校学习与考察,既加强了与兄弟院校的联系,又开阔了教师们的视野,还从其他学校学习到了宝贵经验。

另外,我院刘周敏老师在校院的支持下,远赴巴西参加2016年奥林匹克科学论文报告会,增强了学校学院体育的国际影响力。李奥乐老师赴法国参加三个月的足球培训,学习到了最新的足球发展理念与技术,进一步促进了我校足球项目的发展。

3. 实施体育教师全员培训

着力培养一大批体育骨干教师和体育名师等领军人才。一年来,参加专业培训人数达50多人次,学院在经费和时间上给予最大的支持。社体系3位教师获得国家级裁判员资格,表演系 2 位教师参加中国体育舞蹈协会培训并获得国家级裁判员资格。

4. 组织教师参加各类专业竞赛

(1)通过加大讲课比赛力度,充分调动青年教师的积极性

长期以来,学院积极组织青年教师开展教学比赛,帮助青年教师健康快速成长。通过讲课比赛,为青年教师提高教育教学水平搭建了一个学习交流的平台,促进了课堂教学质量的进一步提升。

其中彭成根、谭金飞获湖南省体育教师讲课比赛一等奖,齐立斌获二等奖,饶娟获三等奖;蔺薛菲、饶娟老师获得了院讲课比赛一等奖,陶婵、何轶老师获得二等奖;蔺薛菲老师被学校推荐参加湖南省高校教师教学比赛。

(2)组织教师参加教师体育技能大赛

2016 年组织参加了中国高等农业院校中南区体育教师技能比赛。在学校领导的大力支持下,在青年教师刻苦训练下,我院教师共获得了 7 项一等奖、3 项二等奖,成绩在 11 所参赛高校队伍中名列第一。

通过比赛,增强了我院青年教师的自信心,促进了学术交流,增进了友谊,再一次体现了我校体育教师专业技能的整体水平,为我校体育教育事业的崛起再立新功。

5. 完善青年教师职称结构和学缘结构

2016 年我院教师职称评定大获丰收。我院青年教师朱宁、谭金飞、聂清德、樊颖 4 位老师顺利通过了副教授职称评定。2016 年,首次推荐唐瑶涵、范才清、李萍 3 位教师参加了出国留学外语培训。

2016 年 7 月,在福建农林举行的中国农业院校理事会和交流会中,我校作为中南区学校代表在大会上做了关于我校公共体育教育与体质测试工作经验报告,我校何轶老师被评为中国农林院校优秀青年体育教师,李骅老师被评为中国农林院校优秀体育工作者。

6. 取得的教学成果丰富

五年来,我院先后获得省级教学成果三等奖 1 项,学校教学成果一等奖 2 项、二等奖 1 项、三等奖 1 项,"体育"课程获省级精品课程,获湖南省普通高等学校青年体育教师课堂教学竞赛一等奖 2 项、三等奖 2 项,获湖南省普通高校教师课堂教学竞赛(色彩构成组)一等奖 1 项。

三、深化体育教学改革,提高学生培养质量

1. 以教学为中心,不断提升教学质量是我院的立院之本,发展之基

"十二五"期间,学院的工作任务紧紧围绕着全校的公共体育课与学院的专业

课教学的中心任务展开。公共体育课的教学按照"素质教育"的基本要求，遵循"一切为了学生、一切为了提高教学质量"的教学指导思想，在师资、场地、器材等教学基础设施不足的情况下，圆满地完成了大一、大二两个年级1万余名学生的公共体育课教学任务。

同时，我院的本科专业教学质量也得到了显著提升。六个本科专业以"一门专业、两项基本技能、三项基本功和四项基本品质"的教育理念为指导，以培养"卓越人才"为目标，不断探索体艺学科群融合的特点与差异性教学的规律，重塑了体艺学科的教学模式，有力地规避了体艺不同学科教学迁移造成的负面影响，实现了体育与艺术学科的协同发展。

一门专业指所学本科专业；

两项技能指外语和计算机；

三项基本功指体育类专业——教学、训练、竞赛组织基本功；

艺术类专业——绘画、摄影、设计；

四项基本品质是"朴诚、奋勉、求实、创新"（校训）

2. 改变了过去以课堂教学为中心的单一模式，实施了课内外一体化的课程模式

课内系统采用打乱班级、年级、学院和专业，在网上进行选课，全部进行选项课教学的方式，课外系统采用俱乐部活动课的组织形式，将课外体育活动、学生体育竞赛活动纳入课程管理。课内外共同发挥效能，建立一个以实现体育课程目标为核心的课内外、校内外有机联系的课程新结构，包括选项课、俱乐部课外活动课、学生体育竞赛活动三个板块，为实现课程目标提供保证。从参与性、主观能动性、发展的观念和知识与技能的掌握四个方面来进行体育课考核与评价。

3. 认真实施体质测试，促进学生身心健康发展

学校非常重视实施体质工作，根据教育部、省教育厅的有关要求，学校投资购置了全套智能型体质健康测试器材，组建了学生体质健康测试中心，成立了实施《学生体质健康标准》的领导小组，由主管校长负责，明确分工，制订切实可行的工作计划，建立科学、规范的管理制度，加强对学生的宣传教育，保证活动时间，推动经常锻炼，使《学生体质健康标准》测试工作落到实处，严格按要求进行测试和评价，及时汇总、统计和上报各项数据。通过对近三年的测试结果进行数据分析，我校学生体质健康状况有所提高，学生体质健康标准测试合格率在98%以上。

四、重视体育科学研究，掌握体育发展前沿

五年来，我院教师科研意识明显增强，主动参与教学科研的积极性强烈。主持国家社科基金项目4项，省、部级项目27项，获得省级教学成果三等奖1项；发

表论文 226 余篇,其中 CSSCI、EI 等 15 篇;出版教材、学术著作共 16 部(册)。

科研服务工作开创了新局面,2012 年在学校有关部门支持下,艺术设计系教师团队承担省级重点项目:长沙市大河西先导区梅溪湖国际服务区视觉形象及公共设施设计 30 万元经费的横向设计项目,市政工程项目通过专家评审,顺利通过。

五、狠抓体育训练竞赛,塑造三大运动品牌

近年来,我校体育代表队通过参加一系列的体育竞赛,提高了我校的体育竞技水平,扩大了我校的社会影响和知名度。

学校着重打造女子足球、体育舞蹈、舞龙舞狮 3 支高水平的队伍,近年来在国际、国家和省市赛场上摘金夺银,共获得国际级、国家级体育比赛金牌 24 枚,银牌 15 枚、铜牌 12 枚。其中女子足球获得湖南省比赛的十连冠,充分展示了学校青春学子的风采,体现了我校体育教学与训练的实力。在省第八届和第九届大学生运动会中,我校连续两次被评为"优秀体育代表团"。

我院在全面组织开展田径、篮球、排球、网球、乒乓球、羽毛球、拔河、健美操、广场舞等群体竞赛活动的同时,重点打造了三大体育运动竞技品牌:高水平女子足球队、舞龙舞狮队、体育舞蹈队。

1. 高水平足球队

"十二五"期间,我校女子足球队在湖南省大学生足球赛"四连冠"的基础上,2011 年至 2016 年连续夺冠,将自己的连冠纪录续写为更骄人的"十一连冠"。我校足球队成功获批国家教育部"高水平运动队",并在 2012 年顺利通过湖南省教育厅组织的高水平运动队评估。

2. 舞龙舞狮队

2015 年 9 月,舞龙队经过中国龙狮运动协会推荐,入选备战第六届世界舞龙舞狮锦标赛和第四届亚洲舞龙舞狮锦标赛国家队选拔集训,参加此次选拔集训的只有武汉体育学院队、上海队和我校共 3 支队伍,标志着我校舞龙队迈入国家顶尖水平,体育训练水平达到了新的高度。

尤其是 2015 年 8 月,在北京国家奥林匹克中心,舞龙队参加了由国务院侨务办公室、国家体育总局主办的"文化中国·2015 全球华人中华才艺(体育)大赛",荣获舞龙比赛规定动作和自选动作 2 项银奖,国家体育总局副局长冯建中为我校健儿们颁奖。

3. 体育舞蹈队

体育舞蹈队在"十二五"期间,参加了国家、省级比赛,共获得奖牌近 60 枚(金牌 22 枚,银牌 19 枚,铜牌 15 枚),其中先后参加了"索尔杯"全国青少年国际标准舞蹈公开赛,获得金牌7枚、银牌4枚、铜牌4枚;连续五年参加湖南省"同升湖杯"体育舞蹈锦标赛,获得金牌5枚、银牌6枚、铜牌3枚。成为了湖南省体育舞蹈界的翘楚。

六、开展阳光体育运动,丰富校园体育文化

体育教育是学校体育工作的中心工作,我们在保证课时的基础上,积极完善大学体育课程体系,突出"以人为本、健康第一"的指导思想,改变了传统的重运动技能教学、轻学生身心健康发展的观念,全面推进素质教育,注重学生身心健康;培养学生自主锻炼的习惯和体育欣赏能力,树立终身体育的思想。

1. 积极开展课外体育锻炼

学校群体活动是体育课堂教学的延伸和延续,也是学校体育的中心工作之一。为了达到"每天锻炼一小时,健康工作五十年,幸福生活一辈子"的目标,在校学生一周应有7小时的锻炼时间,体育课堂教学只有2小时,另外5小时就应由课外活动来完成。

根据学生身心发展的需要和国家教育部的要求,结合学校的实际情况,我们开展了丰富多彩的课外阳光体育文化活动,在与体育教学相互促进,巩固和提高学习效果,增强体质、增进健康、丰富学生课余生活、培养和发展学生体育锻炼兴趣和独立锻炼能力等方面起到了重要的促进作用。

2. 组织成立大学生体育俱乐部

学校将课外体育活动进行科学的安排和合理的组织,将学生课外体育活动纳入教育计划,组织成立了大学生体育俱乐部,逐步形成了一个有序运转的完整体系。

根据学生的兴趣和需要的多样化,我们开展了健身健美操、定向越野、街舞、体育舞蹈、拔河、篮球、乒乓球等多项活动,还组织了校园体育文化节和学校田径运动会等形式多样的校内比赛,使活动开展得生动活泼,富有趣味性,并兼顾了知识性和教育性,在校园内营造出一种团结、文明、奋进、和谐的体育文化氛围,丰富了校园文化生活,培养了学生顽强拼搏、团结友爱、遵守纪律的优良品质和集体主义精神,有效地将体育与学生的思想政治教育有机结合起来,体现了体育在育人和创建文明高校中的主要作用,促进了学生德、智、体全面发展。

3. 组织教职工体育竞赛

近年来,我院教师在指导学生参加省内外体育艺术竞赛中取得了一系列成绩。相比"十一五"期间,"十二五"期间我院开展的群众体育活动项目更多,也更贴近实际,教职工和学生参与比赛的范围更广,组织更为规范,气氛更热烈。

我院一直积极开展常年、持续、多样化的群众性体育活动,努力继承和发扬学

校优秀的体育传统和体育文化,坚持课内学习与课外锻炼的有机结合,坚持普及与提高相结合、体育面向学校全体人员的方针,服务社会、服务社区,全面推进全民健身的广泛开展,不断提高全民体育素质。

七、落实体育场馆管理,服务师生体育锻炼

长期以来,学校领导十分重视和关心学校体育工作,始终把体育列为学校教育工作的重要内容,不断加强对体育场馆设施器材的建设和配备的工作,在人力、物力和财力上予以保障。

同时,我们主动与政府合作,坚持联合办学、互利互赢的原则,为加快学校体育场馆设施建设,改善基本办学条件,做出了应有的贡献。主要表现在以下几个方面:

(一)争取了湖南省财政厅专项拨款40万元,改造了学校北面8片塑胶篮球场。

(二)争取了芙蓉区政府资助荧光篮球架12个,价值20余万元,先后改造了学校南面6片篮球场,安装了节能篮球架。

(三)争取了芙蓉区政府资助多套健身路径,安装在体育馆旁边的小区中。

(四)学校调整专业教室10余间,与学院共投入500余万元建立了实验中心。

(五)学校资助经费30余万元,改建了体育舞蹈训练房,等等。

2005—2015年,十年薪火相传,十年力铸辉煌。在学院飞速发展的十年,是凝练特色、凸显特色的十年。我院已经逐步形成了"以教学为中心、以竞赛为窗口、以社会服务为落脚点"的学院特色发展之路。

体育艺术不分家。体育艺术学院,除了体育专业取得丰富成果外,艺术专业同样成果斐然。艺术专业在全面组织开展教学与实践的同时,重点打造艺术长廊文化建设工程,平均每学期举办作品展10场次。将教师和学生的艺术作品不时展现在艺术长廊当中,让艺术文化气息充满校园。

1. 以体艺竞赛为窗口,加速体育事业的腾飞

体艺竞赛是衡量体育艺术学院"十二五"工作的重要指标,而着力打造体艺竞赛名片更是我院"十二五"发展的核心任务之一。体育与艺术竞赛犹如两驾马车,推动着我院的快速发展,扩大了我院及学校的影响力。

2. 以社会服务为落脚点,实现体育与艺术社会功能的完美绽放

社会服务作为高校的基本职能之一,体育与艺术专业的社会服务功能在我院得到了充分的演绎。"十二五"期间,我院体育师生服务社区竞赛、训练指导工作百余次。舞龙舞狮队、健美操、体育舞蹈队等高水平队伍,被邀请为滨湖社区、星沙大型企业等单位进行表演,并多次代表芙蓉区参加长沙市运动会,成绩突出。

3. 取得的艺术成果

(1)"十二五"期间,在各种艺术展演中获全国广告艺术大奖赛湖南赛区一、二、三等奖共计22项。在金犊奖等其他设计大奖上也获得了80多项奖励。

(2)1名老师在2012年湖南省教育厅第五届"挑战杯"大学生创业计划竞赛中获"杰出工作奖"。

(3)艺术专业学生在全国广告艺术大赛、湖南省高校优秀作品大赛、芙蓉杯国际工业设计大赛、中国环境艺术学年奖等大型比赛中,获得30多项各级奖励。

长期以来,在学校领导的高度重视下,在学校各职能部门的大力支持下,我院注重学科发展的平衡;加快师资队伍的建设和办学条件的建设;适时增加艺术设计专业的本科专业;扩大体育学科的研究领域和方向;缩小学科之间的差距;充分发挥湖南农业大学的多学科综合优势,积极与本校农、工、文、理、经、管、法、教、艺等学科进行融合,集中优势力量,合理整合资源,在体育交叉学科上闯出一条新路。

如果说"十年树木,百年树人",那么,今天的体育艺术学院已根深叶茂,体盖荫荫。十年,在历史的长河中只不过是短短的一瞬,可就在这短短的一瞬间,我们的学院却发生了翻天覆地的变化。

同学们,老师们,2005年我们带着一个体艺人的梦想起航,伴随着学院一起成长,见证了学院的发展与壮大。一路走来,一路拼搏,从未止步……

吃水不忘挖井人,在这里,我还要特别感谢符少辉校长和周清明书记对我们学院工作的大力支持,感谢已经退休的李泽群教授、邬似刚教授和刘丹教授,正是你们高瞻远瞩、运筹帷幄,带领体艺学院人群策群力、厚积薄发,开创了湖南农业大学体育艺术学院,才有了体育艺术学院的茁壮成长。今天的体艺学院所展示出来的是优良的院风、强劲的发展势头;而在不太遥远的明天,农大体艺学院将会完成龙门的飞跃。

忆往昔,桃李不言,自有风雨话沧桑;看今朝,厚德载物,更续辉煌誉五洲。但愿朝阳长照体艺,笑看沧桑风景如画!

作为一个从教35年的老师,我无怨无悔,体育事业值得我倾其一身!

最后,祝大家身体健康!学习进步!生活幸福!

迷失与重拾——中国外语学与教走势

胡东平,教授,外国语学院院长,英语语言文学在读博士研究生,硕士点领衔人,学术委员会主任,同时担任教育部大学外语示范点负责人,湖南省高校青年骨干教师,湖南农业大学首席主讲教师。

胡东平教授兼任湖南省大学外语专业委员会副会长,湖南省日本文化研究中心主任,中国语言教育学会理事,湖南省研究生英语教学研究会常务理事,湖南省PETS考试专家组成员,2001年被教育部录取为国家公派留学访问学者。近年多次被聘为教育部和湖南省本研究领域学术项目评审专家。先后担任本科生、硕士生和博士生阅读、听说、语言学、翻译学和英语写作等课程的教学。

近年先后公开发表学术论文30多篇,出版专著和教材18部(其中主编8部,国家规划教材3部,省优秀教材2部),主持和承担国家级和省级等各类课题10多项,荣获各类教学成果奖11项,科研成果奖8项,其中国家社科基金一项结题鉴定结果为优秀,省社科基金一项结题鉴定结果为良好。主要研究方向:翻译学;外语课程教学论。

今天的题目一个是迷失,一个是重拾。主要针对中国外语教学的走势谈谈个人的想法。在这一主题的两个题目中,第一个是迷失。迷失是因为中国教育对外语的教学产生了一系列的影响。一个是对老师与学生,一个是教育行政管理部对我国外语方面的教育产生了一定的误解。有的是质疑,有的是迷惑。大家可以从相关的专业书中找到这一系列的看法，或支持或反对。第二个是重拾。重拾，就是把丢掉的东西再次拾起来。也就是说，外语教学本来已经固定存在的东西慢慢地开始变了。现在有不少的外语教师已经注意到了这一点，外语的教学已经失去了我们对语言美的一种需求，也就是说，教师在组织教学的时候，对外语教学的本真掌控不够到位。基于这两个理由，我分享了他对这个话题的想法，这个话题比较严肃，但是讲述方式是比较轻松的。

首先是迷失。我对迷失的认识讨论也比较多。谈谈教学的功利性，教师对这个认识也是功利性的。学生自己包括他们的家长，当时选择接受外语教育是非常自豪的，因为在学校1000多个人中就选择了10多个人成立外语小组。这10个人中首先语文成绩要很好，外语要特别好。所以现在学外语的学生或者其家长单纯地把外语看成是一种工具，这样的外语教育教学失去了外语本身的固有属性，或将它的本真完全丢失。老师们组织教学也是由于有这样的同学及家长的需求感。他们有这样的需求，就去满足他们的要求，所以慢慢地在他们的教学中间也会出现一些偏差，当然，目的是好的。

前几天在微信上看见理工大学一个语言方面的老教授，在微信朋友圈里面写了关于外语教学的舆论化的一段话。教育部在外语教育这个方面的引导过程中可能听的意见以及看到的一些现象都是表面的，所以，就出现了一些小的偏差，计算机网络教学是好事，但是人们往往过度地偏移了语言的本质，完全把它本末倒置，这是一个很危险的现象。由于上面的主导部门也有一些是功利导向的，就导致我们的教师在教学中间也有所偏差。如果我们一直功利化下去，从人文属性来思考的话，是不符合规律、不符合科学的。

所以在迷失的几个方面，我们的认识，实际上还是因为功利产生了这些影响。第二个主题是重拾，重拾就是要求我们对现在的外语教学方面好的地方要承接下来，最新的一些成果、一些导向，包括计算机网络这些形式的一些手段，都是一些好的手段，但是要求我们要好好地总结，教师不能够偏移我们的主题，偏离我们的方向，所以外语教学要回归我们的本真。

外语教学特别要提到两点，每一场博士生教学的第一课都要讲到的一个问题，就是对于外语的定位和对于汉语的重视。因为我爸爸是语文老师，在读书当中，他逼着我背那些课文，背古文，《三字经》这些，包括英语。英语他一句都不懂，他就让我从第一课时慢慢背起。所以我们讲到的重拾，一个是外语，外语成为一种手段，另一个是汉语的定位。他作为一个语文老师，汉语的地位是不可撼动的，母语的地位是不可撼动的。

当给博士生讲课的时候（因为博士生的年龄比在座的本科生要大一些，有的成家了,有很多都已经是带了小孩的)他们常常会问道:"老师啊,小孩到底几岁的时候学外语比较好?"我回答:"你不至于是胎教吧。"事实上是有这样的一些人,而我是坚决反对这一做法的。作为小孩,若连母语的基础都没有稳定下来,就不能够去学习英语,不能忘本。所以只有当你有了母语的意识,才能开始接触外语。因此,外语的定位应该是在母语的基础上的,之前一直给招生处提意见,就是对外语每一个专业的招生要有一个定位,首先要求学生对外语要有兴趣,其次他的语文要有水平,如果连语文都不行的话,那么他学外语肯定是不行的。那么,对于外语的定位,就是在汉语的坚实基础上。

对汉语有高度的认识,才能够学外语,这是第一个。第二个就是要确认外语在我们的政治经济生活各个方面的重要地位。大家想一下,在重大转折的时候,我们外语在中间所起的作用。比如在西学东渐的时候,1842年鸦片战争的时候,再追溯到远古时代。西学东渐出现在明末清初,在这段时间中国发生了很大的变化,追究其原因,在民国初期我国一些科技著作传到国外,外国的一些东西这个时候也传到了中国,西方的一些学术促进了中国政治经济的发展,这是不言而喻的。在每一个关键的转折点都有翻译,也出了一些著名的翻译家,在新文化运动期间,胡适、陈独秀、李大钊这些人,提出了文言文趋向于白话文的观点,于是中国文化有了一个大的改变历程,在这个过程中翻译起了很大的作用。

再说到改革开放,外语在其中起的作用更不用说了,所以要充分认识外语教学是不能放松的,任何一个有远见的政治家都不会放弃外语的。外语在文化对话中起着重要作用。我们世界是乱七八糟的,那么文化对话,更不要说政治对话,现在伊拉克和叙利亚可能就是因为文化引起的冲突,其中以色列等阿拉伯国家,中国和一些基督文化的国家,跟西方是需要文化沟通的。所以在这种情况下,我们希望能够加强外语教学,加强外语教学,不仅是为了毕业后找工作,对近代史也是有一定的帮助的。基于这一点,要重拾外语的教学。

今天讲的主要是三个方面,实际上就是第一个题目,第二个是对外语的一些困惑。功而不利之惑,热而不爱之惑,担而不当之惑。实际上这也是反映了现在的外语教学存在的问题。第一个功而不利,我们说的收获的一些功,自认为我们在学习外语的过程中要有一些肯定的很及时的利益,实际上长远来说是不利的。第二个热而不爱,我们在外语学习过程中,一般开始是有狂热的追求,先是李阳的疯狂英语,但是现在已经不再狂热,外语院在操场里面举办过许多大型活动,现在看来效果十分明显。实际上外语就是学生本身从心底里对它有一种热爱。第三个是担而不当,喜欢这个事,但是没有责任感、没有使命感。第一就是要注重内容,语言的教学跟其他是不同的,所以我们上次在修改培养方案的时候,外语专业的，包括英语专业日语专业的，培养方案跟农学是不一样的，语言的本质是不同的，所以念的东西比较多，对于基础性的东西课时量比较大，基础的门类要加强，所以要注重内功，这个内功当然也包括汉语。

第二个是重母语，在座的同学请大家注意，我们不能因为学英语而被人认为是假洋人，我很自豪地说我的语文在在座的各位中，应该是比较优秀的。所以希望我们在座的学外语的同学一定要重母语。第三个重知识重大脑，学外语不能简简单单地找个工作就行，要从长远来想，现在在这里，将来要做什么，不一定说要做翻译，语言的联系、起源、同化，基于外语的，甚至是与外语没有关系的，但是若研究其他的，至少可以和外国人打交道。所以说学某个专业，要具有一定的责任感和使命感。

功而不利之惑，我不知道现在在座的同学你们学外语的目的是什么，毕业以后是准备干什么。我问过，绝大多数同学会讲，去搞外贸，去搞翻译，去出国考研。这些实际上都是无可厚非的，立竿见影马上有用，急功近利。所以在功利方面，不只是担心外语这个专业，包括其他专业都是有的。这只是我们最初学外语的功利特征，我们要考虑当前我们外语教学的整体认知。我们讲教育要达到什么目的，首先要学好知识，第二个要学有用的知识，第三个要组建平台。这个我也和别人讨论过，实际上大家对这个认知也是基本一致的，我觉得也是对的。要学好知识，那么对于外院的要学好外语知识。

第三个是学有用的知识，要加几个字，要学目前有用的知识。不过我们现在的教育是，如果这样下去的话，对学生的压力比较大，但我觉得要顺其自然。对于学习要学好知识是对的，但是在学习过程中，如果你是被动的，是老师对你这么要求，是教育主管部门对你这么要求，这就不好。但如果我把这些从必须学变成愿意学，这就好了。那么这就对我们老师提出了要求：如何教学，如何激起学生的兴趣，如何为学生创造一些动力。要学有用的知识这是对的，那些无用的就不要学了？所谓的"无用的知识"，真的是无用吗？可能目前没用，以后会有大用处。

现在大部分年轻人都用苹果，苹果的创始人乔布斯，上课就选修了一门书法课，这种做法并不被当时的人所认可。实际上，后来苹果上字体那么多，这门书法课起了很大作用，就算没有大用途，他也提升了自己。同学们应该珍惜大学里的时光，多学习"无用的知识"，并且最终要成才，最终的结果需要顺其自然，因为首先我们大学的教研目的，还是先培养人，不是培养人才，在人的基础上面，再去练才，应该是这样子的。我觉得只要把人培养好了，再具备了一定的知识、素养、人格，就能成才，你不要首先定位在一定要成才，我们首先是育人，所以对于老师来讲，一方面你不要埋头完成任务，要求他们达到老师的要求就可以了；另一方面，就是恨铁不成钢,把我们的学生一定培养成什么人才、专家。

这两个方面都是不行的,都把他们当普通人培养,说不定到最后都成了才。所以在大学学习过程中,希望同学们能健健康康成长,这就是我们外语学院为什么搞了健康成才方案的原因,也就是我们要如何育人。实际上还是起了很大作用的。所以这里有两句话要送给大家:"与名誉相比,多关注你的性格,因为性格反映真实的你,而名誉反映的只是别人心中的你。"一个是人格,一个是你的灵气,你要看别人怎么看,你应该看自己怎么看,所以你更应该注意你的人格和灵气。第二句话是"愿你能冷静地面对贪婪的社会"。

第二个部分就是"热而不爱之罔",罔就是迷惘、迷茫,对于外语,我们缺少一种内心深处的目标,看别人在干什么,我就干什么,过去之后没了,实际上没有真正的感情,要从内心深处去热爱。我觉得我是热爱外语的,你要陷进去,追逐它,所以我想平时有一些好的习惯,这个是很有意义的,我是深有感触。我爸爸是老师,他是教初中语文的。我是小学毕业以后直接跨级读了初中,因为另一个地方不安全,就和我爸爸一起上学,因为当时我的成绩的确特别好,可以辅导别人,所以小学四年级之后直接读了初中,所以我的痛苦日子也就开始了。但是后来想想还是很有意义的,英语课文很简单那种,也是他逼我背的,语文也是,到了高中也是如鱼得水的,我爸爸常常拿给我诗词看一下,我也装腔作势看一下,现在是没用的了,所以外语也是一样,有一些好的名词名段,汉语古代传统的,可以背一下。

有一段时间我写作文一直以反问开头,就是模仿的一个作文,所以模仿一些东西是可以提高的。我在刊物上发表的一个文章有一句是我模仿的高中的,所以一个是多背,另一个是善于模仿。尤其是我们学语言的,写作语感就是这样形成的。第一次考试我老师就震惊了,她说你是怎么办到的?我说我也不知道,背下来就顺其自然写了下来,在这个过程中,语感就形成了。第二个是口语与模仿,你要真正地发自内心地爱这个,所以我们首先平时口语也要重视。它的源头也是模仿,口语的模仿和英文歌有关,这个也是我们平时要注意的。我发现我的学生中有一些口语还是很不错的,我就知道他一定英文歌唱得很好,那他一定是在平时背一些东西和模仿一些东西,这个我觉得应该是有道理的。所以我们平时就要多讲多练习。

我在中学也教过几年,在培养那些英语专业的考生时,他们考上之后,我就给他们讲和他们专业有关的词,什么"食道"之类的一些名词,还搞一些反例,与其这样,你还不如放一首歌给他们听,把他们压得很稳,放松他们的神经。很多句子他们自然就连起来了,我相信口语练习要背一些东西,所以模仿诗和歌也是重要的。我在昨天遇到陈院长,问我讲座准备得怎么样了,我说我准备闭关一天来准备这个,所以我刚刚讲的这些道理,你不努力是不行的。那些演讲赛啊、辩论赛啊,你都要去参加,在你们高考之后的口语训练后,老师给我们题了字"胆大心细",所以在平常练习的时候多找一些机会、活动,要配合我们校里院里的一些活动。

多配合学工组和团委的活动,学工部包括教务处组织的这样一些活动,甚至是如果没有活动的话可以自己组织一些活动,来给自己多多练习口语的机会。比如说上次张立副校长组织的某个活动,她说假如没有活动她就自己组织活动,自己找一些人,来练习。所以要解决这个问题,一定要从心底来想解决这个问题。第三个,是关于专业的问题。因为之前在学校的时候做过招生老师,比如说,以前有一个研究生,写硕士论文就是这个主题,作为他的导师,大学生学好英语的同时一定要把自己的专业课程也学好,一定要结合自己的专业,一定要和祖国的繁荣昌盛、祖国未来的发展、学校未来的发展以及你个人未来的发展,紧紧地联系起来,不能好高骛远。

大学生一定要学会担当,当学会担当之后,很多小问题就会迎刃而解了。当有了很大的志向,就能去关注小的东西,就会从小事做起,这样才能够实现理想。之前看了柴静的穹顶之下,谈论关于雾霾的话题。有很多观众不支持她,骂她,甚至有人说她是炒作,但能够炒作出正面效果来,能把雾霾的东西写得这么透彻,这样也是很不容易的。曾经也看到华中师范大学教授的儿子写的一个东西,提到中国教育正在进步。我们的教师一定不能让学生诋毁国家,一定要爱国爱家。这样培养出来的学生才能有正确的价值观,这样才能成为国家的栋梁之材。包括从事英语教学的,同样要学会爱国,同时给学生上课时,一定要注意教学的方式,把知识传授给他们的同时,同样也要与他们进行心与心的交流。在课堂上要积极地与同学们进行交流,应该把自己的体会教给他们,同学们也愿意一起交流,特别是当场就把同学们的问题给解决了是最好的。

接下来讲述一些关于英语教学的相关经验,英语最重要的是重视基础。如今教学的问题突出表现为不重视基础。教学一定要重视基础,在重视基础的情况下也要重视基础题目。其次,要注重人文素养的培养。俗话说:工欲善其事,必先利其器,在做成一件事情之前一定要做好基础的积累,必须要打牢固基础,只有基础的反复沉淀,才能够做好一件事情。我强调了以下几个内容,分别是:目标,坚持,习惯。不管是外语的学习还是专业的学习,这三个方面都非常重要。像去年去世的文学泰斗季羡林先生,他说过一句话,"做人要老实,而学外语也要老实"。所以学习外语没有什么窍门,俗话说:书山有路勤为径,学海无涯苦作舟,这应该算是窍门了。季羡林这样的人物,都说了这样的话,作为当代大学生又有什么理由去投机取巧?因此一定要老老实实地学英语,切勿在考试之前叫老师画重点。1999

级的后来考到外交学院的一个学生,有一次因为要参加演讲比赛,就没有去考试,之后参加补考,而他复习的内容便是他把所有的美国文学的、英国文学的作家全部工工整整抄在了一个本子上面。后来他毕业的时候把这个本子送给了我。因此,作为当代大学生,我们一定要真真正正做事,踏踏实实学习,喜欢要小聪明的人往往走得并不是很成功。

　　第二个就是要有恒心,做任何事情一定要坚持。什么是坚持呢？坚持就是你看准了一件事情,把这件事情当作目标,一直努力地奋斗下去,一直坚持下去,这个就叫有恒心有毅力。世界上没有一样东西能够取代毅力,连才华也不能取代毅力。怀才不遇者比比皆是,一事无成的天才也是有的。教育也是一样的,世界上充满学而无厌的人。老师们也应该记住,上课的时候多跟学生讲一些这样的话,也不至于学生上课的时候就睡觉。

　　第三个就是习惯,一个坏习惯变成好习惯的过程是很痛苦的,我们要把学习外语的坏习惯给改掉。湘乡有个文学家叫作刘蓉,写过一篇文章叫作《习惯说》,大概的意思就是要改变一个习惯是很困难的。在这里给大家推荐一本书,叫作《习惯的力量》,这本书对于习惯的养成是很有用的。并且一定要重视母语,我在这里推荐一本书,叫作《中西方文化》,是季羡林先生写的。作为学生一定要多看书。看一本书可以先看一看目录,看了目录之后若感兴趣的话,可以买下来继续精读。提醒大家一定要多看看书。睡觉之前捧本书看,看着看着就睡着了,这样也是挺好的。多看看书,对母语一定要多学习学习。英语是种规范语言,规规矩矩的。而汉语是无法无天的语言。《捕蛇者说》里面就能够很好地体现出汉语是一种随性的语言。

　　我们中国有句俗话,"城市一般来讲是活在杭州,死在柳州",翻译成英语的话,不可能是"live in Hangzhou ,die in Liuzhou",它的主要意思是柳州比较适合养老,杭州适合生活。因此,特别要强调汉语的重要性。所以在我们的生活中,要把母语的地位提高,提高到至高无上的地位。任何正规的英语机构,大部分的授课方式都符合中国的审美习惯,如果都按纯英文的思想,常常会被人抨击,是否还是中国人呢？所以说我们在努力学好英语的同时,也不能放弃我们的母语。推荐大家一本书:《责任的担当》。当你阅读完这本书的时候,责任感便渐渐地培养出来了。给大家举几个例子,相信大家都学过都德的《最后一课》,课文中提到,当时的学生们被强制要求学习德语,因此当时的法语老师便给他们上最后一节法语课。在课上,老师饱含深情讲了一句"法兰西万岁！"只要有法语存在,法国就不会灭亡。那么相应地,只要有汉语存在,中国就不会灭亡。所以作为学外语的学生,都要时刻记住,我们需要维护民族和国家的利益。而当今许多新兴语言的兴起,也对汉语的发展构成很大威胁。所以说,学习语言要学会维护我们的语言。语言,只是作为沟通交流的一种工具。在一定程度上,外语对我们母语的发展,造成了一定的污染。所以,我们要大力维护语言的纯洁性。最后,要利用外语这个工具让我们母语更好地发展。

02

经济文化

中国粮食安全问题的瓶颈与对策

周清明,博士,二级教授,湖南农业大学党委书记、博士生导师,作物遗传育种、教育教学管理、农村科技服务方面的知名专家。曾主持或参加国家、省级以上科研课题近40项,获得省(部)级以上科研、教学奖励13项,其中国家教育教学成果二等奖1项,省科技进步一等奖1项、二等奖1项、三等奖4项、四等奖1项,省社科优秀成果二等奖2项、三等奖2项,国家烟草专卖局科技进步三等奖1项,获授权专利5项,在国内外刊物上公开发表论文300多篇,主编专著4部,是湖南省首届跨世纪学术带头人培养对象,湖南省高校首批学科带头人培养对象,享受国务院特殊津贴专家,湖南省优秀中青年专家,湖南省新世纪121人才工程第一层次人选。曾兼任中国农业专家咨询团成员,中国农学会理事,湖南省作物学会理事长,湖南省农学会副会长,湖南省农作物品种审定委员会副主任,湖南省行政管理学会副会长,湖南省烟草学会副理事长,湖南省科学技术奖励委员会委员等职。现兼任教育部植物生产类专业指导委员会成员、中国软科学研究会第五届理事会常务理事、湖南省烟草学会副理事长等职。

常言道:"民以食为天。"对中国这样的人口大国,粮食安全尤为重要,任何时候都不能掉以轻心。当前,我国正处在全面建成小康社会的关键阶段,保障国家粮食安全面临新的形势和任务。我们要立足经济社会发展全局,深刻理解、准确把握新形势下国家粮食安全战略的丰富内涵。

一、我国粮食安全的战略目标

首先,我们要了解联合国粮农组织对粮食安全的科学内涵:"当所有人在任何时候都能够在物质上和经济上获得足够、安全和富有营养的粮食,来满足其积极和健康生活的膳食需要及食物喜好时,才实现了粮食安全"。这个科学内涵里包含了三层含义:第一,粮食供应量要有保证;第二,保证大家要有能力买;第三,买的粮食符合食品卫生与营养的要求及个人喜好。根据我们国家的实际情况,中国60%的人以大米为主食,40%以面食为主食。

接下来我讲一讲我国粮食安全的衡量标准。一共有七条,它们是:耕地面积不低于18亿亩,我国农业人口人均耕地2亩多,承包农户2.3亿户;人均粮食播种面积不低于1.2亩,其中粮食播种面积16亿亩,谷物(水稻、小麦、玉米)播种面积14亿亩;粮食(谷物)自给率不低于95%;年人均粮食占有量不低于400公斤(稻谷、小麦自给率100%);粮食储备率不低于20%(人均80公斤);粮食总产量波动率±5%以内;粮食价格变动率±4%以内。

习近平总书记强调,保障国家粮食安全,任何时候这根弦都不能松,中国人的饭碗任何时候都要牢牢端在自己手上,我们的饭碗应该主要装中国粮。一个国家只有立足粮食基本自给,才能掌握粮食安全主动权,进而才能掌控经济社会发展这个大局。

第一,把握战略立足点,坚持以我为主、立足国内。中国人的饭碗任何时候都要牢牢端在自己手上,我们的饭碗应该主要装中国粮。这是因为:一方面,国际市场调剂空间有限。目前全球粮食贸易量仅有5000亿~6000亿斤,不到我国粮食消费量的一半,大米贸易量700亿斤左右,仅相当于我国大米消费量的1/4,既不够我们吃,也不可能都卖给我们。另一方面,大规模进口不可持续。如果我国长期从国际市场大量采购粮食,可能引起国际市场粮价大幅度上涨,不仅要付出高昂的代价,也会影响我国与一些不发达和发展中国家的关系。

第二,把握战略着眼点,保障国家粮食安全的优先序。我国人多地少,必须有保有压、有取有舍,集中力量先把最基本最重要的保住。首先是"保口粮"。大米、小麦是我国的基本口粮品种,全国60%的人以大米为主食,40%的人以面食为主。这就需要合理配置资源,优先保障水稻和小麦生产。其次是"保谷物"。保谷物主要是保稻谷、小麦和玉米,这三大作物产量占我国粮食总产的90%左右。稻谷和小麦作为口粮品种要保,玉米作为重要的饲料粮和工业用粮,近年来需求增长最快,也要保。

第三,把握战略着力点,确保产能、强化科技支撑。提升我国粮食综合生产能力,首先要藏粮于地。确保产能,守住耕地红线是重要的前提,划定永久基本农田是重要的保障,建设旱涝保收高标准农田是重要的途径。其次要藏粮于技。在耕地、水等资源约束日益强化的背景下,粮食增产的根本出路在科技。

第四,把握战略平衡点,适度进口农产品,用好两种资源、两个市场。为满足市场需求,我国有必要适度进口粮食来补充国内库存,减轻国内资源环境压力,但要把握好进口的规模和节奏,防止个别品种集中大量进口冲击国内生产,既要做好品种余缺调剂,也要做好年度平衡调节。

第五,坚守战略支撑点,守住粮食自给和耕地保有安全线。要量化"两个指标",一是做到"谷物基本自给",保持谷物自给率在95%以上;二是做到"口粮绝对安全",稻谷、小麦的自给率能基本达到100%。这是保障国家粮食安全的硬指标,也是硬约束。

因此,我国的粮食安全总目标和战略可以这么来表述:立足国内,保证粮食基本供给,适度利用国际市场,保持粮食供给基本平衡。

二、我国粮食生产现状

我国现在的粮食生产究竟是个什么状况呢?

我们于2011年和2012年组织本科生、硕士生、博士生利用暑假,对湖南、辽宁、重庆、广西4个省15个产粮大县进行了多方面的调查,得出以下结论:

第一,目前我国粮食单产水平比较高。当时调查的省份早稻每亩700斤以上,晚稻每亩800斤以上。2012年全国粮食单产平均水平为706.5斤,2013年全国粮食亩产达到717斤,这相对十年前粮食亩产提高了69.6公斤。2014年比2013年又提高了0.6公斤/亩,单产水平相当高。农业部预计2020年粮食单产还可提高15~20公斤。

第二,粮农从政府获得的直接补贴在提高。根据公开资料,我国用于农业补贴的资金从2002年的1亿元增长到2013年的2000多亿元规模,2014年农业部推出50项支农政策,其中仅种粮直补、良种补贴、农资综合补贴、农机补贴4项补贴资金规模就达到1600亿元。按财政部和农业部统一部署,2015年水稻直补按核定面积,每亩补贴为20元。随着各种补贴政策的完善,补贴资金还会进一步增长。

第三,大部分农民对种粮缺乏积极性。调查发现,对种粮有积极性的农户只占33.1%,没有积极性的占66.85%,约占2/3。有人问,没有积极性,为什么现在还在种?有一个主要的内在因素,90.8%的人种粮都是为了自己吃,并不是变成商品去卖钱来养家糊口,不是商品,只是自己的口粮。调查中,农民愿意外出打工的人接近80%,愿意在家种粮的只有20%左右。

第四,中央扶持政策落实得不太理想。21世纪以来,尤其是社会主义新农村建设战略实施以来,惠农政策接踵而至,惠农面之广、惠农力度之大前所未有。一系列的惠农政策显示了我国对农业农民农村的高度重视,显示了党中央、国务院解决"三农"问题、促进"三农"发展的决心。但现实中惠农政策让农民受益的直接目的有时并没达到。一是惠农资金存在外流现象。调查了解到,中央的惠农政策到位的占34.73%,部分到位和没有完全到位的占65.2%。二是农业生产资料价格上涨过快也抵消了部分对农民的政策优惠。而且,有些惠农政策执行不力,比如粮食直补政策,国家财政按一定的补贴标准和粮食实际种植面积,对农户直接给予的补贴,补贴资金原则上按种粮农户的实际种植面积补贴。但由于村集体按人头平分田地,在实际操作中演变为按人口平均分配粮食直补款,不管种不种粮食,都能享受到一样的补贴。本来是对粮食生产的"特惠"政策,事实上却变成了对农民或者农田进行补贴的"普惠"政策,不种粮也可以得补贴。这种吃"大锅饭"背离了该政策的初衷。

第五,政府收购粮食工作比较薄弱。在粮食最低收购价政策具体执行中,收购点库不足,农民利益难以有效保护。由于中储粮公司的分库各县只有1~2个,有的县甚至没有,点库和人员的不足严重制约其有效执行最低收购价政策。中储粮公司只好将大部分任务委托其他企业在一线设立收购点库,目前一般是1~2个乡镇设置一个收购库点,这样一个粮食收购库点管辖一个甚至几个乡镇,农民卖粮不方便,路程远,费用高。粮库工作人员坐在那里等,愿意送过去就送过去,送过去还拿不到现金,粮贩很聪明,开着车子带着现票子,一家一户去收,有的农民干脆低价卖给粮食经纪人,因为可以当场兑现,可以省掉运输费和劳动力。

第六,粮农整体素质偏低。随着中国城市化的快速发展,农村劳动力大量向非农产业转移,农业副业化、农村空心化、农民老龄化的问题日趋严重。全国农民工达到2.7亿人,一些地方农村劳动力外出务工比重高达70%~80%,在家务农的劳动力平均年龄超过55岁。

这是我们2011和2012年调查的六个结论。

现在一个全世界都公认的事实,就是中国用世界十分之一的耕地产了世界上四分之一的粮食,养活了世界五分之一的人口。这应该说是改革的红利,科技的恩惠,也是中国农民创造的奇迹。21世纪以来,我国粮食产量实现了"十二连增",2014年我国粮食总产量60709.9万吨(12142亿斤),其中谷物总产量为55726.9万吨(11145.4亿斤),稻谷总产量为2.06亿吨。国家相关机构预计2014和2015年度稻谷消费量为2.0248亿吨,年度产大于需300多万吨,国内稻米市场供应继续宽松。所以,目前中国粮食综合生产能力保持基本稳定,供给能够得到较好的满足。粮食自给率保持在95%以上,粮食储备率比较高,安全性比较稳定。

然而,我们绝不可陶醉在连年丰收、衣食无忧的"知足常乐"里,不能因为粮食连年增产就看不到今后保障粮食安全的难度和压力,确保粮食安全的任务依然十分艰巨。从长期来看,我国的粮食安全还存在隐患。

一方面,农产品需求刚性增长与资源硬约束趋紧并存。影响需求增长有两个因素:一个是人口增长。未来一段时期,我国每年新增人口仍在700万左右;另一个是消费升级。每年新增城镇人口1000多万。由于人口数量增加和消费结构升级,全国每年大体增加粮食需求200亿斤。同时,耕地、水资源约束持续加剧,我国人多地少水缺,人均耕地、淡水分别仅为世界平均水平的40%和25%。随着工业化、城镇化快速推进,每年要减少耕地600万~700万亩,城市生活用水、工业用水和生态用水还要挤压农业用水空间。为了保护和恢复生态环境,还要适度退耕还林还草。需求增长、资源减少,将使粮食等农产品供求长期处于紧平衡状态。从总量看,现在已经有缺口,未来缺口还会继续扩大。预计到2020年,粮食需求总量大约在1.4万亿斤,按照目前1.2万亿斤的产量基数和95%的基本自给率,要保持年度产需基本平衡,每年粮食至少要增产200亿斤。从结构看,现在一些品种缺口较大,未来缺口还会继续扩大。2004年以来,中国开始由一个农产品净出口国向净进口国转变,2004年到2014年,这10年农产品净进口数量涨了10倍。典型的是大豆缺口逐年加大,去年进口大豆超过6000万吨。

另一方面,中国长期以来粮食赖以增产稳产的政策手段已经难以为继。在2014年年底的中央农村工作会议上,李克强总理明确指出,目前我国农业持续发展面临两个"天花板"。一是价格"天花板"压力加大。目前国内主要农产品价格已高于进口价格,继续提价遇到"天花板",更有棉花、糖料等农产品顶破价格"天花板"。农业补贴中有的属于"黄箱"政策范畴,受到世贸组织规则限制,部分补贴继续增加也遇到"天花板"。二是成本"地板价"压力加大。所谓"地板价",即农产品的生产成本。目前,我国种子、化肥、农药、农膜、机械作业、排灌、土地租金、人力等直接生产成本,已占总成本的80%以上,且在节节攀升。两个"天花板"已经对我国大宗农产品价格产生负面影响。不仅国内的稻谷、玉米等谷物以及其他农产品在国内外市场上没有竞争力,而且国内粮食营销企业、加工企业更愿意进口和使用国外的粮食及相应的农产品,导致国内出现"粮食收购量增加,粮食库存量增加,进口量逐年增加"的三增现象。国内粮食支持政策,在实施中呈显著的路径依赖特征,难以适应国内供需结构变化的新形势。

随着我国经济社会的快速转型,以及国际经济环境的风云多变,我国粮食安全还面临着一系列深层次的新问题和新矛盾。

三、我国粮食安全问题的瓶颈及原因分析

粮食安全问题的瓶颈究竟在哪里?

主要是两个积极性没有调动起来:一是农民种粮的积极性没有调动起来,二是各级地方政府种粮积极性没有调动起来。由于这两个积极性没有调动起来,所以国家粮食安全问题仍然是一个很大的隐患。

农民为什么没有种粮积极性?

第一,种粮的比较效益低。种粮不比种其他的经济作物,种西瓜、辣椒、黄瓜效益都是种粮的几倍。据国家发展改革委发布的消息,2013 年生产的早籼稻、中晚籼稻和粳稻最低收购价格分别提高到每百斤 132 元、135 元和 150 元,比 2012 年分别提高 12 元、10 元和 10 元。但来自稻谷第一大省湖南省物价局的数据表明,农民种粮依然赔钱。2012 年每百斤早、晚籼稻分别亏损 8.24 元和 4.17 元。粮食最低收购价虽然提高了,但粮农粮食种得越多亏损越大。其主要原因是农业生产资料的价格涨得过快,种子、农药化肥等,价格比粮食价格涨得快得多。种粮不如去打工,现在统计到外面打工的农民工有 2.7 亿左右,一般来讲一个农民工打工比种粮效益高三倍。

第二,惠农政策没有完全到位,有很多该拿的补助没拿到,还有些该享受的政策没享受到。

第三,农业基础设施薄弱,抵御灾害的能力仍然较弱。目前全国高产田仅占1/3,农田有效灌溉面积仅占耕地面积的 51.5%,还有近半数的耕地是"望天收田",不能做到旱涝保收。而且农田设施老化,全国大型灌区骨干工程完好率为60%,中小灌区干支渠完好率仅为 50% 左右,大型灌溉排水泵站老化破损率达75% 左右。特别是田间渠系不配套,"毛细血管"不通畅,农田灌溉"最后一公里"薄弱,一些地方"旱不能浇、涝不能排"的问题突出。这些年,极端天气越来越多,突发性、暴发性灾害多发。2000 年以来,全国平均每年因自然灾害损失粮食 800多亿斤。

四、加强我国粮食生产安全的对策与建议

保障国家粮食安全,根本在耕地,出路在科技,动力在政策,基础在农民,重点在大县。

1. 尽快按市场经济规律,科学合理地确定粮食最低收购价。按照科学合理的测算,产品的价格应该是生产一个产品的成本,再加合理的利润。而粮食价格不是这么定的,不是按照生产粮食要多少种子多少农药化肥,还有水、人工等来计算的。调查了解到,在农村要请一个劳动力,特别是到田里做事,每天至少 100 元以上,还要供两餐饭和一包烟。现在计算的劳动力成本是 38 元一天,这是多年前劳动力成本平均价格。如果按 100 元一天的劳动力成本,一亩田种一季,7 个劳动力成本就要 700 元,每亩种粮的生产成本如果加上劳动力成本要倒亏 800 元。所以,要解决国家粮食安全问题,就要完善农产品价格形成机制,保持农产品价格合理水平。总结新疆棉花、东北和内蒙古大豆目标价格改革试点经验,积极开展农产品价格保险试点。运用现代信息技术,完善种植面积和产量统计调查,改进成本和价格监测办法,促进农民种粮增收,让农民爱种粮种好粮。

2. 控制农资价格。制定农资产品的最高限价,保证粮食生产成本不增加;给予农资生产企业以政策支持,包括原材料供应保障、生产补贴、技术支持等;加强农资价格监管,整顿和规范农村市场秩序,严惩坑农害农行为。

3. 建立和完善粮食主产区的利益补偿机制。目前13个粮食主产省的产量占全国的75%、商品量占80%、调出量占90%,全国产量超10亿斤的产粮大县有400多个,产量占全国的50%以上。产粮大省、大县在全国粮食生产全局中举足轻重。保障国家粮食安全,主要靠粮食主产区和产粮大县,主产区增产,全国粮食就稳定。粮食主销区要切实承担起自身的粮食生产责任。各地要进一步完善和落实粮食省长负责制,充分发挥行政推动作用,整合各方面力量和资源,形成部门联动、上下配合、合力推进粮食生产的工作格局。强化监督检查,把粮食生产纳入绩效考核体系,对耕地保护、政策落实、技术推广等方面列出硬指标,推动粮食生产各项政策措施落到实处。继续强化对粮食主产省和主产县的政策倾斜,加大对产粮大县的奖励力度,使主产区种粮不吃亏,调动主产区各级政府的积极性,保障产粮大县重农抓粮得实惠、有发展,在政治上有荣誉、财政上有实惠、工作上有动力。

4. 加大对农户的补贴力度。我国对农业的补贴,2010—2013年分别是1345亿元、1406亿元、1629亿元、1700亿元。由于国家对WTO的承诺,农业补贴不能超过8.5%,有钱也补不出来,现在只能补1000多个亿,但把价格提上去就不存在补贴的问题了。怎样来反思这个问题?不能让种粮的农民吃亏,不能因为受到某些限制,该拿出来补助的不补助,这是个值得研究的问题。现在没有一个国家能做得到"完全市场化",即使像美国这样高度市场化的国家,对农业也采取了错综复杂的补贴政策体系。因此,我们考虑,从中国基本国情出发,坚持市场定价原则,建立以直接补贴为主体、价格支持为补充、综合服务支持为支撑,指向明确、重点突出、合理高效、操作简便的新型补贴体系。保持农业补贴政策的连续性和稳定性,逐步扩大"绿箱"支持政策实施规模和范围,调整改进"黄箱"支持政策,充分发挥政策惠农增收效应。继续实施种粮农民直接补贴、良种补贴、农机具购置补贴、农资综合补贴等政策。选择部分地方开展改革试点,提高补贴的导向性和效能。完善农机具购置补贴政策,向主产区和新型农业经营主体倾斜,扩大节水灌溉设备购置补贴范围。实施农业生产重大技术措施推广补助政策。

5. 进一步完善农村土地流转制度。严格执行十七届三中全会关于土地流转的三个"不得"政策:不得改变土地的所有权,不得改变土地的用途,不得损害承包方的利益。相关部门要加强对农民土地流转服务的管理,要明确流转主体是农民而不是干部，机制是市场而不是政府，前提是依法自愿有偿，形式可以多样（转包、出租、入股等），时间可长可短。坚决守住耕地这个命根子，这是国家粮食安全的命脉所系。截至2010年年底，中国人均耕地面积减少至1.38亩，仅是世界平均水平的40%，几乎是世界上最小的，大约是美国的1/200、阿根廷的1/50、巴西的1/15、印度的1/2。对此，必须有清醒的"红线意识"，耕地红线要严防死守，农民可以非农化，耕地决不能非农化。要采取强有力的措施，保持耕地面积基本稳定，要划定永久基本农田，确保"有地可种"。

6. 惠农政策的到位与落实。这是促进粮食生产稳定发展的关键因素。惠农政策是由制定、执行、监督和反馈等各个环节组成的一个有机整体，为保障惠农政策真正惠农，必须根据实际情况不断改进和完善惠农机制。一是建立稳定、规范、多元的支农投入机制。要推进覆盖城乡的公共财政制度建设，以县级财政建设为重点，增加对县财政的一般性转移支付，明确县财政保障农村公共服务的主要责任。二是要不断提高惠农政策的执行水平。应保障地方政府的正当利益，满足乡镇政府和村组织的合理利益需求。简化补贴办法，对有关资金进行整合捆绑，实行由财政部门集中管理、集中分配和集中支付，克服重复分配、分散使用的状况，从整体上提高惠农资金的使用效益。三是加强惠农政策的监督检查。各级纪检监察机关和财政、农办、农民负担监督部门，要经常性地开展明察暗访，对重要环节、重点部位进行重点监督。创新惠农政策的监督方式，可考虑由专业研究机构或调查公司等第三方力量介入对政策落实状况的监督、检查环节，以提高监督、检查的有效性和真实性。四是健全惠农政策信息传输和反馈机制。加强惠农政策信息传播体系建设，借助电视、广播、网络等现代传媒以及村民大会或黑板报等传统方式向农民及时准确、细致地宣传有关惠农政策，提高农民参与惠农政策制定、执行和监督的积极性，让农民真正感受到种粮的实惠。加大督查力度，对于政策落实不力的单位或个人可给予严厉的查处。

7. 加大对农业教育和农业科技的投入力度。沿海的省份经济比较发达，例如大学生涉农的专业，浙江省12个涉农专业全部免费，湖南做不到，虽然提出过，但没钱。要有很多具体的政策来鼓励大家学农，包括鼓励农业科研，政府对袁院士的超级稻很重视。但是农业不光是袁院士一个人的事，还有很多搞水稻育种的，还有很多教学科研单位涉农的，政府都要支持。而且在高起点上继续增产，更要发挥好科技增产的潜力，着力抓好新品种、新技术、新机具的推广应用。去年，我国农业科技进步贡献率达到55.2%，比10年前提高近12个百分点，农作物耕种收综合机械化水平达到59.5%，比10年前提高27个百分点。这些年农业科技对我国粮食增产贡献很大，但与发达国家相比还有很大差距。差距就是潜力，今后要坚持走依靠科技进步、提高单产的内涵式发展道路,给农业和粮食插上科技的翅膀。

8. 大力推进粮食生产能力建设,实施耕地质量保护与提升行动。守住耕地的18亿亩红线,种粮守住16亿亩的红线,到2020年要新建8亿亩高标准的农田,坚决遏制"双改单"现象,大力推广超级稻和优良品种。加快筛选应用一批适宜本地特点、高产优质抗逆性强的新品种,继续大规模开展粮食高产创建,抓好整乡整县整建制推进,集成推广先进实用技术,扎实开展粮食增产模式攻关,促进大面积均衡增产。全面推进建设占用耕地剥离耕作层土壤再利用。加快粮食生产全程机械化进程,大力推进农机深松整地作业,进一步发挥农机在科技兴粮中的载体作用。

9. 加强农业基础设施建设。农业基础设施是现代农业发展的必要基础和支撑条件。中国要想稳步提高粮食综合生产能力,增强粮食生产抵御自然灾害的能力,就必须加强农业基础设施建设。创新投融资机制,加大资金投入,集中力量加快建设一批重大引调水工程、重点水源工程、江河湖泊治理骨干工程,节水供水重大水利工程。加快大中型灌区续建配套与节水改造,加快推进现代灌区建设,加强小型农田水利基础设施建设,把水利设施维修好、改造好、建设好。深入推进农村广播电视、通信等村村通工程,加快农村信息基础设施建设和宽带普及,推进信息进村入户,建立现代粮食物流的信息化流通体系。

10. 恢复和健全各级农技推广服务体系。我国的农业技术推广体系分为五级,包括有中央、省、市、县、乡,有农业经营管理、农业技术推广服务中心、畜牧兽医服务中心、农机化推广服务、水产技术推广服务等农业机构。其中县、乡两级的农业推广部门是直接为农民提供服务的最基层最基础的农业技术推广体系。农业技术推广的目的是为基层农业劳动者服务,增加其农业文化知识,从而使农业科技成果得到有效转化。但近年来农技推广服务没有得到有效开展。其一,我国的农业技术推广大多都采用行政化的推广方法,自上而下,逐级下达,对各部门形成一定的强制作用,而没有考虑到基层农民的接受能力以及现阶段的农业技术需求,从而影响农业科技成果转化效果。其二,基层农业技术推广机构的人员结构安排不够合理,技术人员的知识存在一定局限性。据统计,我国地级以下的农业技术推广机构中,中级职称的推广人员较多,工人的数量也比较多,而高级职称的推广人员数量却极少,具有农业专业学历的技术推广人员更少。对基层技术推广人员的培训也不够到位,致使基层农业技术推广人员的知识陈旧。其三,五个层次的农业技术推广人员,现在很多没有归队,据统计,基层农业技术推广人员大概1/3的人在搞农业技术服务,1/3的人出去打工了,还有1/3通过经销农业生产资料来养家糊口。地方政府只能保证1/3农业技术推广的人员待遇和运行经费。因此,要规范基层推广机构建设,构建公益性服务有效载体;加强人才队伍建设,不断提高农技人员业务素质;加强机制创新,大力提升推广服务工作效能;加强投入扶持,保障推广职责有效履行;构建国家农技推广机构与多元化服务组织相结合、分工协作、服务到位、充满活力的农业技术推广体系,进一步增强基层农技推广能力,开创基层农技推广工作新局面。

11. 大力发展种粮方面的农村产业化组织。家庭农场、农民合作社、农业产业化龙头企业等农村产业化组织,都要向种粮方面集中,成为新型农业经营主体,推进种粮产业的发展。推动农业产业化经营,鼓励和支持专业化经营性服务组织开展供种育苗、农机作业、农资供应、农产品加工及营销等服务,完善利益联动机制,帮助农民降成本、控风险、多获利。

在流通领域,要结合"万村千乡工程",加强大流通体系,探索新商业模式。为充分发挥市场配置资源的决定性作用,采用"互联网+粮食流通产业"的新流通模式。所谓互联网商业模式,是指以互联网为媒介,整合传统商业类型,连接各种流通渠道,具有高创新、高价值、高盈利、高风险的全新商业运作和组织构架模式,包括传统的移动互联网商业模式和新型互联网商业模式,着力减少流通环节,实行差率管理,开创粮食产业的新局面。

因此,对于当代我国粮食安全问题,我们在充分肯定粮食生产成绩的同时,必须保持清醒头脑、增强忧患意识,要力戒"短视",心怀"远忧",强化"粮安天下"的观念。如今,粮食安全不仅是中国关注的问题,也是"一带一路"沿线国家共同关切的问题。粮食合作可以说是"利益共同体"和"命运共同体"的最佳结合点之一。数据显示2014年,中国与"一带一路"沿线国家的农产品进口总额为228.39亿美元,占中国农产品进口总额的18.80%;农产品出口总额为210.32亿美元,占中国农产品出口总额的29.48%。"一带一路"成为中国推进农业对外投资、重塑国际农业规则、维护全球市场稳定的有利契机。今后中国必须掌握统筹利用国内外两个市场、两种资源的主动权,占据农业国际竞争的制高点。

提升创新能力,夯实强校之基

陈光辉,教授,博士生导师,湖南省青年骨干教师。中国遗传学会和中国农学会会员、湖南省农学会和作物学会常委理事,湖南省稻米协会副会长,湖南省标准化服务委员会委员,湖南省农作物品种审定委员会委员,"十二五"国家粮食丰产科技工程湖南专项首席专家、国家 2011 南方粮油作物协同创新中心副主任、全国粮食生产有突出贡献农业科技人员,现任学校科技处处长,2011 协同创新管理办公室主任。主要研究方向为水稻科学,先后主持国家科技支撑计划和湖南省重大科技专项等 20 多项,有 6 项成果获省级以上奖励,育成 6 个水稻品种通过审定,发表科技论文 50 余篇,编写科技著作 8 部。

科技创新是内涵发展的基础,我们可以从三个方面来体会。首先科技创新是国家发展的战略,其次科技创新是学校发展的支撑,最后科技创新也是个人成长发展的基础。科技创新是国家发展的战略,科学技术是生产力,这是马克思提出来的。邓小平在马克思科学技术是生产力论述的基础上,于 1988 年提出了科学技术是第一生产力,这是对马克思主义思想的继承和发展。邓小平同志强调科学技术是经济发展的首要推动力,是一个"发动机"和"倍增器",可以把促进生产力发展的其他要素的作用翻番。1995 年江泽民总书记为我们国家首届最高科技奖获得者袁隆平院士和吴文俊教授颁奖。1995 年,中共中央就提出了实施科技兴国的发展战略,提出只有科技创新才能作为经济增长的"发动机"和"倍增器",才能主动地迎接新兴经济的挑战,实现中华民族的伟大复兴。党的十六大、十七大、十八大,国家对于科技创新都做了非常重要的部署,强调要通过自主创新、重点跨越来支撑、发展、引领未来。2014 年 6 月 9 日,习近平总书记在中国科学院第十七次和中国工程院第十二次院士大会会议上强调,科技是国家强盛之基,创新是民族进步之魂;在 2014 年 8 月 18 日中央财经领导小组第七次会议上,习近平总书记对于加快科技创新驱动发展战略提出了四条措施:第一是要坚持有所为有所不为,要抓紧科技创新的主攻方向;第二是要实施人才驱动,要交天下英才;第三是要全面实行推进科技体制的深化改革,推动科技创新的强大活力;第四就是要把"引进来"与"走出去"相结合,要走国际化的道路;2015 年 3 月 5 日,李克强总理在政府报告中提到,要提高创新效益,优化科技投资,优化中央财政科技管理方式,建立公开统一的国家国际管理平台,并且要把亿万人民的聪明才智都充分调动起来,要大力促进大众创业,万众创新;在 2016 年 2 月 17 日的国务院常务会议上,李克强总理对于如何加快科技成果转化为经济实力这个问题出台了五项政策,为科技成果的转化进行松绑。其中第一条是科研单位可自主决定所持有的科学成果,第二条是科技成果转化的收入全部留给单位,第三条是转化收益不低于 50% 的份额奖励给成果完成人,就是在 100 万元中可以拿不少于 50 万元来奖励做出主要贡献的人员。李克强总理还提出科技人员是科技创新的核心要素,是不可替代的社会财富,应当是社会中的高收入人群。冬林副校长是管学校人事工作的,对教职工的收入都比较清楚,学校的高收入群体都是在科技研究方面取得了很好业绩的科技人员。

其次科技创新是学校内涵建设的支撑,这可以从三个方面来理解。首先科技创新是知识更新的源泉,知识就是力量,创新是知识的源泉,这是英国著名哲学家说的话。知识的源泉要靠创新,创新就是通过科学的研究获得新的技术和建设水平的体现。我们说学科是个框,什么东西都可以往里面装,但是里面到底装些什么东西,我们可以参照重点学科评估的指标体系,17 个三级指标中有 15 个指标指的是科研方向、科研队伍、科研条件和科研业绩,余下的两项指标也与科技创新密切相关,所以科技创新绝对是学科建设的核心竞争力。我们不仅要引进人才,还要把他们留下,一要靠待遇,二要靠事业,三要靠感情,这样才能将人才留下来,而事业是最重要的一环。

科技创新是教学质量提升的助推器,科技进步是新知识的源泉。科技项目往往是本科生和研究生的论文题目,而且还能弥补教学经费的不足。经济社会发展靠的是创新成果转化应用,而科技创新的效应就体现在服务社会的作用上,即研究成果能转化为现实的社会生产力,促进社会经济的发展。科技创新也是社会影响的聚焦点,学校在社会上的影响和关注度,很多都是由于科技或者人才方面获得的成就。2001 年我校官春云教授当选了中国工程院院士,2012 年我们获得了两项国家级奖励,这在全国引起了很大的轰动,人们都对湖南农业大学另眼相看,也因为学校在科技创新方面取得了骄人的业绩,学校当年被社会评价机构列入"全国十所进步最快的学校"名单。2014年,我校牵头组建的南方粮油作物协同创新中心获得国家认定,引起全社会的高度关注。我们学校官春云院士的优质油菜、石雪晖老师的葡萄栽培、陈立云老师的两系杂交水稻、刘仲华老师的茶叶深加工、邓子牛老师的柑橘等,在社会上都有着广泛的影响。中央电视台在海南拍摄《大国根基》的电视剧,对陈立云教授从事杂交水稻研究工作场景进行了专题拍摄。

与此同时,科技创新也是我们个人发展的基础,无论在怎样的岗位,在科技创新方面取得的业绩都是个人成长中很重要的一个方面,它在职位晋升中占有很大的分量,所以在个人发展中也离不开科技创新。

第二个交流方面是如何全面提升学校的科技创新能力。

现在国家的科学体制在全面深化改革,各个方面的改革都在有序地进行,我主要从三个方面与大家交流如何提升学校的科技创新能力。第一是如何更好地开展科技创新研究;第二是如何加强有组织的科技创新;第三是我们科技创新工作要讲规矩,要做到合情合理、合规合法。

第一关于如何有效地开展科学研究。一个刚进入学校的大学生、青年教师,该如何去开展科技创新活动呢?我这里从我们老一辈科学家身上总结出来的四个方面的经验讲一讲。第一是要凝练方向,重点突破,尽早选定自己的研究方向,找到方向后要学会坚持,要结合学科来凝练方向。第二是要融入团队,这也是社会经济发展的要求。当你还没有能力领导某个团队,也就是羽毛未丰满的时候,你必须先融入某个团队,慢慢地成长起来,团队对我们个人的成长是非常有利的。第三是要善待平台。科学研究需要有三个基本要素,包括人才、平台和基地。善待平台的意思是各种创新平台和试验基地就是科技人员的舞台和战场,因为科技创新不是纸上谈兵,不是坐在办公室苦思冥想就可以的,你想出来的点子是需要时间、需要实践干出来的,而实干的时候你就需要一个干事的地方,也就是我刚才讲到的科技平台和科研基地。所以对平台一定要建设好、利用好,要亲身融入其中并找到自己的用武之地。如果自己想做事却找不到舞台、找不到战场、找不到练兵场,那你又怎么可能操练好功夫呢?所有的创新平台都要珍惜把握,学校所有科技创新平台是共享的、开放的,大家都可以利用,所以要善待平台、找到舞台。第四是要亲自动手。刚才大家看的宣传视频叫作"绝对忠诚",宣传的是我们学校著名水稻育种家陈立云老师四十年如一日的科学研究经历。当年他四十年如一日往返长沙海南之间进行水稻育种研究时讲了这样一句话,我深有体会。他说他就是一名干将,干将就一定要亲自干,不干就不是,别人干完了自己还可以干什么呢?如果自己不干,那就无形中被边缘化了。如果因为事情很简单,随便找一个人就做了,自己却老是不做,那自己的这种能力就丧失了,所以科技工作者一定要干和一般人不一样的活。我们学校里有很多科学家都是在试验田里干活,他们干活的时候,附近的老百姓都说"这教授比农民还农民",也就是说很多农民不愿意干的活专家必须去干,要不然你就不能成为科学家。所以一定要亲身实干,比如说经常到田间地头去看看那个稻子去摸摸那个稻子。我们学校官院士今年78岁高龄,但到了油菜开花的季节,你在学校是找不到他的,他那段时间都在试验地里做油菜杂交。我们学校的科学家都是这样亲身实践干出来的,像这样的例子还很多,例如全国教书育人楷模石雪晖教授,你经常可以看到她每天早晚骑个自行车往葡萄园里跑。

再者,要做好科学研究,必须及时总结,推陈出新。一名成功的科技工作者一定是"三好先生"。第一个是要做得好,要有实干精神、创新意识、脚踏实地、持之以恒地干。第二个是要写得好,要及时总结归纳,能够推陈出新,能够把试验数据提炼上升到理论高度。如果说这个事情干了但没有总结,时过境迁,你什么都没有留下。一定要善于把试验数据及时总结成各种论文成果,以这种论文成果形式表现出来,应用于生产实际,转化为现实生产力。试验过程中要做好笔记原始记录。过去成名的科学家是没有电脑的,他们用手记录最原始的数据,并将一本一本最原始的数据归纳整理、上升到另一个理论再提炼出来。所以要及时总结,否则你可能就是白干或者是等同于失败,并要尽可能用通俗易懂的话让人家明白,因为在我们国家争取科技资源的时候,你代表部门去汇报这个事情,你要表述清楚,使领导一听就明白。这个事情非常重要,领导支持你做,你才能够得到支持,才有条件做事,才会干得好。所以语言表达能力强,说得好也是很关键的。最后就是要执着,坚持一定能收获成果。作为科学工作者,要守得住清贫、抵得住诱惑、耐得住寂寞、禁得起磨炼、扛得住困难,这样你才有可能成功。"半途而废"这个成语大家都清楚。有一个找水的人因为一时看不到水,而坚持不住,半途而废,最后只能是无功而返的。所以瞄准一个目标,坚持执着,你才有可能获得成功。我是官老师的学生时,官老师总是跟我讲,"你做,你做,你只管做,你做了总会有一个结果的"。如果你能坚持下来,那么在这个方面你一定是专家。人家没有坚持下去,而你做得好、做得深入,那么你就是专家,所以一定要坚持,长时间的积累是成功的基石,世界上是没有一步登天这样的神话的。

第二个问题是学校如何加强有组织的科技创新。前面讲的是个人在科技创新方面该怎么做,现在讲的是学校方面该怎么做。学校该如何加强有组织的科技创新呢?第一,我们要明确把一些领域作为突破的重点。学校作为单位,不能撒大网,要明确重点领域方向,把有限的科技资源都集中到一个点。现在的科学研究,它是全产业链的,从基础研究到应用研究,中试示范,一直到形成最终产品,整个产业链条的设计需要多学科的交叉。从学校的层面来讲,要把学校的重点方向领域选好。我们现在做"学校'十三五'科技发展规划",学校要求将重点方向领域规划好,围绕重点做。第二,就是要加强团队建设,实施人才驱动。什么事情都是人做出来的,没有团队,没有优秀的人才,你想取得优秀的成绩基本上是不可能的,学校在这个方面非常重视,专门制订了人才队伍培养和引进计划,一些高端人才也在加紧引进和培养。我们现在也有一些很不错、很优秀的青年人才,但如果他所在的学科,是学校基础薄弱的学科,他也很难脱围成功。如果我们在一些优势领域,把人才团队建设加强,在这个学科领域我们就有可能在全国乃至世界保持先进水平。所以要结合学校的重点学科,构建可持续发展的科研队伍,要把人才建设布局好,要形成一流的创新团队。国家层面上,有很多科技创新团队,但我们学校在这些方面,还有很多缺陷,目前学校有很多的人才团队计划还没有实现零的突破,这也是我们努力的方向。第三,就是要加强科研考核与评价。在政策上面,学校要通过科技体制的改革,通过破除机制体制的障碍,来调动广大科技人员的工作积极性,建立有利于提高科技创新积极性的机制。学校实行绩效工资改革,已经将科研工作量和教学工作量打通,改变了过去科研工作就像是个人行为的形式,对于从事教学科研的人员,学校已经是一视同仁。学校还修订了科研工作量的计算办法、科研奖励条例,还有科技成果转化条例等,学校在政策层面上已经建立健全调动人们科技创新积极性的机制。第四,是建立项目库,这个项目库就是明确工作重点。建立项目库中有一个重点就是你在某方面先得有工作积累,才有可能争得话语权。如果你毫无基础、毫无影响,那么你在任何地方都是讲不起话的。比如,你想拿一个国家级的项目,但你毫无基础,只有一个想法,想怎么去做,人家是不会信你的。也就是说你现在在某个方面,做了多少工作,有多少进展,出过多少成果了,人家才可能支持你。那么项目库怎么建呢?主要应依据四个原则:第一个是依托学科,因为我们的科学研究,要为学科的发展提供支撑;第二个是要结合产业,要为地方经济与产业服务,我们湖南农业大学是地方高校,研究必须要与地方的优势产业和地方的经济发展紧密结合;第三个就是要明确方向,如我刚才所讲的,要有所为有所不为;第四个就是要找准问题,要聚焦发力,重点突破。因为实际生产出现的问题要得到各个层面的认同,才会有人着手解决,这个问题取得进展,大家才会关注。再一个就是建库,要优先支持。看准了问题,先要培育,培育就要信任与支持,汇集资源,厚积薄发。所以从学校的方面来讲,我们可以从这些方面入手,来提高学校的创新能力。

　　最后一个问题就是科技创新工作要讲规矩。现在规矩这个词,使用的频率非常高。特别是党员干部,干什么工作都要把讲规矩挺在前面。同样,我们的科学研究,也要讲规矩。这个规矩就是在国家或省市地方对于科研项目和科研经费的使用上一系列的规章制度,现在科技创新工作中的规矩基本上已经明确了。国家在全面深化科技体制改革,这一点在国务院关于改进加强中央财政科研项目和资金管理的若干意见,也就是《国发[2014]11号文件》中有集中体现。国家其他的部委和省市都是在这个文件的指导下根据地方或者是项目的特点来建立的,学校在此基础上已经修订了《科研项目管理办法》《科研经费管理办法》和《科技成果转化条例》,以上这些是学校科技管理方面的最基础的管理性文件,间接经费使用和实施细则是相配套的文件,也就是我们学校科技工作中要讲的规矩。我们所讲的规矩就是在科技工作中要做到合情合理合法,确保在科技工作中充分体现目标相关性、政策相符性和经济合理性。有些事情我们是不能做的,做了肯定会犯错。科研经费是公款,不是个人的小金库,不是提款机,有些人不管与科研项目有没有关系都从里面取钱,这是违规违纪违法的。再者科研经费是用于科学研究的,不是用于消费的,所以烟酒的发票从科研经费里面去报是违规违纪违法的,平时可能没有人去追究这种小事,但是一旦被查出就是一个严重的问题;再一个就是项目负责人不得借助科研之名将科研经费转作其他用处,这些事情是要时刻敲醒警钟的,特别是有一些大牌专家,以及一些院士在这方面都犯过错误。科技部通报了4起典型案件,都是一些低级错误。浙江大学原师范学院的院长陈英旭教授贪污了945万元的科研经费,被判刑10年;北京某大学的孙茂强教授借助他人身份证冒名领取劳务费并将68万元科研经费占为己有,被判刑10年6个月;北京中医药大学的教授李鹏涛及王鑫玉夫妇以虚假采购的方式向自己的工资卡转入264万元,最终被移送司法机关处理,被判刑13年。这些实例提醒我们的科技工作者一定要守规矩。

　　老师们、同学们,科技是国家强盛之基,创新是民族进步之魂。创新驱动发展已经成为国家发展战略。"大众创业,万众创新"的号角已经吹响,让我们一起携手,同心协力不断提升学校的自主创新能力,强化内涵建设,为学校早日建设成为高水平教学、研究的大学做出重大贡献,谢谢大家!

金融体系的功能以及农村经济改革

李明贤,1968 年出生,陕西人,湖南农业大学二级教授,博士以及博士生导师,兼经济学院院长。于 2003 年 7 月,破格晋升为教授,评选成为博士生导师;2004 年,被评为湖南省哲学社会科学百人工程人选;2005 年被评选为湖南省普通高等学校农业经济管理学科代表人。2006 年 1 月,任经济学院院长。2012 年被评为教育部新世纪优秀人才计划人选和教育部农业经济管理类教学指导委员会委员。除此之外,还担任了湖南省金融学协会农村金融 15 人论坛的专家,中国农经协会理事,中国农业技术经济协会常务理事,湖南省经济协会常务理事,湖南省农经协会理事,湖南省财政协会常务理事等。先后主持了国家科研基金、国家社会基金、教育博导基金等项目。在湖南省哲学社会科学研究方面获得丰富的成果。李教授是一位理论造诣很深、成绩显著的导师。

李明贤教授从与国家的农村经济改革相关的三个方面展开论述。主要包括农村金融改革、农村经济体系概念功能以及评价的指标。

一、农村金融改革:金融是现代经济的核心,而核心作用是由金融体系的功能体现的。核心作用主要表现在两个方面:

经济决定金融,经济发展的水平决定金融发展的水平。经济发展是应该放在首位的,在经济水平比较低下的时期,一般的商业性银行只能满足经济发展的需要;而当经济发展到一定程度,经济规模日益扩大,仅仅靠银行就不能满足需求,这时便需要金融市场和股票市场发挥作用。马克思曾经说过:如果没有股票,没有股份制,那么现在就可能没有铁路。李教授指出,通过发行股票可以以向广大的公众募集资金的方式来满足经济发展的需要。同时,李教授还指出,对于经济和金融的关系,经济是放在第一位的,而金融是服务于经济发展的。

二、金融业的发展会影响经济的发展。

金融业的发展可以促进经济的发展。例如股份公司的股票产生以后,投资便成为了可能,此时铁路公路等大型的基础建设才能得以完成,这为整个国民经济的发展创造了极好的条件,由此说明金融业的发展促进了经济的发展。若金融业的发展与经济发展不适应,便会产生极大的破坏作用。2008 年,美国引发的金融危机使很多国家的经济受到了极大的影响。1999 年东南亚发生的金融危机,使国家的经济受到了极大的挫败。像印度尼西亚的经济危机使印尼政权崩解,国内动乱,民不聊生。所以当金融的发展与经济发展不相适应的时候,便会对经济发展起到抑制甚至破坏的作用。美国金融危机的产生,是由于虚拟经济与实体经济产生了极大的对立。虚拟经济太大,实体经济基础不牢。美国的金融危机爆发以后,民众占领华尔街,抗议金融业,给金融业造成了一定的挫败,但大家抗议的目的不太明确,是抗议金融业实体经济高管行业工资太高? 还是抗议金融业没有很好适应实体经济的发展? 大家还是比较迷茫,那么如何才能更好地促进金融业的发展? 这个问题需要我们好好把握,所以很多经济学家对金融业与经济发展的密切关系做了研究。越来越多的实验研究发现,一般来说,金融发展与经济增长成正相关的关系。金融发展与经济发展的关系变迁主要经过了两个阶段:

第一个阶段,适应新阶段。金融业是适应经济发展的需要而产生、发展的。众所周知,原始社会生产力低下,人们以狩猎为生,当时的人们没有剩余,没有交换也没有货币,都是物物交换。随着交易范围的扩大以及生产方式的提高,物物交换的方式逐渐被淘汰,在这种形势下便产生了一般等价物,把交换的中介,也就是将货币固定在某一种商品上。但是此时还是将货币说为商品货币,所谓商品货币是由一般的商品充当的。那么一般的商品又包括普通的商品。普通的商品如布、贝壳、牛、羊等都曾充当过货币。但是例如牛、羊之类的商品就不可分割,分割开了就死了,也就没有了使用价值。所以这就出现很多问题,就产生了金属货币。金属货币具有的良好的可分割性使得它成为了很好的一般等价物。金属货币的所谓试验性阶段是指从货币的出现到 15 世纪现代银行产生之前。在这个阶段我们的货币制度是处于商品货币的位置。这个时候流通当中的货币是一般的商品,就会加入一般金属货币,像金元宝、银元宝,金币、银币等以及国内的铜币、铁币都曾经流行。人们把它铸成一个圆形,中间一个方孔,称之为孔方生,同时也称为老生。人们用绳子把它串起来便于交易。随着交易规模以及交易范围的扩大,带着铜钱铁钱金块银块会极其不方便,风险也非常大,而且金币银币非常贵重。如果我们把钱币经常揣在口袋里,它的损耗也是一个非常大的浪费。

第二个阶段叫主导性阶段。这个阶段主要是金融业提供廉价货币。廉价货币大大地节约了贵金属的成本和交易费用,从而使经济发展的效率大大提高。提高了经济效率,经济增长的速度就加快了。而产生了廉价货币之后的货币制度需要兑现纸币本位制,即当今流通的纸币是银行券,这种兑现纸币本位制的背后实际上还是金属货币制度。所以这种银行券的发行特点是需要有充足的黄金白银准备。为了更好地改善这种情况,人们用纸币和银行券代替这种金属货币流通,那么有价值的黄金白银就可以用于其他非常有价值的用途,比如说可以把贵金属节约下来用于更重要的工业发展,像半导体、汽车工业、电子工业等。这种制度,像货币的发行都有金属货币量的限制,因为人们不能将金属货币量随意扩大。所以,这时候它对经济的促进作用主要体现在节约交易成本和提高经济效益上面。

大数据时代的社会运行、产业发展和大众创业

王健,硕士生导师、校学术委员会委员、马克思主义学院副院长。1993年毕业于湖南师范大学经济系,获化学学士学位,同年在湖南农业大学参加工作。2004年毕业于华东师范大学思想教育专业,获得法学硕士学位,同年晋升副教授,2006年成为硕士生导师,2012年晋升教授,2009年获湖南省普通高校思想政治理论课优秀教师,2012年获湖南省普通高校思想政治理论课教学能手。长期以来王建教授从事马克思主义中国化的教学研究工作,完成国家社会科学基金项目1项,升级科研项目2项,厅级科研项目3项,出版专著2部,主编教材2部,发表论文10余篇。

大数据(Big Data)是一个热门话题,也是一个重要的话题。今年的《政府工作报告》也强调,要深入推进"中国制造+互联网",大力发展数字创意产业,建设一批光网城市,推进5万个行政村通光纤,让更多城乡居民享受数字化生活。

一、大数据的概念与特征

(一)大数据的概念

在日常的概念当中,我们认为数据就是数字,这点没错,但是数据也可以是文字、图像或者声音。

究竟什么是大数据? 目前还没有统一的定义。这里列了八种关于大数据的定义,供大家参考。

第一种,大数据指的是所涉及的数据量规模巨大到无法通过人工在合理时间内达到截取、管理、处理并整理成为人类所能解读的信息。

第二种,大数据是指无法在一定时间内,用传统数据库这个软件工具对其内容进行抓取、管理和处理的一个数据集合。

第三种,大数据是需要新处理模式,才能具有更强决策力、洞察力、流程优化能力的海量高增长率和多样化的信息资产。

第四种,大数据是大交易数据(你购买的时候,各种交易的数据)、大交互数据(你在网上聊天的数据)和大数据处理的总称。

第五种,大数据是收集以及处理海量数据的一种机制,而且在这个过程中,能进行一些结果的利用。

第六种,大数据是信息化社会无形的生产资料。

第七种,大数据就是数据变得在线了,过去其实也有很多数据,但是那些数据没有在线。

第八种,大数据是一座全景敞视监狱。大多数的网民,在互联网中,都是无意识的状态,丝毫没有注意到第三只眼,时时刻刻在盯着自己、跟踪自己。亚马逊监视着我们的购物习惯,谷歌监视着我们的网页浏览习惯,而微博对我们的社交关系网了然于胸。伴随着互联网的发展,整个社会俨然成了一个全景敞视的监狱。

那么,大数据究竟是什么呢? 一般认为,大数据是指数据量巨大,通常认为数据量在 10TB ~ 1PB(1TB = 1024GB,1PB = 1024TB)以上,数量级应是“太字节”的,并且是高速、实时数据流。

(二)大数据的特征

业界通常认为,大数据具有“4V + C”特征,即数据量大(volume)、多样(variety)、快速(velocity)、价值密度低(value)以及复杂度(complexity)。

1. Volume(大量)

存储的数据量巨大,对其分析的计算量也大。数据计量的基本单位是 Byte,按顺序给出所有单位:8bit = 1Byte 一字节,1024B = 1KB(Kilo Byte)千字节,1024KB = 1MB(Mega Byte)兆字节,1024MB = 1G(Giga Byte)吉字节,1024GB = 1TB(Tera Byte)太字节,1024TB = 1PB(Peta Byte)拍字节,1024PB = 1EB(Exa Byte)艾字节,1024EB = 1ZB(Zetta Byte)皆字节,1024ZB = 1YB(Yotta Byte)佑字节,1024YB = 1BB(Bronto Byte)包字节,1024BB = 1NB(Nona Byte)诺字节,1024NB = 1DB(Dogga Byte)刀字节。英特尔创始人戈登·摩尔在 1965 年提出了著名的“摩尔定律”:当价格不变时,集成电路上可容纳的晶体管数目,约每隔 18 个月便会增加一倍,性能也将提升一倍。到 2018 年,预计一个 CPU 里的晶体管数目可达 300 亿个,超过人的大脑的细胞数。除了集成电路,软件也越来越重要,软件运行环境从单机发展为网络,从互联网环境发展到普适计算环境,用户数量和复杂度剧增,或要求轻量化和云化。1972 年,阿波罗登月飞船的软件只有 4K 的代码,安卓、苹果的操作系统有上百万行代码,Windows 操作系统超过 3000 万行代码,空客飞机软件有 10 亿行代码,软件加速向开源化、智能化、高可信化、网络化和服务化方向发展。

1998 年图灵奖获得者詹姆斯·格雷提出著名的"新摩尔定律":每 18 个月全球新增信息量是计算机有史以来全部信息量的总和。目前,全球每秒发送 290 万封电子邮件,Twitter 上每天发布的信息超过 5000 万条。2016 年,互联网的流量会达到每秒 720TB,互联网每 3 分钟可以传送 360 万小时的视频。预计到 2020 年,全球将总共拥有 35ZB 的数据量,相较于 2010 年,数据量将增长近 30 倍。

现在,数据存储器的体量越来越小,容量越来越大,价格却越来越便宜。在 1997 年,买一个 1G 的闪存卡,要花将近 8000 美元,现在只需 0.25 美元。2014 年年底,在浙江乌镇召开的世界互联网大会上,日本首富孙正义发言说,30 年后,假设苹果公司还存在,那么苹果要卖 IPhone32 了,价格可能还是 300 美元,可是 CPU 的性能和存储器的容量将会是现在的 100 万倍,通信速度是现在的 300 万倍,可以存储 5000 亿首歌曲,3 万部电影。

2. Variety(多样)

第二个特点是数据的来源及格式多样,数据格式除了传统的格式化数据外,还包括半结构化或非结构化数据,比如用户上传的音频和视频内容,而随着人类活动的进一步拓宽,数据的来源更加多样。

其一,摄像头录制的大量数据。北京有 80 万个摄像头,长沙于 2011 年启动建设"天网工程",在全市重点区域建成高清摄像头 2.7 万余个,公交移动监控设备 4000 余套,城市安防系统、电子卡口系统、道路交通监控系统、平安校园监控以及地铁监控摄像头 1.2 万余个,全市小区、门店、单位等自建视频监控点 18.6 万个,都将逐步与"天网工程"实现对接。

其二,国家政权机关产生的众多数据。浙江建成了全省统一的法庭管理平台,汇集了几百万件案件和庭审录像,还开发了很多相关应用。比如,通过银行联网,一年找回了一千多亿被执行人赖的账。深圳公安局建立了信访综合平台,包括人员档案 1.16 亿份,电话档案 1.39 亿份,场所、车辆档案 900 多万份。

其三,公共服务部门产生的大量数据。国家电网累计产生的数据有 5 个 P。北京交通调度中心每天的数据增量 30 个 G,存量 20 个 G。到银行,数据就更多了。医院也是大数据,医院的病例堆积如山。

其四,网站的数据就更大了。在所谓的光棍节,淘宝一秒处理 3.8 万笔交易,在阿里平台上有超过 100PB 已处理过的数据,百度每天产生一个 TB 的日志,腾讯 QQ 的活跃用户超过 8 个亿,微信用户超过 5 个亿,压缩数据量之后,也超过 100 个 P。全世界的网民,1998 年平均每个网民每月下载 1MB,2008 年平均每个网民每月下载1G,2014 年平均每个网民每月下载 10G。2014 年和 2015 年,全世界互联网产生的数据量是有史以来最多的。

3. Velocity(高速)

第三个特征是数据增长速度快,同时要求对数据的处理速度也要快,以便能够从数据中及时地提取知识,发现价值。以存储1PB 的数据为例,即使宽带(网速)能达到1G/s,且电脑的容量足够且 24 小时运行,要将 1PB 的数据存入电脑也需要 12 天。大数据通过云计算,可以实现将 12 天才能存储完毕的数据在 20 分钟之内完成。

4. Value(价值密度低)

有人把大数据比喻为煤矿。煤炭按照性质有焦煤、无烟煤、肥煤、贫煤等分类,而露天煤矿、深山煤矿的挖掘成本又不一样。与此类似,大数据并不在"大",而在于"有用"。价值含量、挖掘成本比数量更为重要,因此,处理大数据就好比沙里淘金。

5. Complexity(复杂度)

对数据的处理和分析难度大。

二、大数据的社会应用

(一)科学研究。在大数据时代,可以说,离开数据,科研就无法进行。比如写论文,首先要进行文献综述,这需要查询大量文献资料,或通过实验采集大量数据。特别是一些大科学工程,更离不开大数据。巡天观测(Sky survey)是天文科学的大科学工程,其科学目标是利用望远镜测量和采集天空的数据建立 3D 的宇宙影像,从而用来研究类星体、星系分布、银河系内恒星的性质、暗物质、暗能量,等等。巡天观测由一系列天文观测项目组成,目前正在运行的泛星计划,每个月可对全天空进行 4 次观测,每晚产生的数据达 10TB。基因研究是产生科研大数据的另一个重要领域。深圳华大基因是世界上最大的基因测序机构,其每天进行的基因测序相当 2000 个人基因,产生的数据超过 6TB。

(二)交通服务。智能交通系统(Intelligent Transport System,简称 ITS)是指将先进的信息技术、数据通信传输技术、电子传感技术、卫星导航与定位技术、电子控制技术以及计算机处理技术等有效地集成运用于整个交通运输管理体系,而建立起的一种在大范围内、全方位发挥作用的,实时、准确、高效的综合运输和管理系统。其中,大数据分析功不可没。例如,以色列首都特拉维夫将所有摄像头拍到的数据,综合反映到一张动态图上,实时发布交通事故、临时交通管制等交通状况,给驾驶员和行人提供提前预警。这方面我们做得还不够好,在北京当司机看到交通显示牌的时候,基本上已经到了"前进不了,后退不得"的窘境。

(三)环境保护。智慧环保是借助物联网及时把感应器和装备嵌入各种环境监控对象(物体)中,通过超级计算机和云计算将环保领域物联网整合起来,可以实现人类社会与环境业务系统的整合,以更加精细和动态的方式实现环境管理和决策的智慧。例如,美国通过无线网络将一个州的水底、水面取样,发到卫星或者岸上的信息站,由此搜集沿线每条河流、每一个截面的污染状况,后台通过云计算,给出一个数字化河流,点击其中任何一段,便知其污染状况。

(四)医疗卫生。例如,对于美国某时段、某地区的流感状况,谷歌发布的流感状况图与美国疾控中心发布的,其相似度达到97%,而谷歌发布的时间要比美国疾控中心发布的时间提前一个星期。那么,谷歌是根据什么来发布的呢? 就是根据搜索词的突发性来判断这个地方所出现的问题。一个地方有流感,很多人会在网上搜索,我这个症状是不是流感? 到哪个医院看病好? 用什么药好? 一时之间,关于"流感"这个关键词的搜索频率比平时会高很多。

(五)电影电视。近些年来,大数据在影视行业中得到广泛运用,最成功的一个例子是一家北美媒体网站 Netflix 推出的原创自制网络剧《纸牌屋》,该剧成功地将大数据运用在其中,导演、演员、题材、播出方式等都是通过观众喜好数据计算出来的,播出后在全世界范围内广受欢迎。2014 年 12 月贺岁档票房冠军是一部国产中小成本电影《匆匆那年》,它通过大数据分析,对目标观众进行了精确定位:主力军是 80、90 后,年龄在 15～35 岁之间;影片的几位主角彭于晏、倪妮、郑恺等在 80、90 后年轻人群中的人气最高。《匆匆那年》选择新浪微博作为其营销主阵地,原著小说 80 后作者九夜茴的微博粉丝量超过 109 万人,陈寻扮演者彭于晏有 1786 万粉丝,方茴扮演者倪妮粉丝数大约有 1027 万,再加上其他几位主要演员郑恺、陈赫、魏晨等明星的粉丝量,差不多有 1 亿。美国的一个网站通过记录用户使用遥控器的动作,诸如暂停、回放、快进、停止,来判别用户喜好,依此选择剧情、选择演员。本来某演员饰演的角色按照剧情发展可能要死掉,可是根据大数据分析发现,观众特别喜欢这个演员,就赶紧修改剧本。

(六)体育赛事。美国 NBA 在篮球场上装了很多摄像头,经过数据跟踪,可以得出哪些地方投篮概率尽管高但是命中率不高,哪些地方投篮命中率高。美国 30 支 NBA 篮球队,有一半的球队聘请了大数据分析师,并且聘请了大数据分析师的球队,其胜算率是 60%,没有聘请大数据分析师的球队的胜算率是 40%。

(七)城市管理。例如,在美国波士顿,马路上有很多坑坑洼洼的地方,靠人去查,查不准,于是设计了一个 APP,让驾驶员把这个 APP 装在手机上,将手机放在驾驶人的仪表台上,由此记录出坑坑洼洼的地面位置。

(八)热点检测。比如,很多人在长假之前,要在网上搜索旅游点、旅店、火车、飞机等。据此,百度没等长假就知道人们大都准备去哪里了。2014年年末的上海外滩跨年夜踩踏事故,实际上是可以避免的。在事发前,根据手机流量情况,可以判断那里的人群密集度。通常,一个地区的室内密集度达到每人1平方米,室外密集度达到每人0.75平方米的时候,就需启动应急预案。2014年年末跨年夜的时候,上海外滩广场达到100万人,密集度是每人0.15平方米,救护车都开不进去。2013年美国选举,奥巴马跟罗姆尼旗鼓相当,根据Twitter网判断,奥巴马的胜算是47.9%,罗姆尼的胜算是47.4%,微软经济学家根据网络舆情,在选举之前就判断出哪个州是奥巴马胜出,哪个州是罗姆尼胜出。同样地,根据网络舆情,在奥斯卡颁奖前,就可以基本判断出奥斯卡得奖情况,包括最佳导演、最佳电影,最佳男主角、最佳女主角。

(九)社会治安。比如,某人在网上搜索怎么做炸弹、炸弹的器材,以及爆炸的合适地点,那么这个人十有八九是想作案了。2012年,美国加州大学统计并分析了洛杉矶市过去几十年1300多万起案件,以此找出了在各个小区作案的方案、天气和交通状况等规律,并汇总制作出一个软件,洛杉矶警察局一上班就会到这个软件上查,查出今天重点去哪条街区巡逻,使发案率、盗窃率大大地下降。再比如,2014年12月,我国证监会将18家操纵股票的机构查了出来,就是根据大数据,比如突然地涨停、暴涨,然后很快暴跌,留下一地鸡毛。

(十)军事军备。美国寻找拉登就是通过大数据发现的。奥巴马非常重视大数据在军事上的应用,美国每天处理全球范围200亿次互联网和电话通信。

(十一)日常生活。利用大数据可以做即时翻译。以前的计算机通过语法、字典完成翻译,谷歌则反其道行之,小孩子学讲话根本不学语法,只要听得多就会了,据此,谷歌存了大量文章,只要对比,就能模仿。当然,大数据要人机结合。例如,某企业不能做到每个员工一台计算机,一个员工给老板发了条信息说"我申请一台独立电脑",后台的计算机因"台独"二字而把信息拦截,这实际上是简单字判断所造成的错误。雅安地震的时候,为了获取正面、负面的相关信息,对微博的相关信息实施了监控,有一条信息说,当她发现她的孩子还活着的时候,抱头痛哭,结果电脑因为"痛哭"二字将其判断为负面信息。完全靠计算机,缺失了人的感情,是不够的,需要两者结合。

三、大数据的产业应用

(一)统计经济数据。IBM日本公司的经济指标预测系统,从互联网新闻中搜索影响制造业的480项经济数据,计算出PMI(采购经理指数)预测值;印地安纳大学学者利用Google提供的心情分析工具,从用户将近1000万条微博里,推算道琼斯工业指数。其依据是,一个地方经济的好坏会反映到用户的心情里。据此判断出的经济状况,准确率可达87%。再看,我们国家统计局给的CPI和淘宝网给的CPI,是不完全一致的。国家统计局统计的CPI主要取样于几个刚性需求的产品。一般地,当经济形势不好、工资收入下降的时候,人们首先不会省下的是吃的东西,所以在食品上的反映是比较慢的。淘宝则是根据在淘宝上购买商品的种类做统计的,诸如化妆品、电子产品等,钱少的时候,对于这类东西,人们就会少买一点儿。由此,淘宝所反映的经济状况比国家统计局要来得更敏感些。

(二)种植养殖。硅谷Climate公司从美国政府获得30年的气候、60年的农作物收成、14TB的土壤数据,还收集250万个地点的气候数据,向农户提供天气变化、作物、病虫害和灾害、肥料、收获、产量、市场价格等咨询和保险服务,承诺每英亩的玉米利润增加100美元,如预测有误将及时赔付,赔偿率比保险公司还高。到现在为止,这个公司没有出过错。

(三)商品零售。淘宝可以统计出客户的IP地址,诸如买服装的IP地址、买化妆品的IP地址等,淘宝不但自己用这个数据,还把用户IP地址的信息出售。我们大家都有这样的经历,在京东、淘宝上买过什么东西,此后你再上购物网站,跳出来的广告一定跟你买过的东西有关。

(四)全球贸易。许多中小企业做海外贸易,可是不知道在海外谁是其客户,谁是其供货商,要弄清楚这些,对大量中小企业是很难的,但是看海关数据是可以分析出来的。

(五)物流运输。我们很多的食品安全问题并不完全出在生产环节,而是出在流通环节,对于果蔬、肉禽、水产品,发达国家的冷链运输率分别是95%、100%、100%。2015年,我国水产品的冷链运输率是36%,我国果蔬类货物,因为没有冷藏运输,每年损失上千亿元,但这是可以通过物流信息化得到改善的。物流信息化,就是利用现代信息技术,围绕物资的物流全过程进行信息的采集、传递、汇总、共享、跟踪、查询等,实现物资的供应方、需求方、储存方等的有效协调和无缝对接,构造出高效率、高速度、低成本的物流供应链。

(六)个性化服务。比如说服装业,不需要一件件地试服装,只要你在我的"镜子"上面走过,就可以实现不同款式、颜色的随意试穿,定制个性化服装。

(七)金融业。某一资本市场统计了全世界的微博留言,不看具体微博的内容,而是判断写微博的这个人当时的心情,是高兴还是焦虑。一般地,人们在高兴的时候,会买股票;焦虑的时候,会抛股票。统计出全世界此时此刻是高兴的人多,还是焦虑的人多,以此决定是抢在大家买股票之前买股票,还是抢在大家抛股票之前抛股票。阿里有支付宝,"11·11"的时候大家买很多东西,没有那么多现金怎么办?银行不给贷款,阿里说不要紧,根据你在阿里平台上的交易情况,判断你的诚信度,你在网上申请,阿里给你贷款。阿里处理一笔贷款,成本是2.3元;银行处理一笔贷款,成本是2000多元。阿里不要担保,坏账率0.3%;银行要担保,坏账率1%。银监会控制阿里说,你可以贷款,但是不能存款。可是没存款,怎么贷款呢?阿里说,不要紧,支付宝跟天弘基金合作,把散户的钱绑起来,跟银行交易,银行对散户的利息百分之零点几,对大客户的利息是4%、5%甚至6%,阿里把散户绑成大客户跟银行谈利息能拿到6%至7%,自己留一个百分点,剩下的给客户,客户觉得这个比银行更好。当然,这肯定有风险。不过国务院还是支持互联网金融的,希望倒逼银行业改革,从而推进利率市场化。

(八)电力业。譬如选择风电地址最难的是什么时候有风,什么时候没风,很难预测。我们气象局给出的是100公里乘以100公里的气候预报数据,IBM帮助中国的一个公司做了200米乘以200米小尺度的气候预报,由此知道明天能发多少电,后天能发多少电。平日里,我们用电从来不会通知发电厂,发电厂也不能实时知道用电负荷的变化。因发电量与用电量不匹配,电网利用率很低,美国也只有55%。美国每年因电网扰动与断电损失将近800亿美元,所以美国启用了智能电表,实时反馈用电量,以便发电方实时调整发电,提高电网运行效率。同时,这种智能电网也可以起到实时监控、保障安全的作用。

(九)电信业。三大电信运营商都有几十万员工,但是仍然不够,怎么办?发展500万用户的志愿者,装一个测试软件,无论走到哪里都可自动测试这个地方通信状况好不好。根据这些用户数据,就可搜集大量日常网络状况,节省大量员工。

大数据不但可以很好地应用于各种产业,其本身也是一个产业,它可以带动硬件产业、软件产业。麦肯锡曾经总结过,只要用了大数据,美国的保健一年能节省3000亿美元,欧洲的管理一年能节省2500亿欧元,服务提供商一年能多赚6000亿美元,零售商可以增加60%的利润,制造业可以降低50%的成本。因此,大数据就是生产资料。

四、大数据时代的大众创业

(一)创业机会的识别

1. 机会获取阶段

第一是先意外发现机会,继而产生创业意愿。"偶然发现"比"系统搜寻"更能有效率地识别创业机会。Teach等人发现,企业的创建是基于偶然发现的创业点子,而这种点子并未经过正式的筛选,这使得它们比其他进行更正规"搜寻"的企业更快达到收支平衡。在他所调研的软件公司管理者之中,存在着不同的机会识别方式,仅有不到一半的被访者使用系统方法来进行机会搜寻。

第二个途径是先产生创业意愿,继而通过主动搜寻去发现机会。

一是从追求"负面"中把握创业机会。所谓追求"负面",就是着眼于那些大家"苦恼的事"和"困扰的事"。因为是苦恼、是困扰,人们总是迫切希望解决,如果能提供解决的办法,实际上就是找到了机会。例如双职工家庭,没有时间照顾小孩,于是有了家庭托儿所;没有时间买菜,就产生了送菜公司。

二是利用不断变化的市场环境把握创业机会。著名管理大师彼得·德鲁克将创业者定义为那些能"寻找变化,并积极反应,把它当作机会充分利用起来的人"。这种变化主要来自产业结构的变动、消费结构升级、城市化加速、思想观念的变化、政府政策的变化、人口结构的变化、全球化趋势等诸方面。比如,随着居民收入水平的提高,私人轿车拥有量将不断增加,这就会派生出汽车销售、修理、配件、清洁、装潢、二手车交易、陪驾等诸多创业机会。人口因素发生了变化,可以发现以下一些机会:为老年人提供的健康保障用品,为职业女性提供的服务与产品,为家庭提供的文化娱乐用品。

三是把握新技术所带来的创业机会。技术创造发明提供了新产品、新服务,更好地满足顾客需求,同时也带来了创业机会。例如,信息科技形成了众多新产业链,如智能家居行业、网络游戏行业、移动支付、电子商务等,即使你不发明新的东西,你也能成为销售和推广新产品的人,从而给你带来商机。

四是从"低科技领域"把握创业机会。随着科技的发展,开发高科技领域是时下热门的课题,例如美国近年来设立的风险性公司中电脑占25%,医疗和遗传基因占16%,半导体、电子零件占13%,通信占9%。但是,公司机会并不只属于"高科技领域"。在运输、金融、保健、饮食、流通这些所谓的"低科技领域"也有机会,关键在于开发。

五是基于长尾视角的创业机会挖掘。大数据时代的创业机会挖掘显现出向长尾端扩展的态势,即从对单一品种、大规模的"短头"部分的机会挖掘,扩展至对小批量、多品种、小众市场的"长尾"部分的市场机会的挖掘。例如,针对游戏爱好者的头戴显示器,针对失眠症人群的睡眠监测智能腕带,针对不喜油烟、不喜欢做饭的人群的真空低温烹饪工具。

六是从"市场缺口"中寻找创业机会。"市场缺口"是指那些"顾客能够模模糊糊感觉到,但又无法明明白白地表述出来的内在需求"。创业者一定不要钻入求新独创的牛角尖,而是以平常心观察市场,细心发现广大顾客的潜在需求变化,及时推出自己的产品或服务。

2. 机会评估阶段

对某个创业机会进行评估,通常需要对以下内容做出分析:

一是创业机会的原始市场规模。创业机会的原始市场规模是指创业机会形成之初的市场规模。一般而言,原始市场规模越大越好,因为创业企业只要占有极少的市场份额就会拥有较大的销售规模,这样可能就足够创业企业生存下去了。

二是创业机会存在的时间跨度。任何创业机会都有时限,超过这个时限,创业机会也将不存在。不同行业的创业机会存在的时间跨度是不一样的,同一行业不同时期的创业机会存在的时间跨度也不一样。时间跨度越长,创业企业用于抓住机会、调整自身发展的时间就越长;相反,时间跨度越短,创业企业抓住机会的可能性就越小。

三是创业机会的市场规模随时间增长的速度。创业机会的市场规模随时间增长的速度决定着创业企业的成长速度。一般情况下,它们之间成正比,也就是市场规模增长得越大、速度越快,相应的创业企业的销售量和销售量增长的速度也越快。创业机会带来的市场规模总是随时间变化而变化的,而随之带来的风险和利润也会随时间变化而变化。

四是创业机会是不是好机会。即使创业机会有较大的原始市场规模,存在较大的时间跨度,市场规模也随着时间以较高的速度成长,创业者也要对该机会做进一步的评价,看它是不是好的机会。杰夫里·A.第莫斯教授在《21世纪创业》中认为好的创业机会应具备以下四个特征:它很能吸引顾客;它能在商业环境中行得通;它必须在机会之窗存在期间被实施;必须拥有机会所需的资源和技能。

五是创业机会是否具有可实现性。即使创业机会具备了上述四个条件,也要求该创业机会对创业者而言是可实现的,否则对该创业者来说,只是可望而不可即的事。创业者是否能利用某个创业机会,要看创业者是否具备以下条件:拥有利用该创业机会所需要的关键资源;遇到较大的竞争力量,能与之对抗;能够创造新市场并占领大部分新市场;可以承担创业机会带来的风险等。

3. 机会开发阶段

通过评估比较之后,如果觉得不仅机会不可行,而且创业意愿也降低或消失,则会放弃创业想法,如果认为该机会可行,则进行试创业。这一阶段并没有坚定创业者进行创业的决心,很多人只是抱着试试看的想法。

4. 机会检验阶段

通过一段时间的试运营后,要对经营成果进行检验,即进入第四个阶段:机会检验阶段。在该阶段,比较衡量在运营中产生的各类冲突以及冲突是否可以化解,如果冲突可以化解,则会考虑继续创业;如果冲突不可化解,但是仍有创业意愿,可能会重新寻找新的创业机会;如果冲突不可化解,且因为其他各种原因,创业意愿降低甚至消失而放弃创业。除了检验冲突是否可化解性之外,此阶段还会对机会运营过程中存在的风险、获取的利润等进行检验,以进一步确认该机会是不是一个好的创业机会,决定是继续运营还是重新寻找新的创业机会,或是彻底放弃创业的想法。

(二)资源整合和团队组建

俗话说:"巧妇难为无米之炊。"有了创业的机会,还必须有相应的创业资源和优秀的创业团队。

1. 创业资金的获取

创客在创业资金获取方面除了传统的融资渠道,还可以借助"车库咖啡""3W咖啡"、黑马会等各类创新型孵化器依托其背后巨大的投资人网络,开展融资活动。同时,还可以借助互联网金融,依托众筹平台等网络渠道,面向公众进行融资,极大地扩展了创业网络中资金支持的网络成员主体数量,使创业资金获取变得较为容易。

2. 技术知识资源的获取

创客可以在开源社区中免费使用开源硬件平台上硬件开发爱好者公开的源代码、数据、设计图、材料清单等内容,可以利用硬件开源网站和论坛,与技术高手进行交流,获取技术知识;创客空间等创新型孵化器还会组织包含各相关领域的专家人才的技术沙龙活动。这使得创业网络中的技术知识资源的支持主体大大扩展,技术知识交流节点倍增,极大地便利了创业企业的技术知识获取。

3. 供应链资源的获取

在供应链资源的获取方面,依托线上线下扩展的创业网络,通过网络主体间的新的组织和连接方式,创客们开创了一种新的供应链组织模式,创业团队可以通过 Sparkfun 等开源硬件的网络售卖平台获取开源模块和零件,有专业的小批量生产制造商 Seeed Studio(深圳矽递科技有限公司)为其提供产品制造服务,最后依托京东、淘宝、点名时间、Knewone 等网络平台进行预售和销售,形成了传统制造与网络创业的混合体,这种制造业态不再依附大型供应链和廉价工业区,而是分布式制造,小批量产品"快消"的供应链模式。

4. 创业团队的组建

与创业资源的整合一样,创业过程中的团队组建同样受到互联网背景下迅速发展的创业网络的影响。有创业意图的个体依托社交网络可以链接到的同类圈子成员得到极速扩展,新的团队组建模式逐渐兴起。如不少创客是在创客空间、车库咖啡等创新型孵化器组织的技术沙龙活动、创业培训活动中结识,并迅速达成合作意向,组建创业团队;还有一些创客是在网络技术论坛中认识并最终成为创业伙伴。

（三）商业模式的探索

有了好的创业项目之后，还要探索适应大数据时代要求的新的商业模式，最大限度地将创业项目的商业价值挖掘出来。

1."工具+"社群商业模式

所谓"工具+"社群，就是以互联网为工具进行社群运营。例如，微信群就是一个社群，它无处不在，且根据群体的不同需求组建而成。比如"逻辑思维"，一个做文化推广成名的自媒体，现在却靠在微店卖东西来发展，虽然获得巨大收益，但遭到大家的质疑。对此，罗振宇说，我就是以微信群几十万粉丝为基础，通过开展线上线下活动来进行商业化运营。就此看来，做好社群就能锁定商业运营的对象。

2. 常规型商业模式

常规型商业模式也可称为长尾型商业模式。在商业发展中，我们通常遵循的是"二八定律"，也就是说80%的人需要什么，我们就做什么，但现在发生了很大变化。美国人克里斯·安德森提出"长尾理论"。简言之，我也可以为那20%的人服务。比如老北京布鞋，虽然属于小众产品，喜欢的人并不多，用户群体应在20%的范畴内，但全国各地乃至网上都有销售，这说明20%的用户群体中被忽略的那部分需求也被发掘出来了。因此，长尾型商业模式可以进一步挖掘市场需求，开发属于小众的拳头产品。

3. 跨界商业模式

现在，跨界商业模式越来越多地被运用到企业发展中。马云曾说："如果银行不改变，那我就改变银行。"随后余额宝进入了公众视野，仅半年时间，资金规模便突破千亿元；其次，雕爷牛腩也早已开始了跨界发展，做起了烤串、下午茶和煎饼等。其中比较成功的是阿芙精油和美甲O2O河狸家。另外，董明珠的格力集团跨界做起了手机。小米除手机之外，还做起了电视、智能家居，将来还要做农业、汽车等。

4. 免费商业模式

免费商业模式有个比喻，以前是"羊毛出在羊身上"，现在"羊毛"出在"猪"身上，或者"羊毛"出在"羊"身上，由"猪"来买单。网络时代是一个信息过剩、注意力稀缺的时代，而互联网产品最重要的是流量，有了流量才能够建立起商业模式。因此，免费模式在互联网整体发展过程中一直存在。以门户网站的免费模式来说，当年张朝阳创立搜狐之后，大妈们说张朝阳这小伙子不错，给我们做了很多事，我们现在不用花钱就能上网看信息。张朝阳的回答是，你们上网频率越多，我就越赚钱，所以实际上是广告商支付了大妈们的上网费用。

5. O2O 商业模式

O2O 商业模式就是线上和线下的互动，即 Online To Offline，已成为"互联网+"时代的一种基本发展模式。董明珠认为，马云如果没有实体经济就一定会完蛋。我们知道，董明珠和雷军、王健林和马云就有关实体经济发展方面有过争论，还打了赌。可以看出，O2O 的商业模式是互联网时代最重要的发展模式，一方面要有利益在线下的实体经济，另一方面还要有互联网供应商运营的一系列项目。

6. 平台模式

平台模式是互联网发展过程中另一个重要模式，经历了几个历史阶段。首先，在国家层面的媒体上建起了早期的平台；其次，门户网站一跃发展为最大的平台。现在，创客空间作为新平台正在逐步发展起来。如 3W 咖啡、车库咖啡和binggo 咖啡等。微店网是在做网上交易平台，核心模式为云销售，把市场运作的各方面都纳入平台之中，从而形成了新的市场，每个月都会有成千上万家微店和厂家入驻。

近年来，发展比较成功的平台还有威客网站、猪八戒网。中国科学院研究生院刘锋最早提出威客（是指那些通过互联网把自己的智慧、知识、能力、经验转换成实际收益的人。他们在互联网上通过解决科学、技术、工作、生活、学习中的问题从而让知识、智慧、经验、技能体现经济价值）的概念，并创建了威客网，但并没有猪八戒网做得成功。猪八戒网由朱明跃和刘川郁创办，两人都有个绰号，朱明跃叫"猪八戒"，刘川郁叫"牛魔王"。网站名称就由朱明跃的绰号而来。猪八戒网充分利用平台思维，搭建威客行业服务交易平台，在 2015 年获得了 26 亿元的投资，成为行业领先，由创业时的 500 万元现已发展成为估值超百亿的互联网平台。它的运作模式，首先在猪八戒网有众多的从业人员，无论是设计师、学生还是创业者，都可以通过平台找活、接单，将自己的知识、技能、经验转换成实际收益。其次，国内外企业也可以在平台上发包或订单，寻求高效、价廉的合作。为供求双方实现共赢，这就是最经典的平台思维。另一方面，猪八戒网为众多的从业人员，特别是年轻的创业者创造了条件。

（四）运营思路的创新

1. 得"粉丝"者得天下

美国《连线》杂志创始主编凯文·凯利曾说过，至少在我们西方，只要拥有1000 名铁杆粉丝，你做任何事情都能成功。现在，这个道理不用他自己证明，来看看小米就知道了。小米依托众多的粉丝（俗称"米粉"），展开粉丝营销，使小米迅速成长为中国几大手机商之一。在整个手机行业,大家公认的手机品牌,一是苹果,二是三星,剩下就是中国品牌。诺基亚早已衰落,摩托罗拉也被联想收购,而华为、小米、中兴这些中国手机品牌在全球行业中都居于非常重要的地位。由此我们看到这样一个发展,粉丝可以引导消费,粉丝可以引导氛围,粉丝可以直接或间接地创造巨大价值。

大数据时代,我们要做到有容乃大。学得越多,知道得越多,我们就会变得越来越谦虚,越觉得自己真的很渺小,这其实就是大数据的智慧。我相信,未来大数据的发展会如舍恩伯格所说的,是一场生活、工作与思维的革命,会给我们带来更多的美好。

管理与管理者

兰勇,教授,中国社科院博士后,硕士生导师,现任湖南农业大学商学院院长、院党委副书记,校学术委员会委员,曾任湖南农业大学团委书记,中国共青团第十七届中央委员会候补委员。兼任中国企业管理学会副理事长、湖南省系统工程学会副理事长、湖南省工商管理学会副理事长。兰教授先后主持或参与国家社科基金等国家级、省部级课题10余项,在《光明日报(理论版)》《农业技术经济》《经济地理》《现代大学教育》等刊物公开发表论文50余篇,出版著作1部。主持成果获湖南省教学成果二等奖、湖南农业大学哲学社会科学成果一等奖、湖南农业大学教学成果一等奖。先后获得湖南省普通高校青年教师教学能手、湖南农业大学优秀教师、优秀教学质量奖、优秀共产党员等荣誉。

　　无论是大到一个国家、一个民族,还是小到一个人,很多成绩的取得都和管理有关,所以仔细地去想一想,我们每天看到的现象和问题,最终都可以归纳为管理的问题,这关乎在座的每一位的将来。无论做人做事,还是做学问,都与管理是密切相关的,所以我今天挑了一个和大家都有关的话题,大体分为四个方面,第一个是谈谈管理的重要性和管理的难度,然后我们一起交流下什么是管理者,以及这些概念和理论对我们当代大学生有什么启示。

　　那么我们先交流第一个问题。对于管理的重要性,有两位名人的两句话就足以说明问题。第一句话是比尔·盖茨在20世纪90年代第二次访问中国时说的,对中国提一点建议,比尔·盖茨说,对中国人来说,管理的教育要比电脑重要100倍。意思就是说,我们的管理还存在很大的问题,我们的国民管理学教育,管理思维,还需要好好地去学习,好好地去启蒙。第二句话是1999年,朱镕基总理访问美国,在美国的麻省理工演讲的时候,下面的听众问他:"什么叫科教兴国?"总理从两个方面进行了解答:一方面强调基础教育是非常重要的;另一个方面指出,专业教育,特别是管理学教育,也非常重要,而且他指出,中国最缺乏的就是管理人才。我国的国有企业家,总会计师大部分是我们研究生,管理理论思维还不够。有一位经济学家,名字叫迈克尔,30岁的时候成为哈佛大学终身教授,他写了一本书,叫作《国家的竞争优势》,就是告诉我们一个国家的竞争优势如何来,他认为一个国家有优势,主要是它有一批优秀的产业,这个我们大家必须要知道。很多同学认为美国很强大,那么为什么会得出这个结论,是因为我们平时接触到的美国的很多产品都很好,而且同一类产品往往美国有很多的品牌都很厉害,比如说汽车、电脑、电影等一批优秀的产业。这批优秀的产业是怎么形成的呢?这些优秀的企业在国际上有跨国公司。那么什么是跨国公司呢?跨国公司不同于一般企业,它的资源、产品、服务,往往跨越全球,拥有几百万工人,这么大的一个组织如何能够在竞争中取胜,能够获取利润,还能够获得可持续化,这个对管理提出来的要求是相当高的。

从这三句话我们能深深地体会到:管理是非常重要的,尤其是作为中国的当代青年,接受必要的管理知识,进行必要的管理学实践,是非常有意义的。但是,我要告诉同学们的是,管理是很难的,国家管理更难。这里有一组数据大家可以去看一看,中华上下5000年,有朝代的有3000多年,从公元前的1660年开始到1949年的3549年,我们一共经历了16个朝代,每个朝代的平均寿命为221年,最长的是周800多年,最短的是秦朝15年,这些朝代这些王朝,从皇帝、大臣到各级管理人员,你说他们不聪明吗?他们都是很聪明的,在古代都是学而优则仕,都是这个国家这个民族最优秀的人在治理这个国家,在管理这个国家,但是为什么这个国家寿命还是这么短呢?我们就可以得出结论:管理是很复杂的、很难的。另外我们再看一看,当时他们很多人在家门口挂一块牌,这个牌是怎么说的呢?吏不畏吾严而威吾廉,民不服吾能而服吾公;廉则吏不敢慢,公则民不敢欺,公生明,廉生威。这个里面也蕴含着深刻的道理,就是说作为老百姓不怕官员严就怕廉,作为官员一身正气公正廉洁,老百姓就服,老百姓他服的不是你的能力,而是服的你有一颗公心,所以廉则吏不敢慢,即作为上级廉洁,那下级就不敢怠慢。你有一颗公心老百姓就服。所以古代这些都蕴含着相当多的做人道理。但是从这两个例子我们可以看出古代的文化是不是管理的文化?它不是,它讲的是如何去当官,而不是讲怎么去治国,怎么去管理,所以上下五千年我们形成了许多文明的成果,但更多的是教你怎么去当官,而不是教你怎么去管理这个国家,它不属于现代科学与管理的方法。

第二个方面,我们发现企业管理也是非常难的。这里有一组数据,大家可以看一下,中国民营企业寿命一般不会超过 5 年,所以 5 年成为令人害怕的关口,就是一个企业你能活过 5 岁,那么就度过了一个很大的难关。美国 62% 的企业公司存活不到 5 年,寿命超过 20 年的公司只占 10%,只有 20% 的企业能够存活到 50 年以上,日本也一样。你看《第五项修炼者》这本书作者指出,1970 年世界财富五百强在 1980 年的时候就有三分之一的已经不见了,企业平均寿命也是很短的。所以我经常说伟大的管理者他关注的最核心的命题就是能不能够经营长期,能不能够长期可持续化。但是我们很多的企业家他不聪明吗?他不优秀吗?那么为什么企业的寿命还会这么短?搞清楚这个问题之前我们要先了解一些其他问题,这里要特别强调的是科学的管理主要是指企业管理。为什么企业的管理才是科学的管理呢?有一个美国的教授指出,天主教能够按照教义和信徒的虔诚来组织和管理他们的财产。目前在世界上最常见的组织就是宗教,它靠的是人们内心的真纯和信仰。第二个是军队,军队靠的就是严格的等级和权力结构以及纪律要求来进行管理,但是军队的寿命,往往跟一个国家的寿命同期。政府的管理不必竞争也不需要谋取利润,不需要追求太多效益。但是企业管理是在残酷竞争中生存和发展还要获取利润。因此在各种企业中,企业管理是最科学的,竞争也是最残酷的,因此企业的寿命也是最短的,无论是从管理的实际发展还是从管理的思想管理理论的演变来说,科学管理,一般都是指企业管理。为什么管理那么难?有一句话说唯一不变的就是变化,这是这个世界的规律。我们生存和发展的外部环境,每天都在发生变化,而且有很多变化是瞬间的,是跨越式的变化。比如说 2008 年金融危机,很多企业没有预测到所以没有准备。还有美国的次贷危机没有任何准备。当然,你说没有准备,这是对美国的企业而言,美国的次贷危机,到中国大陆它是需要时间的,但是我们国内还是有很多企业没有准备好,也就是说环境是瞬息万变的。作为环境中的主题,你看美国次贷危机发生以后,中国的企业没有及时反应,所以很多企业受到了很大的冲击。即使反应过来,立即转型也需要很多的时间。劳动法规定原来企业给员工的工资不能低于多少时,产品的成本进一步提升。所以这两个政策对金融危机的影响来说是不可避免的。当时企业没有及时反应,甚至政府也没有及时反应,很多企业就这么倒闭了,这些就足以说明很多组织为什么会消亡就是因为没有及时感应到外部环境的变化。第二个更致命的原因是,管理者管理的对象都是人。人是很复杂的,人有很多优点,但是也有很多缺点。最根本的,是因为人有寿命,那么有人的组织也是有寿命的。人在一生不同阶段中会有不同的特点,这个特点肯定会带到组织当中,所以总统只能连任两届,因为人性的弱点会带到组织当中被影响,所以德鲁克认为公司是人为建立的机构因而它不可能长存不衰,一个人对建立的机构而言能够维持50年或者一个短短的世纪都很不容易,因此天主教意味深长地指出他们的缔造者是上帝不是人类,因此可以枝叶长青,这个确实讲出了一定的道理,因为宗教是抑制人恶的一面而张扬了人的善的一面,所以在宗教里的人跟事实中的人是不一样的,所以这是跟大家讲的第一个问题,管理很重要,但是管理很复杂。

现在给大家讲第二个问题,到底什么是管理。在搞清楚什么是管理之前,我们先来看一下什么是企业。企业是伴随着第一次产业革命,用机器大规模的社会化的生产,替代作坊式的小规模的生产,那么在这个阶段有什么特点呢?原来都是一家一户手工业作坊生产,这种经济大多是自然经济,随着产业革命的产生,发明了很多机器,可以社会化地大规模地组织化生产,这个时候就不是自然经济了,就必须需要市场,需要企业,为什么?因为这个时候出现了三大矛盾:第一个矛盾是机器和人的矛盾,你现在用机器大规模地生产,意味着很多工人要失业。第二是机器和机器的矛盾,用机器大规模地生产必须要分工,不同的机器在不同的环节完成不同的任务,就是要密切分工,所以机器和机械之间也有矛盾。不同环节的机器怎么样来衔接怎么样来协调。第三原来是一家一户的小规模生产,现在是企业,那意味着这个企业除了很多机器以外还需要很多的员工,所以第三个矛盾是人和人之间的矛盾。那么如何解决这三大矛盾呢?就必须要进行科学的管理。这里有一个例子,就是亚当·斯密在英国的工厂里面所观察到的一个例子。他观察到了一个什么样的现象呢?他到一家生产针的工厂进行考察,发现生产一根针需要18道工序,那么如果12个人来完成这18道,工序进行分工,每一个人完成一到两道工序。用机器化的生产一天可以生产48000根针。如果按照传统的作坊式的,由一个人完成这根针的全部流程,一天一根针都完不成。所以他就发现用机器替代手工进行专业化分工,它的效率会大大提升。然后他就提出分工可以导致效率的提升。我要问大家一个问题,是不是分工一定会导致效率的提升呢?不一定,分工之后一定要怎么样?要协作,就是你把10道工序分成18个车间,由不同的车间来完成,一定会提高效率吗?不一定,为什么?这里有两个方向有两个变量,第一,分工会提升专业化的水平,会导致效率的提升。第二,会产生人和人之间,机器和机器的矛盾,怎么使18道工序机器和人有效地衔接起来就是另外一个问题。所以分工不一定带来效率的提升,关键是能否搞好协作。协作其实就是管理,那么我们再来看一下企业。刚才大致地讲了一些企业的一些特点,我们一起来整体地研究一下到底什么是企业。企业,用这张图就可以很好地展示。它可以分为三个大的阶段:第一个阶级是公,公就是资源采购,人的采购。第二个阶段就是产与转换,就是把资源转化成产品。这个里面包括产品的设计、产品的研发、产品的生产和产品的包装。第三个阶段就是销,就是把它卖出去。卖出去之后变成资金,资金再回笼,回笼之后进行下一轮的资源的采购。那么这里除了资金的回笼之外还有什么? 还有信息的反馈。产品在销售过程中消费者有什么意见? 在销售的过程中有什么问题? 带着这些意见和问题再进行下一轮的生产,进行资源的更好的配置,进行产品的进一步改善。这就是企业的整个流程。从这个流程当中可以看出很多问题,也可以得出很多结论,你看从供应的阶段我们平时所讲的人财物对应我们大学的不同专业,人——人力资源管理,财——财务管理,物——物品资源的管理。那么这中间还涉及了什么? 生产的管理、运输途中的管理、包装的管理,以及最后的销售管理。凭此企业的职能就能在整个链条上得以充分地体现。我们现在大学的专业分得很细,高中一毕业就进入大学学习人力资源管理。这个专业也就是学习对整个企业的运作要有一个系统的把握。所以有很多大学学生进来之后在大一、大二学习的都是工商管理,一直到大三才分专业。这个才是符合科学的。在大一、大二先把企业的整体运作搞明白,在这个基础上再到大三学习人力资源管理、财务管理。这样学生也就会具有全局观,也会具有自己的特长。所以我建议大家如果你学财务管理,你还需要去看看其他管理学方面的书。

企业的运作系统各方面的管理知识,你都需要具备。什么是企业,用两个方面就能概括。第一,资源的配置。就是资源的配置,人财物能不能很好地匹配? 远超过了废点就是浪费。所以资源的配置在这里面,要得到高效的体现。第二,活动的衔接,产销之间的衔接。人力部门资源以及采购部门销售部门之间的衔接。所以企业管理用两句话就能够讲清楚。第一句话资源的配置,第二句话活动的衔接。那么在我们刚刚分析的基础上,看一下,我们经常提到的木桶原理。它告诉我们木桶的容量是由最短的那块木板所决定。我们大家都知道,十个部门一起管理企业的进驻,那么企业的运作效率,理应由里面那个运作效率最低的那个部门所决定。就像我们湖南农业大学有三十个职能部门,三十个职能部门中那个效率最低的职能部门的水平来决定学校的管理水平。除此之外我们还可以得出一个结论,木桶的容量不能完全由木桶的长度所决定,它也和木桶的紧密度有紧密联系。一方面短板决定了木桶的容量。还有一个非常重要的因素,那就是木板之间能不能非常紧密地衔接,很好地协调。我记得小时候我们家里的木桶,用钢丝固定起来之后还要给它刷油漆刷桐油。为什么要刷油漆和桐油? 就是为了让木板之间的空隙为零。如果有空隙,那绝对会漏水。容量大小,由短板决定,同时也受木板之间的紧密度的影响。那么进一步看企业运行的特点,包括两个方面。刚才我们所讲的资源的配置和条件的衔接是企业的内部内容,我们忽略了另外一条,另外一条是什么呢? 也就是企业还有两头在外,哪两头在外呢? 它的人才资源采购都是来源于市场,它的产品生产出来,卖出去也是要通过市场,所以一方面要把内部资源的配置和内部衔接搞好,另一方面还有市场,所以企业受到两种规律的影响。第一种规律是市场规律,第二个是内部管理的科学规律,重点来说,企业是什么呢? 就是一个放大器。把各种资源采购组合弄成产品,然后卖出去,实现更多的利润,然后回过头来有更多的资金进一步扩大再生产。那么,企业是怎么放大的呢? 为什么会放大。企业放大的途径主要是四个方面:第一,生产的能力;第二,技术的力量;第三,管理的能力;第四,组合的力量。在这中间管理起着非常重要的核心作用。因此企业对外要依赖市场进行扶持,对内要依赖企业家能力进行科学管理。所以,相对于其他组织来说,企业生存是最艰难的。

那么在这个基础上,我们再来分析什么是管理呢;搞清楚企业是什么之后就能很容易地理解,什么是管理;有人是这样说的,一切规模较大的直接社会劳动获得的成果需要指挥。指挥什么呢? 协调个人活动,并执行生产总体的运行。那么不统一总体的独立器官的运动,所产生的一般不现实,这个不知道同学们看懂没有。就是一切大规模的直接社会劳动,因为他需要很多人进行协助,那么就要把个人的活动通过协调,变成总体的运动。所以什么叫管理者,很形象的比喻就是管理者就是乐队的指挥。你看一个乐队,由很多人组成。有的人打架子,有人吹笛子,有的人吹萨克斯。如果没指挥,那么它肯定是混乱的。这个活动通过协调变成了一个整体的运动。管理就是指挥和协调,就如同乐队的指挥。不同的专家、不同的学者,都对管理进行过定义。但是我们发现其中都有几个很重要的关键词:同别人在一起,或者通过别人指挥。所以不同的人,对管理有不同的理解。管理就是指挥和协调。就是前面的两句话。那么,为什么要管理? 那么企业,为什么要管理呢? 管理的目标就是一句话:效果,就是以更少的投入,获得更多的产出,生产出最多的产品,实现最多的价值。和效率是不一样的。这是两个内涵,不一样的概念。有时候效率高,不一定效果好。我的成本很低,但是我的产品卖不出价格。中间有个概念,叫作谷贱伤农。单位面积生产的产品越多,随后因为农产品过剩造成价格下降。所以资源使用的效率和最后能达到的效果,一定要很好地统一起来。管理的目标就是实现好的效果。作为一个企业管理者,应该做什么? 你的目标是什么? 你的计划是什么? 然后去实现你的计划,包括同学们,那现在如何去实现你们的大学生活,这是第一个要做的事情,第二个事情就是谁来做。所以各地招聘人的培训和人的管理,机构的设置,就是垂直部门。第三,激励人们实现梦想。去完成每一阶段的计划。第四,如果那个人不做怎么办? 那么我们要想办法去管理他,包括纪律和约束。每个阶段都要把握好企业运转的节奏,对部门运行的情况要了如指掌。最高的效率是最好的效果。企业管理,主要就是这四个方面。所以讲管理学也主要就是讲这四个方面,后面就要讲四大职能。那么管理的概念,我们前面应该是有很深的了解。人是很复杂的,所以必须要艺术地处理遇到的很多问题。因此,管理中只有永久的问题,而没有终结的答案。不同的地区,不同的组织,不同的对象,不同的职能,他没有一套标准的管理方法和模式。所以管理是科学,同时也是艺术。

那么第三个问题,什么是管理者? 所谓管理者,就是实施管理活动的主体,是一类特殊人,具有特殊的要求和能力等特点,支持管理活动的主体。那么管理者应该具备哪些能力? 从企业的管理者来说,管理的全部活动可以分为六个方面:技术活动、商业活动、财务活动、安全活动、快捷活动和管理活动。管理活动是六大活动之间的一部分,也是核心的一部分。那么作为管理者应该具备哪些能力呢? 计划组织协调控制能力,五大活动流程特点也要基本熟悉,所以做管理者是不容易的。你必须要掌握企业的全部流程、不同职能,在这个基础上再去提升和掌握计划组织协调和控制能力。还有一个学者叫凯次,他在研究高层管理上面成功必须具备特色的时候,提出了三种技能,这三种技能是对成功的管理者研究之后得出的结论。第一种技能叫什么? 技术技能。第二种技能叫什么呢? 人际技能。第三种叫概念技能。他提出了三种技能,就是一个优秀的领导者应该具备的三种技能。这三种技能分别是什么呢? 技术技能主要是你做什么。合作就是与世人打交道,就是解决做什么的问题,技术技能就是做事。人际技能,就是与人打交道,与人解释这个事情到底要怎么做。概念技能就是为什么要做,就是对公司整体的理解和把握,就是这个公司资源与环境相互关系的理解和把握。更抽象地讲,技术技能解决的就是做事问题;人际问题就是做人技能,就是与人打交道与人沟通协调的技能;概念技能就是你对一个企业的未来的前景的理解和宣传动员的这种技能,就是你能把企业的价值观变成员工的价值观。就是说你的理解、动员以及表达能力,能不能把你自己的思想变成员工的思想。调查发现:随着员工层次的提升,最底层的员工在他的整个技能结构当中技术技能最高,到了中层管理者人际技能和概念技能变得更高,当然最高的还是人际技能。到了最高管理层,人际技能和概念技能都很高,但是概念技能大幅度提升,也就是说作为企业管理者最高层,应该在人际技能和概念技能方面更加注重,对于中层管理者三个能力都比较重要,当然更为重要的是人际技能和概念技能。作为底层的员工来说,主要是要掌握技术技能。这三种技能在指导我们大学生提升自己方面是很有启发性的。

在创业基础上我们要思考一个问题,工作中最有成绩的管理者,也会是在组织中提升最快的管理者吗？是不是业绩最好的管理者就是提升最快的管理者？有很多专家对这个问题做了研究,答案是否定的,如何否定呢？我们来看一个实验结果,如果把管理活动分为四个部分。第一,决策计划控制;第二,沟通;第三,人力资源管理;第四,网络联系,就是社交活动。我们把它分为三类:第一是平均的管理者;第二是成功的管理者;第三是有效的管理者,就是业绩最好的管理者,最被认可的管理者。根据这三种不同的管理者,还有刚才根据各种活动分出的四种类型一一对应,然后进行普遍的分析,最后得出的结果是,平均的管理者在四大活动中发挥的作用大体上是相当的,成功的管理者把大部分时间花在沟通和网络联系上,而有效的管理者把更多的时间放在沟通上,人力资源管理师把更多的时间放在沟通和人力资源管理上。这件事告诉我们,把更多的时间花在沟通和网络联系上的管理者往往能够得到更快的见识,但他不一定是有效的管理者。有效的管理者,他把更多的时间放在沟通和人力资源管理上。所以成功的管理者和有效的管理者强调的重点是不一样的。实际上他们几乎是相反的。这深刻地说明社交和实施政治技巧对在工作中获得更快提升有重要作用,也就是告诉我们,除了人际交往,除了沟通和内部管理之外,我们还要花一定的时间去进行对外的联络。这个对于管理者的见识是十分重要的。

另外还有一些我觉得大家需要关注一下,近些年为什么高层人员的秘书,尽管他只有很小的职权,但是通常有很大的权利。还有一些低层次的员工,如果他有亲戚,朋友伙伴身居高位,那么他也能接近权力中心。当然还有一类,那些掌握了重要技能的员工,他们也有很大的实权。他做得好,公司离不开他,所以他的权利很大。因为在企业管理者的权力有两个因素来决定。第一是你的职位,第二是你接近权力中心的距离。就是因为由两个因素所决定,所以有一些职位不高,但是离权力中心很近,这一部分人仍然能够得到很大的权利。所以这告诉我们,我们还要花一点时间去搞社交活动,跟人联络,尤其是跟领导联络和沟通。这个很有必要,你至少要让领导了解你,知道你。那么这两个现象,为什么会发生？就是刚才讲的为什么最有效的管理者不是最成功的管理者？为什么一些人没有很高的职位,但是他可以拥有很大的权利？原因在哪里呢？原因主要在于人的缺陷。这是管理理论的一个重要的假设,就是说人既有理性的一面,又有感性的一面。人往往具有自律性,往往具有无穷的欲望,对事物的判断往往会受到自我观念的影响。这样概括出来,主要是三个方面:第一,人是自私的;第二,人是感性的;第三,人的认知是有限的。正是因为这些缺陷所以导致会出现很多不科学的问题。组织和个人往往存在矛盾。组织的目标是集体也就是一把手,但是往往组织和个人、管理者之间会存在矛盾。讲了这么多,我们理解了管理的定义,掌握了管理的奥秘。年轻的大学生,总觉得未来非常美好,总觉得只要自己努力拼搏,就一定会有美好的人生。你们今天听我讲了之后,尤其是听我讲了这个特殊的现象之后,就会感到可怕,就会感到人世的苍凉,人生的无奈。就像任何科学一样,我们破译了其中的奥秘之后,应该感到很兴奋,就是我们把这个问题弄清楚了。

管理中,我们既然知道管理人员特点,那么在管理过程中,就必须充分调动人的积极性,限制人的消极性,控制人的破坏性等。有句话讲得非常好,我觉得任何同学都应该记住这一句话。这句话是关于管理的更深层次的内涵,其实管理简单地讲,就是调动人的积极性。为什么人要管理,就是因为人是有弱点的,所以才需要管理来控制人的功能。在管理中,不能完全相信人的自觉性。也就是说,人不是完全自觉的,也是不完全良性的。所以在活动中要依靠道德法律制度来约束人的行为。强制的力量就是需要规则,没有规矩,何以成方圆。还有一个不可忽略的因素就是在管理活动中,领导的作用是巨大的,那么如何保证优秀的领导产生这是管理中的核心问题。我们要注意,作为一个领导人高尚的精神是没有标准的,大家知道只有好的品德无论是选举还是财产都是不能取得的,也就是说我们平时很多东西靠选举,但是选举不能保证人有高尚的品德,所以管理最核心的问题就是如何选举出优秀的人成为领导。第四个简单讲下,因为时间确实不多,就是我们学了管理的重要性。第一你是一个管理者,这可以从两个层面来理解,从你的社会地位来说要么"将来管别人,要么你被别人管",作为一个优秀的员工,你要知道如何管别人、如何被人管,无论是管理者还是被管理者都要懂管理,所以一个优秀的员工肯定是懂管理的。第二,你是一个自我管理者。所以刚才说一个优秀的企业要有优秀的管理者,什么是优秀的领导人呢?那肯定是在自我管理方面做得比较好的,就是说如果连你自己都不能管好,你肯定"混"不下去。所以我们从三个方面来谈作为一个大学生如何管理好自己,就是前面提出来的三种技能,第一种技能是技术技能,技术技能就是做事的技能;第二个技能,人事技能,就是人际沟通协调的能力;第三个,概念技能,就是智慧,一定要是一个有思想有智慧的人。当然后面还有怎么去锻炼自己的技术,概括成三个方面就是想做事、能做事、做成事。

人际技能也有五个方面:第一是要做一个有理想有目标的人,第二是做一个勤奋坚毅的人,第三是做一个谦虚有耐心的人,第四是做一个诚实守信的人,第五是做一个感恩与报恩的人。那么关于怎么样去做学问,建立自己的概念技能,我觉得一定要做到四个学会:第一学会如何学习,第二学会不断思考,第三学会关注社会,第四学会做人做事。做人做事是一门很高深的学问也是很系统很重要的一门学问,所以要学会做人做事。那么如何做好管理者的心态?我觉得人生中,心态非常重要,我建议同学们培养四颗心:第一事业心,一个没有事业心的人是不可能成为一个优秀的领导的。第二责任心,成为对自己家人社会国家都有责任的人。第三就是自觉心,自觉心就是客观全面地认知自我,当然这个是很难的;科学家也做过调查,在一个岗位上工作时间越长过度自信也就越大,就是在心理学上有个词叫过度自信,这是可以通过问卷调查出来的。这里有两个结论:第一民营企业的老板过度自信的程度会高于其他管理者,第二在同一个岗位上工作时间越长,过度自信也就越大,所以我们一定要有一颗自觉心。第四同理心,就是设身处地为他人思考的心态。什么事情都这样想,那么我们对人的规律会有更好的理解,我们也会有更平和的心态来面对管理乃至人生的各种问题,任何困难都能迎刃而解,所以心态是十分重要的。

湖南美丽乡村建设规划设想

龙岳林,男,湖南农业大学园艺园林学院教授、博士生导师。湖南农业大学园艺园林学院副院长,湖南省风景园林设计专家,湖南农业大学园林设计学科带头人,湖南农业大学湖南新农村建设规划设计研究所所长,湖南农业大学园林设计博士生导师。研究方向:园林景观设计、环境景观艺术、观赏园艺。主要成果有:论中国观光农业型园林的发展前景、湖南农业大学生态校园规划设计、张家界市武陵源核心景区生态安全分析与理性化建设、武陵源风景名胜区生态安全分析与优化设计、湖南大地景观安全规划及生态学效益分析——沿河两岸分级截流分散蓄水的治水模式、湖南山地即时水库防洪体系——体系的建立及其生态服务功能分析、城市绿地隐形蓄水系统的建立及生态功能分析。

在最近几年,准确地说从 2005 年以来,我们国家提出要建设社会主义新农村,为什么要建设社会主义新农村呢? 主要是针对乡村城镇发展不平衡的社会背景。从改革开放以来,城市发展的速度相当快。通过这么多年,城市的发展速度是明显高于农村的。我们社会主义国家的发展,农村的发展是不能够放下的,农村人口仍然相当之多。我们国家是一个农业大国,农村人口明显多于城市人口,所以农村人民是不能放下的。我记得 80 年代,那个时候,我们国家还只有 10 亿人口,但有 8 亿的农民,农村人口占 80% 以上。由于改革开放,我们采取了一系列的发展政策,我们的农村人口也逐渐变少,我们对农村发展也进行了相应的改革,在座的各位领导和老师,年龄在 40 岁以上的应该对于农村的发展很是清楚,我们可以说一步步地见证了农村的发展与进步,在 1979 年以前我们的农村是搞集体生产的，当时的所有制叫作公有制，"三级所有"中的"三级"也就是人民公社、大队和生产队。在这样的行政机构和生产机构约束下，我们的农民生产力水平很低，那么自然而然地我们农民的收入就不会太高。当然，当时的城市发展不是很快，城镇居民收入也不是很多。但无论怎样，那个时候的农村发展还是很落后的，当时的温饱问题只能说解决了温没有解决饱，我记得那个时候，有半年时间能吃上粮食，但剩余的大半年时间我们都要想办法去外面买或者说吃杂粮。当时，我们都吃红薯和芋头，当然在现在看来，这些都是好东西，但是那个时候我们以这个为主食，吃多了吃久了都吃腻了。还有个例子，我记得当时萝卜产量高，我们都去买萝卜吃，当时的萝卜很便宜，一块钱一袋，或者六毛钱一袋，我记得最便宜的时候是六毛钱一袋，大家想一想，一块钱或者六毛钱买一袋萝卜，一袋萝卜有 100斤，可想而知那个时候的生产力有多么低下。当时我们生产队做过很多副业，就比如，装水泥的那种纸袋子，我们收集那些废纸，把它铺开，用面糊把它粘好，然后拿去卖，但那个东西效益不高，后面也垮了，那个时候赚钱真的很难，想发展经济，因为人多，生产力低下，土地也少，根本找不到什么赚钱的路子。同时，我们中国有一个很明显的特点，人多土地少，当时我们是 10 亿人口，现在我们有 14 亿人口，还在不断增多，而耕地数量没有变化。所以相对而言，在那个时候五六百斤一亩的稻谷产量已经是很不错了，当时我们还种两季稻，一季三四百斤一亩，两季下来就是七八百斤的样子，如果两季加起来能达到 1000 斤那已经是非常了不起的了。这也间接说明了那个时候的生产力低下，你拿当下来看，我们的超级稻 1000斤一亩基本上不在话下，所以现在大部分地区的温饱是不成问题了。更准确地说从 20 世纪 80 年代开始，邓小平同志提出家庭联产承包责任制之后，个人的温饱问题基本上就得到了解决，因为在公共所有的条件下，大家的生产积极性都不是很高，但是实行了家庭联产承包责任制之后，粮食的产量一下就起来了，因为种田种的是自己的田，大家就用心得多，产量也就上来了。你看那时候没有多少土地，通过调动积极性以后，吃饭就不成问题了。但当时用钱还有问题，还是到外面打工挣点儿小钱，但是我们农民是要给国家缴税的，用税的形式，以收公粮的形式，收公粮的话国家还是不给钱的，现在呢？过去种田我们要交农业税，现在种田不交农业税，倒过来政府给你补助，为什么还是搞不下去，为什么还没钱赚，好多老板分得土地还不能产生效益，甚至还要亏损，国家还要补助，因为现在成本太高了，生产成本提高了，劳动力成本提高了，现在农民在农村做事都要 100 多块钱一天，最少都是 80 块，所以生产粮食的虽然是增加了一些，但是粮食的价格一直上不来，我们现在的粮食这几年徘徊在 130 块钱左右一袋，你就是吃 1000 多斤产值不超过 2000 斤，也就是 1000 多块钱。那么还买农药、买化肥，请一个人去种田的话 160 块钱一天,最少得 120 块钱,那么你们家这么一点儿田还要请几个工吧,随便请几个工都是几百块钱,再加上成本开支,买种子、买农药、买化肥加起来根本就没钱赚,没钱赚的话后面的生意怎么做呢? 最后要提出个理由。农村这样发展才有以家庭为单位的联产承包责任制,在当时确实提高了劳动效率,解决了大部分地区的粮食问题。

现在农民们不需要交公粮了,国家也需要农民不荒废土地,并且给予奖赏补助,为什么农民还不种地,还荒芜这么多土地? 当然我们国家还是中式粮食生产,尤其是要保护基本农田,保护我们的粮食生产土地,保护我们的生产能力,我们决不能把土地硬化,绝不能大面积地使用农田,要设定一条基本农田的使用红线,因为这关系到我们的民生关系,关系到我们的粮食安全。

在今天,在开花的时候就把它灌下去作为育肥。那么我们的土地,当时主要的植地,肥地都是很好的。所以当时的农田,实验有机肥每年都要施十次来调节它的 PH 值,让它尽量地增加或者接近弱碱性。现在土地酸化特别严重,酸化严重带来的后果,就是导致现在好多地方出现正碱值超标。所以我们要建设社会需要的农村,我们首先需要了解怎么样,到底缺了哪些东西,就是需要解决问题,要提高效益。现在通常讲"三农"问题,农村、农业和农民。我们农村消费相较于城市来说,比较落后,差别大。农村的人口不断向城市转移。虽然我们的城市化在现在已经达到了 54.6%,但实际上我们的城市化只有 37% 左右,还有 18% 的人属于流动人口。这 54.6% 都不全是城市,好多还是农村。因为我们是农业大国,我们首先就一定是搞农业的,要先填饱肚子,有饭吃。所以很多年轻人通过考大学离开了农村,很多打工的年轻人非要生活在城市要买房子。虽然他在城市打工,但是户口还在农村。所以他的土地没有利用,又因为他是农村的户口,他又没有很好地享受城市的待遇,享受城市购买的服务。

所以现在从管理层面上还要解决很多问题,解决流动人口的孩子读书的问题、养老的问题,但是社会不论发展到什么程度都会有问题出现,把问题解决了又会有新的问题出现。我们为什么要培养大学生,就是要培养大学生去解决社会的问题。不要认为社会和经济发展到很高的程度就没有问题了,美国和英国同样有很多的问题,我们中国发展到这样的阶段也同样会有很多的问题。但是我们要有解决的态度,要想方设法去解决这些社会问题。我们大学生是国家培养的对象。我们希望大学生能够积极面对问题、解决问题,为社会做出更大的贡献。现在提倡创新、发展理念。创新就是既要保护传统也要创新地发现,就是要用新的思维去解决这些已经存在的问题,农村现在存在的问题。为什么湖南农大要成立新农村发展研究院? 我们农大的人对于解决农村的问题应该是成为中流砥柱的。

　　农村在这个时候怎么发展、怎么建设,现在做了很多农村建设的项目或者产业建设的项目。社会确实需要我们懂农业、懂景观、懂规划的人做农业。我经常带着农大的一批教授到乡下去接受任务,因为要解决农村的问题是多方面的,纯粹靠某一方面的知识是解决不了的,它是综合性问题。我们做规划,就是要谋划未来,要让老板和农民理清发展思路,能够谋划他们的建设方案。我们做景观不能停留在做景观的本色、美丽的本色上。做美是一件再简单不过的事,但是好的地方就是原生态的美,但是我们如何来利用这片土地,让它成为一个产业平台,能够可持续地发展并产生效益,包括社会效益、环境效益、经济效益?同样,那些老板为什么要找我们去做规划?他们知道,不做好规划就经营不好。人无完人,他们不可能把所有问题都搞清楚,尤其在规划这个方面没有研究,更是做不好这样的农业项目,所以很多人总结农业项目不能搞,一搞就亏,传得好像是社会公益一样,非得要政府补贴,才去搞农业。我不这样认为,因为农村的人,没有探索道路,没有理顺它的发展思路,没有创造一种非常好的模式来适应农村的发展。所以来农村投资的人还没有找到一种模式,而是盲目地去建设农村,盲目地去投钱,所以最后不能赚钱。同学们要想清楚,如何去做农村的产业,如何去做农村的景观,如何去利用农村各地不同的自然资源,如何去利用它的地理优势,如何去利用它的文化优势和技术优势。这个是我们做新农村规划必须要考虑的事情,因为各个地区,不同的经济水平、不同的气候条件、不同的资源,有其差异性。我们做的具体项目是不同的,我们如何去思考农村的产业,不同的地方怎么做产业。过去我们做农业,就是追求什么章节做什么,产业做起来了,可是效益下去了。很多地方做产业之后又不知道怎么做了,我们现在和别人谈规划,做方案,在农业上很清晰地指出,做农业分为两种类型:第一种是优势特色商品型农业,第二种是多样自主型农业。为什么这么说,我是有依据的。过去 10 亿农民主要生产的都是给农村,现在,超过了 50% 的是商品农业,我们是否要拿出 80% 的地去种商品农业,通过做商品实现规模化,提出一乡一品,一县一品,一村一品。一品是做什么?是做商品卖钱,一乡一品,就是规模化,有规模才能有效益。中国不同于外国,外国地多人少,我们是人多地少,我们农村要怎么做?做什么?这是我们规划人要选好的,并且一定要选对的。一个地方适合种什么就种什么,适合养什么就养什么,一定要以思想为导向,有竞争能力、有优势,才能够做。

　　我举个例子,我们湖南种鲜花叫作计划生产,长沙市每天要销售多少鲜花,我们到外面进口,那么贵,我们能不能自己生产,赚点儿钱。于是很多人就去投资,把大棚温室建起来,生产鲜花,但没有一个做成功了的。生产是没有问题的,但关键是成本高了,成本高了就没有竞争力。我们这里生产菊花最低的成本要两毛,一般要达到五毛,生产一枝菊花要这么多钱,别人生产一枝菊花两分到五分,我们的成本是他们的 10 倍! 云南的气候四季如春,菊花在那里一年四季开花不断,到湖南就只有一个秋季开花,很难调节花期、调节温度光照,所以要花更多的成本才能够生产出来这样的菊花。所以我提出特色优势特色生产一定要适应我们当地的条件,能做的才做,做不了的绝不帮忙,因为我们农业,绝大多时候还是要靠天吃饭,人是决定因素,天更是决定因素。气候条件是非常难改变的,要改变也要花大成本,所以我提出要做特色商品农业,一定要针对当地的优势,气候优势、土壤优势、水优势等种种优势来做。就像我们的洞庭湖,17 万亩土地,11 万亩农田,是鱼米之乡,那我们的商品农业还是鱼和米,暂时不能丢弃。我们上次在那边做西洞庭湖的产业规划利用,鱼和米还是优势,洞庭湖水源充足,水稻的需水量高,成本低。而且洞庭湖水面大,适合养鱼,鱼米之乡绝不放弃。另外的话就是品种多样自动型农业,我们当地的农业这么多年来出了问题,今年明年后年还是生产水稻,我们没有一个很好的耕种制度,而且用的是化肥,用鱼肥的很少,使得土地结构变化,土壤的重金属含量增加,PH 值降低,这样的耕种方式导致生态农田出了问题。所以我们国家现在用稻田做研究,改善生态环境。我们现在提倡多样自主型农业,是很科学的。过去单一农业违背了生物多样性的基本原理,违背了这个基本原理,肯定会导致生态平衡的破坏,首先是营养平衡被打破,这个土壤长期生产某种东西,由于这种产品对土壤营养成分显著性地吸收,我们把产品带走了,就是带走了土壤的一些营养,那么造成土壤营养失衡,然后就是生态失衡,这是必然的结果。搞农业也同样需要科学发展,利用生物多样性原理来做农业,这就是落实科学发展观,并且我们国家在今年 6 月会对农村的发展有一个指导意见。这个指导意见就是推进农村人和商场的指导意见,提高农村人和产业。这个人和产业就是我们所需要涉及的。像这样与环境建设相结合,现在大部分的农田都不需要我们太多的设计,虽然需要规划,但是也不需要太多的设计。我们做环境设计的人去做乡村产业的设计是我们的优势,实现了生物多样性,我们的土地才会得到初步修饰。我们在建设的过程中,需要思考一些过去的建设包括农田地改造。出现的问题我们国家有土地改造能力,有效果有知识。很多承包土地的人就想征求这个项目,但是改造的目的不明确。我来举个例子,就我们长沙这块地方的经济,将小丘改大丘,实现机械化,稳定性被破坏了,农民说我还怎么种水稻。

在保持水土方面非常可行,保持的稳定性,现在的人为了适应机械化,慢慢地去做,所以我们做设计环境,绝对需要来改造我们的一些要求,我们改造的途径是多样性的,我们改变过去农业单一的生产某种产品的这个现状,有了更好的,能做好第三产业,更好地做好丰富多样的农业景观,我们搞园林的不要一想到我们到农村去设计就是要去摘花种草,更多的应该想到我们怎么去做农业,怎么去结合景观的需要来做农作物景观,农作物同样有观赏价值,油菜花、马铃薯的紫色的花大片大片的都很漂亮,我们看了那天的油菜花田,车都开不进去,人山人海,看郁金香的人和看油菜花的人都是类似的,是花卉农作物一样的开花,一样的好看,现在社会发展得很好,手机输入"美丽乡村"这几个字一下子就会跳出来一系列的美丽乡村图片,同学们会讲你不需要我给你看,你们自己看你们的手机就能看得到。如何去做乡村的农业,如何去做乡村的产业,如何去发展乡村的一二三产业,我们要发展一种模式。现在搞的规划都是采用的这种模式,至少在我所认识的人中这种模式大家都认可,模式是拟定的,但是里面的项目和内容是变化的,因为不同的农村、不同的区域,它的资源地理地貌各不相同,所以我们现在才用这个模式,但是内容是不同的,这点要我们去做,你不能说懂得这种模式,就懂乡村规划了,就懂本地乡村建设。

我可以做乡村规划,但不一定做得好,因为有些方面是没有那个能力的。就像我们杨院长,他做辅导可以,我们做不到。这样的话肯定是由他来做绝对不会是我来做,这就是技术优势。在乡村规划上也一样,他说怎么做就怎么做,他们的问题解决好,那么我们这个时候就照着做。种草莓我们要找草莓专家,但是我们要想到我们的农场也需要这些技术来支撑,只要这个里面有相关的专家参与,能够合理地提出一个产业构成的方案,或者农业政策的方案,我们还要找动物养殖的专家、水产养殖的专家去考察养殖的项目,去对养殖的农户进行指导,这就是我们要考虑的。

我们第一个模式叫什么模式呢,概括起来就是小观园模式。前有大观园,但我这里出现了一个小观园农业模式,前面还加一个定语"三生五好"农业小观园模式,三生是哪个三生呢? 生产、生态、生活,三生要统一。我们的生产要发展,现代社会的新农村建设提出了很多政策,其中第一条就是生产要发展,生产要去适合于市场有竞争力的产品,那么生产就是为生活服务的生态,生态要求良好生活,要求美好生产,要求发展,这个三生互为存在的前提,是相互依存的,我们要实现统一,就是不同意生产环境问题导致生产问题,我们现在就提到生态问题,国家在环境保护这个方面也比过去严多了,所以我们不允许影响环境的生产存在,过去因为发展经济,损失一点儿环境,好像是理所当然的,这样做了也没有办法,只有去治理。我们现在绝对不允许生产影响生态,我们只有发展了我们的生产产业,发展生活,才能保障我们的美好生活,美好的生活环境,丰富的农产品就靠生产生态保证,实现三生的统一。第二是五好,五好的话非常简单,五好第一个就是好看,我们搞园林的首先要把它做好得看,好看就是山美水美村庄美,做到这些美,我相信对你们来说是再简单不过的事情,但是我们一定要把这个好看放在前面,因为景观就是去看的,好多人都是去看景观的。第二好就是好玩,我们在看了之后要去参与、去体验,我们要在里面能够活动,并且还要让不同年龄层次的人有不同的活动内容,小孩子玩秋千、抓知了、捉泥鳅,老人家去散步、去品茶、赏花、钓鱼。年轻人尤其是年轻的姑娘们喜欢看花赏花,甚至照几张照片,好看才能把他们留下来呀,这样不同年龄、不同爱好的人,去你那里觉得好玩。可以去打网球、沙滩排球,有一些人还可以搞其他活动等,总之在我们民居范围要设立各种项目。第三就是要好吃,民以食为天,没有好吃的东西怎么把他们留下来,如果全来看风景那风景能看饱吗?一定要好吃。我们吃的东西怎么才能好吃呢?新鲜、安全、有机,还要有特色,我们加工,加上良好的烹调技术做得好吃,好吃的人对没试过的东西就喜欢尝一尝。我提倡大家种多样化的水果,蔬菜、野菜,养殖的,不同的项目,养鱼养虾什么都可以拿50%的土地来弄,我们要发展农业产品产业,不要在偏远的山区,我觉得在城市周边一小时以内车程的最好,都可以做这个,要做得好吃的话那就需要多样化的食材,好多人到我们家里去吃饭,总是觉得你们家的饭真好吃呀,是不是媳妇做得特别好呀,其实不是的,是材料,材料新鲜,鸡鸭都是现杀的,所有的东西都是新鲜的,我们在长沙吃的东西到我们这里来不知道转了几道手了,通过商贩的运输、批发,再到家里,到达了还不知道要打什么保鲜剂,甚至豆腐还有黄瓜都打了激素,不安全也不新鲜。如果有农庄我们可以自己去消费,我们就是为了发展第三产业,我们过去就是自给自足,很少到外面买菜吃,这些都是原生态的东西,现在讲究的是对身体好,那么好吃是搞生产的人来实现他们生产什么样的消费。第四是好游,这个游是与交通联系在一起的,景观你不能去看或者多一点儿的适应范围你是欣赏不了它的美的,我就亲身体会过。在春天的时候,梅花开得特别漂亮,很多人去照照片,我带着长沙的朋友到那边去看的时候,是没法到梅花中的,用手去搬弄梅花,梅花上还有小刺,手还会被挂破,所以一定要修路,这个路还要修成流线型的,还要看上去有层次感,沿途还要有一些游览的设施,那么你才能很好地欣赏景观。第五好就是好住,把人留下来住下来,还给你交钱,还你消费,现在城市的房子房地产过剩,乡村的难道不过剩吗?乡村家里的房子最少是100平方米一层,计划生育没生多少小孩,房子大多数都闲置着,城市房子多了,乡村的房子同样是多了,为什么现在这么多房子空置,据调查有7亿平方米的房子还没卖出去,而且现在还在建房子,卖到2020年还卖不完,但是有些是必须得建的,比如乡村农业小观园。这个时期一定要注意我们农村的房子,一定要想办法利用,我们不是新建改造这些房子而是在内置上进行重置,内置不是做外表,我现在的思路就是推广产业平台,就是三生农业小观园的模式,我们不做大观园,大观园是给皇家用的,我们做小观园是有限制的,不能太大规模,这种景观是大众的、是无私的、是经济的,同时是优美的。我相信我们这种模式走到哪里都会开花结果。

`

浅谈创新型科技人才的基本素养

吴明亮,1972年出生,中共党员,湖南常宁人,教授,博士,博士生导师,湖南省现代农业装备工程技术研究中心主任,湖南省农业机械与工程学会理事,湖南省青年骨干教师培养对象,湖南省普通高等学校学科带头人培养对象,湖南农友现代农机科技创新团队(省级创新团队)负责人,湖南省青年科技创业杰出奖获得者,主要从事农业机械的教学和科研工作。近年来,先后主持了国家、省(部)级科研课题近8项。获湖南省科技进步二等奖4项,地方厅级科研、教学成果奖7项,获国家发明专利12项,省级科技成果鉴定8项,公开发表科研论文71篇,其中第一作者(通讯作者)EI收录论文15篇,出版教材专著3本。先后指导本科生、研究生参与大学生创新、创业大赛,获得省级以上各等次奖励8项。

时代需要创新型的科技人才,当今世界,国际竞争日益激烈,表现为科技和人才的竞争。科技创新是关键,人才是根本。我们现在所处的环境是高等学校,高等学校的基本任务是培养高质量人才,就是培养创新型的科技人才。所谓创新型人才,是指富有开拓性,具有创造力,能开创新局面,对社会发展做出创造性贡献的人才。通常表现出灵活、开放、好奇的个性;具有精力充沛、坚持不懈、想象力丰富以及富于冒险精神等特质。

说到科技创新人才的基本素养,主要表现在精神、素质、能力和知识四个方面。

精神指的是什么? 第一,要有敬业精神,要敬业,不能懒懒散散;第二,要严谨,要实事求是,我们做科学,必须要严谨;第三,要有团队协作精神,团队协作是我们这个精神的重要组成部分。当今社会,想单靠一个人做一件事是做不了的。科研具有连续性,它需要不同方面的人才集中解决某一个问题,所以我们一定要有团队协作精神。素质与我们的精神面貌是相关联的。素质方面,第一,要有努力工作的身体素质,要身心健康,有强健的体魄,不能在做事期间做着做着就生病了,要有充足饱满的精力去迎接每天的工作。第二,要有百折不挠的心理素质,心理要健康,思想要积极向上,这样你的思维、你所做的一切事情也就是积极向上的,所以我们强调做人一定要身心健康、胸襟宽广。胸襟决定了你的为人,决定了你周围的世界,决定了你的朋友,决定了你的合作伙伴,决定着你事业成败。第三,要有实事求是、明辨是非的基本素质。现在常说学术造假、科研造假,这些现象对科技发展是有阻碍作用的。所以说,创新型科技人才要有追求真理的求实精神。能力主要包括以下五个方面:要有提出问题的能力、要有构思任务的能力、要有实施任务的能力、要有凝聚成果的能力、要有推荐能力。这五个方面的能力,实际上是相辅相成的。同一件事情,能否通过其现象看到它的本质,能不能把这个问题提出来,这是决定你能力的重要因素。我们提出问题的目的,归根结底是要做些什么?能不能把这个任务构思出来?这就是我们所需要具备的第二个能力,即具有构思任务的能力。接下来便是能否实施任务了。任务的实施,光靠一个人是很难完成的,你需要召集、组建你的团队,筹集物力和财力来完成这个任务,这就是我们所需要具备的第三个能力。第四,凝聚成果。在提出了问题,构思好任务的情况下,你能否做到将你所做的事归纳总结。我们当今有许多科研项目完成了,却没有结果。一般来说,这有两个方面的原因:第一,确实是没有做出什么具体的成果;第二,做了不少事,没有能力把它归纳、总结、升华为成果。另外,凝练出成果之后还要有能力实施产业化,只有推向市场,然后产生经济效益、生态效益,那么这个任务才算完成,这个问题才算解决。所以我们说要具备五个方面的能力。接下来我们来说第四个方面,知识。虽然你具备了精神、素质、能力,但最为关键的是要具备系统的理论知识、扎实的专业知识、丰富的人文社会知识以及娴熟的实践经验知识。而大学给同学们提供的人文环境、提供的理论学习、提供的社会实践安排等,就是在丰富大家的知识。所以,大家一定要珍惜大学的美好时光,不断充实和完善自己,争做一个有精神、有素质、有能力、有知识的科技创新人才。

我于1996年在湖南农业大学本科毕业留校任教。前五年,我潜心教学,博览群书,不断培养敬业精神、陶冶思想情操、积极锻炼、强身健体、定位人生目标、自我规划未来。作为高校教师,完成由学生到教师的角色转变。2002年起攻读硕士学位、博士学位,2008年博士毕业,2003年加入官春云院士油菜机械化栽培团队,从事油菜种植机械研究,从2003年至今,一直围绕油菜的种植和收获这些关键环节开展教学和科研工作。

在从事科学研究中,围绕油菜机械化种植这一环节,通过收集现有油菜种植中存在的问题,通过讨论得到了油菜机械化种植中所存在的问题,例如如何降低油菜种植劳动强度,控制油菜生产成本,实现"一播全苗",等等。为此,我们对所收集的问题进行提炼与归纳,找到问题的实质,提出解决油菜精密播种的核心问题就是能否设计出播种机上的一个核心部件(系统)即排种系统的问题。为此,开展了一系列研究,并对所设计的这个排种器的单位时间(或转动圈数)与排种量的关系进行了一系列实验,实验结果为设计油菜变量精准直播控制技术研究提供了时间依据。现在大家可以看到这里有两款机型,也是我们团队研究的样机,这两款机型,一个是油菜免耕直播播种机,一个是油菜浅耕直播播种机。可实现油菜种植过程中的排种、施肥、开沟和覆土等多个步骤一次完成。在产品完成之后,一定要推向市场,要得到社会的认可。目前,这两款机型都实现了产业化。

油菜机械化收获是一个庞大的系统工程,大家应该也知道,当时,实验仪器、设备、资金条件都非常有限,如果要组织实施,在我的实验室里是难以完成的,因此我们坚持了一个理念——校企合作,借鸡生蛋。充分利用企业的生产能力、市场能力以及资金实力,加快我们从设计理念到将技术成果直接对接到企业组织实施的进程,加速产品的产业化。技术上面的问题,例如油菜籽成熟度不一致引起的收获过程中出现的两个问题:第一,切割损失问题,主要防止切割力太大导致秸秆上的颗粒炸裂;第二,清选不干净,主要是风的流场;这两个问题怎么解决? 从2010年暑假开始,团队成员包括所有的研究生就没有了寒暑假,没有周末,所有人都围绕这两个问题按各自的分工开展研究,第二年油菜联合收割机实现了田间作业,才有2014年的湖南省科技进步二等奖。我举这个例子,就是告诉大家我们要有敬业精神,要有团队合作精神,要有调配、组织和利用资源的能力。

这是一篇关于旋转式开沟机的文章,这篇文章是2014年的文章,文章很短,仅仅是提出了一个开沟的新概念——纵向开沟,我们固有的思维是立式开沟机或者卧式开沟机,那么一系列问题就出来了:纵向是什么概念呢? 是纵轴线方向? 我们固有的知识体系里面,机具前进方向与刀辊旋转平面在同一个平面或平行平面内,作用土壤的刀片上任意一点的运动轨迹要形成余摆线才能实现翻土(开沟),而现有的文献所提及的开沟机其前进的方向与刀辊旋转平面是垂直的,其能正常工作吗? 没有余摆线能开沟吗? 一系列的问题都被提出来了。

不过,我也开始质疑自己:是否没有余摆线也能开沟,如果成立,那它具体的工作原理又是怎样的呢? 透过这篇文章,我们看问题找问题,最后构思出我们的研究任务,凝练出一系列的问题,即若没有余摆线也能正常工作,便是对我们传统理念的一个颠覆。从这篇文章,我们得到一个经验——创新型人才的培养重点在于培养他们怎样去凝练问题,我们必须要有严谨处事的态度。

我认为要想做出创新性的研究:第一,在精神方面,必须要勤奋,要踏实,要实事求是,不能只是单纯地想,想法是要的,但是你最终还是要动手实践。第二,在素质上有要求。我后面所讲的这篇文章,便是在强调这个问题。看到一篇文章,我们便可知道他说的言论是否正确,其次,我们也可明白他说的究竟是什么。第三,在能力上要历练。能力上的历练,不单纯是指理论知识的积累,更重要的是要认认真真参与,若没有实践知识的支撑是不行的。同时,历练也是靠机会和能力决定的,是自己创造的。第四,知识的积累很重要。我现在也有给本科和研究生上课,最近两年学生的上课态度都挺好,坚持听课,总会有收获的,因为每个老师都有他的上课风格,有他的经验。

年轻就是资本,用好资本、用足资本。好好珍惜这份年轻的资本,从精神、素质、能力、知识等多方面培养自己、陶冶自己,争取早日成为一名合格的科技创新人才。

加快农业供给侧结构性改革

匡远配教授,现任湖南农业大学经济学院教授,博士
生导师。2006 年毕业于中国农业科学院研究生院,获得
管理学博士学位,现任经济学院院长,湖南农业大学第二
十三届学术委员会副主任委员,湖南省青年骨干教师,湖
南省学科带头人,中国农业经济学会会员,中国农业技术
经济学会理事。近年来在《农业经济问题》《经济学家》
《农业技术经济》等刊物公开发表学术论文 100 多篇,先

后主持国家社科基金青年项目 1 项,国家自然科学基金面上项目 1 项。主持省重
大项目 1 项,主持省自然科学基金等 8 项,获得湖南省哲学社会科研成果二等奖 2
项,校级哲学社会科学成果一等奖 2 项、二等奖 1 项,获第六届湖南省社会科学界
学术年会论文特等奖 1 项。曾经接受过新华社、中国商报等媒体采访。

供给侧结构性改革是我们国家最近比较热的一个话题,那么我们作为农业院
校,也从事农业经济学和农业政策学的教学和研究,所以我们需要从农业的视角
来看看供给侧结构性改革问题。农业经济学,为什么要把它从一个"子辈"放到
"父辈"位置呢? 因为农业仍然是国民经济的基础,在我们国家农业经济很重要,
"三农"问题具有极端的重要性。农业经济学是穷人的经济学,农业经济学是温暖
的经济学,农业经济学是"接地气"的经济学。目前中国有 9 亿多农民,有 7000 多
万农村贫困人口。精准扶贫是我们党中央、国务院特别关心的一个问题。所以我
们农业经济学地位就很重要,使命特殊且任务艰巨。

第一个方面就是我们农业供给侧结构性改革的背景、内涵和意义。

著名的经济学家诺贝尔奖获得者萨缪尔森说:"供求是我们生活社会经济当
中最重要的一个主题。供求均衡是一种最优的状态。"如果说供不应求,就短缺。
如果短缺的话,大家就要排队。上了年纪的人就知道我们以前买粮食要粮票,买
布要布票。现在我们买高铁票也还要排队,是吧,还有黄牛党存在。所以呢短缺

大家都不好受,其实过剩也不好受。经济增长的动力,换句话说,就是经济的增长靠什么?在短缺经济条件下靠供给。在1985年以前,我们很少去谈需求,只要大家生产出来就能够卖得出,然后鼓励大家多生产,就是靠劳动。到了1985年以后(粮食自给,中国人有饭吃了)不一样了,邓小平同志说要讲需求,就是我们图上的"三辆马车":消费、投资、进出口。但是到2008年以后,这三辆马车拉不动了。但我们的粮食出现了"十二连增",我们的经济虽然不是两位数的增长,但仍然是世界最快的,这就是新常态。还有一个现象,大家在国外的消费,经常被爆料。也就是说,国民消费能力是存在的。那么问题是什么,就是供求不匹配,存在供需错配。有钱的人,到外面去买东西,而穷人买不起东西,那社会消费出现了一种畸形结构。一种M型,M型是什么呢?就是穷人多,富人多,中产阶级少。从中部逐步塌陷,这样一个社会,消费拉动经济增长是不理想的,也就是说穷人没有消费能力,富人消费外流了。这样的话,生产出来的东西不能够满足需求,在这样一个背景下面,我们要通过供给侧结构性改革,来提高供给质量和效率。国务院研究中心李伟说我们国家市场还是有需求的,我们国家内需不足是一个假象。这里有个数据就是一年出境人数达到了1.17亿人次,在境外消费超过了1万亿元,这个消费是很大的。并不是说我们没有需求,也并不是说量上面我们没有生产出来,而是我们生产的东西并不是我们需要的东西。这就是我们的供给侧结构性改革的一个背景。

前面提及过,经济发展新常态简单来说就是经济增长速度的回落,反过来说,两位数的增长不是常态,是特殊情况。其实我们中国这么大体量的经济增长的速度只是回到了常态,回到了正常情况。中央提出来了要推进供给侧结构型的改革,是要不断提高国家供给的竞争力,甚至提出把供给侧结构性改革作为"十三五"的主线。2008年金融危机以来,全世界的经济基本都在下行,我们要正确理解经济新常态。经济进入新常态,农业也进入新的时期,这是一个节点。农业仍然是国民经济的基础。古今中外,没有一个国家是可以不要农业的,特别是发达国家,它的农业现代化水平很高。尽管在美国,农业产出的比重已经接近1%,农业劳动力的就业比重也是1%多一点,但是美国的农业是很具有国际竞争力的。这里面有一个统计口径的问题,它的1%实际是没有考虑到涉农产业,如果把涉农产业加进来,他们的农业产值结构和就业结构比重大得多。

我们现在讲另一个背景就是"四化同步"——新型工业化、新型城镇化、农业现代化和信息化。这四化同步里面有一个不同步,就是农业现代化。所以我们要全面实现现代化,实现"四化同步",就要拉长农业这个短板,如果这个短板不拉长、不延伸,我们整个国民经济是没有基础、没有前途的,现代化是不全面的。农业供给侧结构性改革就是要拉长农业这条短腿，补齐全面建设小康社会的短板。

那么接着我们介绍农业供给侧结构性改革的内涵。农业供给侧结构性改革的内涵就是在主动适应全球竞争的背景下提高农产品供给的质量和效率，保障农业产业安全和国家粮食安全。简单来说就是为人们提供放心满意、质优、低廉的产品。农业部部长韩长赋说："我国农业领域总量是有平衡的问题，但是最主要的是结构性的问题。"那么农业供给侧改革要改什么，就是要提高农产品供给的配置质量和效率。

农业供给侧结构性改革的意义很重大。我从四个方面细说一下：首先它是农业改革的方向。农业改革的重点是供给侧结构性改革，难点也在供给侧。推进农业供给侧结构性改革，提高农业综合效益和竞争力，是当前和今后一个时期我国农业政策改革和完善的主要方向。其次它是农业结构调整的"升级版"，是加快农业发展方式转变的总抓手，是促进农业现代化和农业提质增效转型升级的重要途径。再次它是符合农业发展规律的，就是在生产力和生产关系互相协调的时候进行的改革，它本身也有自我适应、自我修复的过程，同时也需要推动农业本身改革的进程。最后就是农业供给侧结构性改革有利于经济高位增长。如果农业供给侧不改革，就会出现实体经济和虚拟经济的不平衡，影响经济平稳增长。

在20世纪90年代以前，我国的实体经济很弱，也基本没有虚拟经济。简单地说，股票、期货和各种金融衍生品，都没有，银行业也不发达，很多资源（包括钱）是干瘪的，体现不出价值、无法带来价值增值。股市一个很重要的功能是价值发现。我们的土地原来不值钱，劳动力原来不值钱，资金原来不值钱，一盆兰花、一幅画、一个古董，谁都不理的话，也不值钱，经过虚拟经济的炒作，可能达上千万。把不值钱的东西变为有钱的东西，离不开价值发现的功能。现在我们的土地炒得很热，房子炒得很热，也就是说，有了虚拟经济，可以使很多不值钱的东西变为值钱的东西。虚拟经济的定价是脱离了效用理论定价规则的，也脱离了劳动价值决定论的。实体经济和虚拟经济之间关系很微妙，我们国家过去没有虚拟经济，所以经济不繁荣，现在有了虚拟经济，又担心出泡沫、出风险。关于美国奥巴马时代，有一种总结叫"奥巴马难题"，就是因为它的虚拟经济远远超过了实体经济的价值，所以整个经济就泡沫化，出现了风险，它的粮食是金融衍生品，房子也是金融衍生品，什么都是金融衍生品。奥巴马提倡要进行再工业化，实体经济和虚拟经济的关系需要有个度。

在2008年前是劳动创造价值，2008年以后是资本的发言权占主要地位，到了2010年以后，变成了一个很疯狂的时我们最近看到房价涨得厉害，其实就是虚拟经济的结果。虚拟经济结果的表现是什么？一是人民银行印钱多了；二是消费者的大脑很盲目,认为它值那么多钱;结果却是跟炒股票一样跟风炒作,结果是谁在高位接盘了,谁就死定了。如果说要避免金融泡沫,避免系统性的金融危机,避免国民经济大的波动,那么我们就要处理好这两者之间的关系。那么现在虚拟经济发展得这么快,我们不可能把它倒回来,我们要做的是什么?要把实体经济做大做强。回到图里看供给侧,供给侧里面是要改要素配置,经济增长靠什么?靠要素的优化配置。供给侧改革需要把农业做实,强大实体经济。所以农业作为实体经济要做贡献、有作为。

农业供给侧结构性改革并不排斥需求侧改革。无论是公共投资,还是民间投资,需求侧的投资需求对经济增长的贡献一直值得肯定。农业供给侧结构性改革也要适应消费需求的变化,可以说是消费结构变迁拉动的结果。扩大中产阶级是实现国家繁荣稳定的一个基本保证,也是发展中国家进入发达国家的一个重要标志。所以我们国家一直在努力扩大中产阶级,但是中产阶级人群比例还是比较低。城乡贫富差距还是很大的,东部和西部的一些省份相差至少20年。这些问题的解决需要重视增加居民收入和启动消费促增长模式。

第二个方面是推进农业供给侧结构性改革是问题倒逼的结果。

我们农业供给侧结构性改革是有基础的。我们在1985年向世界宣布中国人可以养活自己。但实际上我国连续从1998—2003年的粮食是五年减产。以前国家都是"剥削"农业的(主要是工农产品价格剪刀差和农业税两种方式),现在让公共财政的阳光普照农村了,所以五年的粮食减产促成了中央政策的转向,那么这12年来粮食实现了"十二连增",农民的收入增长速度连年加快,农村社会逐年变好,这是比较好的一个基础。另一个是我们新型经营主体得到了发展,农地流转比率不断提高,家庭农场和合作社的数量增长特别快,所以我们很多工商资本都到农村创办家庭农场、领办合作社,以及租地等,都是因为政府补贴的刺激。

现在我讲五个问题倒逼农业供给侧改革。

第一个就是农业领域出现了供求失衡。我们农业部门讲"三量齐增",生产量、进口量、库存量都在增加。这就很怪了,自己生产这么多,库存还那么多,为什么还要增加进口?特别是大豆的进口,这是农业的一个失败。十年之前中国是最大的大豆生产国和出口国,现在国内的50%要进口,原因是什么,是美国的农业"侵略",美国的农业打到哪里,哪国的农业就垮掉了,为什么?第一,规模经济;第二,农业机械化;第三,高农业补贴。我们大豆就是这样被打死的。另外,我们现在结构性的矛盾是玉米,玉米生产太多了,玉米15年来翻了一番,而且粮食储备率很高,达到了88.2%。以前我们国家提出了"口粮100%的自给,粮食95%的自给率"的口号,其实现在有所松动。现在有关专家认为40%的储备率就可以了,国际上公认的储备率是 18%，其中储备粮里面的玉米相当于一年的产量。大家会思考，我们的农民为什么会去种玉米呢？因为玉米的产量高，玉米的劳动强度小，玉米的种植不受水资源的制约，可以说是旱作农业、节水农业。在农村里，你转一转就会发现，80 岁以上的老人可以种玉米，但他不能种水稻，所以玉米出现了结构性的过剩。这是一个奇怪的现象，生产量不断地增加，进口量不断加大。

第二个就是"两板挤压"问题。一方面农业生产成本高（地板价很高），另一方面农产品价格很高（天花板价格很高），高过国际上的大宗农产品的价格。为什么？别人的价格下降了，我们的还上涨。我们的价格为什么上涨？就是因为生产成本在上涨，包括劳动力的价格在上涨，化肥农药的种子价格在上涨。没学农业经济管理的人就会思考，农产品的价格上涨了，对农民是不是就有好处啊，就像日本农产品价格是我们的 50 倍、100 倍，农民是不是会发财呢？我说这种观点是难站得住脚的。农产品的价格是价格的基础，农产品的价格上涨就会拉动其他产品的价格上涨，很奇怪的是农产品的价格上去会掉下来，其他工业品的价格上去了却下不来，所以最后倒霉的还是农民，最后的结果是推动全社会通货膨胀。我们国家为什么要把粮价死死地摁住，其实是保护农民。有很多不是这个专业的，就想当然地认为，农产品的价格上涨了，农民就获利了，其实不对，因为价格上涨，就会通货膨胀，农民赚钱很辛苦，一通货膨胀就全没了，这是一种"隐性剥削"。所以为什么要把农产品的价格按住，还要形成一个保护价，不受市场价格的冲击。那么生产成本抬高之前，我们农产品的价格波动不大，包括我们 2008 年以来国内大米的价格基本没怎么涨，涨的幅度很小，2008 年以后，泰国大米的价格一夜之间上涨了一二百倍，为什么？因为我们的粮价是在中央政府调控之中的，我们的通货膨胀公布出来的数据没有哪一年是超过 5% 的，超过 5% 就属于比较显性的通胀了。农产品的价格相对比较稳定（但是高于国际价格），成本价又在不断地提升，农民的利益就被挤掉了，所以生产得越多就越亏损。

第三个就是农产品的财政金融关联性。绝大多数的农产品都要靠政府的收储，那么收储的话就会使财政负担很重。这里有一个数据，若每吨粮食每年库存成本 250 元计算，那么 5.2 亿吨的库存年耗费 1300 亿元，还不包括库存以后的损失。这个财政负担是很重的。全球化也会给中国农业的转型带来巨大的成本。发达国家的农业政策，将逼迫我们国家要用很多的财力来保护我们的农业，增加了财政成本。还有就是将来，在农业的现代化进程当中，会有大资本的对决。有 ABCD 四大粮商垄断了世界粮食交易的 80%，很危险。大家看看 ABCD 有多恐怖。中国十大食用油加工企业当中，年产量 150 万吨以上的有三家，有两家都是新加坡和美国 ADM 共同投资组建，另外一家最大的贸易伙伴仍然是外资。包括金龙鱼等一些品牌,都被外资企业控制了,结果就是它掌握了市场的定价权。美国的前国务卿说,粮食跟武器和货币一样具有侵略性,谁掌握了粮食谁就控制了人类,所以粮食的风险性还是存在的。特别是浙江,浙江有64%的粮食是靠进口,风险是潜在的。另外就是全球化的一体化问题。很多谈判的过程当中,形成了一个搞不清套路的合约,我们形象地把它叫作意大利面碗,搅来搅去使得WTO规则被冲淡了。美国重新做了一个TPP协议,虽然现在没有推行,但是国与国之间这种多变的谈判会冲破WTO统一的谈判,这个是非常具有风险性的。

第四个就是生态环境和资源保护问题。发展中国家长期以来引进、学习西方发达国家的工业化农业或者说是石油农业,这种农业是高消耗、高污染的一种农业生产方式。这种生产方式导致了农药、化肥、地膜残留很多,使用量很大,还会带来地下水的开采,水资源的污染。我们的七大水系都受到了不同程度的污染。开采的、过度的漏斗区已经达到20万平方公里。所以资源环境现在引起了国家的重视。2007年在长株潭设置了一个两型社会的实验区,就是资源节约型、环境友好型的实验区。

第五个就是农民增收比较困难。农民现在增收有四大来源:家庭经营性收入、工资性收入、转移性收入和财产性收入。这四个来源,自2012年以来结构发生了变化,工资性收入首次超过了家庭经营收入,也就是说打工的收入已经成为家庭收入的主要部分。尽管农村居民的收入结构发生变化,但是当前农民工的就业前景不太乐观。农产品的价格上涨的空间不大,政府补贴的、上升的空间也不大。那么农民的财产收入比例很低,也就是土地变成资本的这种途径现在受到制度约束。所以从四个来源前景来说,农民增收还是比较困难的。

第三个方面是我们农业供给侧结构性改革的目标底线和原则。

要产量较高、产出高效、产品安全、资源节约、环境友好。我们农业供给侧改革的目标有两层:第一层就是保证粮食安全,保证农民增收,要提高农业供给体系的质量和效率;第二层是要发展农业,富裕农村,富裕农民,要解决"三农"问题。

农业供给侧结构性改革有三条底线和五个原则。三条底线为:第一个是农业只能加强不能削弱。2004年以来,农业发展得特别快,是因为"一号文件"都是以农业为主题。哪个时间重视农业了,哪个时期的经济发展就比较快。第二个就是确保粮食安全。全球可供贸易的粮食全部拿过来给中国人吃,只能吃四个月。要有钱买,要运得来,还要别人卖给你。这是社会稳定的一个重要基础。如果说没有粮食安全的话,将加剧社会的不稳定。冰灾的时候,我们农大超市的食物都抢空了,这个我们是见证过的。所以缺粮的恐慌,大家时时要记住。第三个是确保农民的利益和主体地位。农业供给侧结构性改革不能损害农民的利益,不能动摇农民的主体地位，要赋权并让农民参与。

五个基本原则是什么呢？原则一是坚守耕地红线。我们国土面积很大，但耕地面积很少，我们现在要保证18亿亩耕地的红线。现在提了两条红线：一条生态红线，一条耕地红线。为什么是18亿亩，就是到了2040年，16亿人口每人1亩。还多出2亿亩来种什么？种蔬菜。就是这样的一个规划。那么我们现在还有多少呢？我们现在还有19亿亩耕地。如果按照现在房地产的这个进程的话，我估计守不住。原则二是适应消费结构，调整农业结构。消费结构的变化大家是能够感受到的，现在的人们吃得越来越少，吃得越来越精，要吃无公害、有机、绿色的食物。美国的一个学者说中国的农业发生了一个"革命"，而且这个"革命"很隐性。为什么呢？因为产量没有增长很快但是农业GDP增长很快。为什么呢？就是在同样的产量，我们种植了很多值钱的东西。那么一般的农业"革命"靠什么呢？靠生物技术，靠技术进步提高产量。那么在技术既定的情况下，同样一亩地，我种粮食我赚不了多少钱，但是我种了蔬果药，甚至搞休闲旅游，那么农业GDP就增加了，所以产量还是那么个产量，但是农业GDP增加了。原则三就是要考虑环境承载能力。我们国家现在提的两个比较热的措施：第一就是给土地看病，即重金属污染的治理；第二个就是休耕，学美国的，休耕还有补贴。难以想象我们本来耕地很少，还去休耕是吧。原则四就是要全面深化农村改革。大家原来都没有认识到制度改革的重要性。制度改革和技术进步是推动社会进步的两个重要途径或者工具。好制度可以使坏人干好事，坏制度可以使好人干坏事。重点是加快农业科技创新和制度创新，创新体制机制，激活各类农业生产要素。家庭承包经营制度就是深化改革的体现，原来大家都吃不饱，但1985年以后大家都吃饱了。到了1988年以后，粮食卖不出去了，这就是一个深化改革的案例。现在我们在做的是"三权分置"，搞活经营权，要把土地资源变成资产、变成资本。所以现在房地产有一个小产权房，家在城边上住的可能听说过，有很多人把自己的地修起房子卖了但没有房产证。这种情况在大城市的周边特别多，但国家拿它没办法，为什么呢？第一是法不责众，第二是跟消费者（住户）的民生息息相关，第三是它也顺应了改革的方向和市场需求。其实土地产权如果越来越向农民靠近的话，越来越向物权逼近，那么它给农民带来的收益就会越来越大。现在很多的农场主、工商资本都想着这块地，所以国务院就说要稳步推进，不能过急了，如果过急的话土地就到工商资本手里去了。原则五就是要尊重农民的意愿，维护农民的权益。在充分发挥市场机制作用的基础上，更好地发挥政府作用，保护和调动农民积极性。

第四个方面是农业供给侧结构性改革的途径。

国家供给侧改革提了"三去一降一补"的内容。那么我结合农业这个领域提出了"去库存、去风险、降成本、补短板、保供给、恢复生态"六个方面的内容。第一个是去库存。我们前面讲了粮食的库存很多,怎么办,有人说发展农产品的加工业,把库存消耗掉,这个治标不治本。治本的办法就是要调整农业结构,落实粮经饲统筹,特别是要减少玉米,所以中央提出减少玉米是大战略、大政治。另外就是要完善农产品的价格,形成机制,完善农业补贴和粮食收储制度。大家知道玉米储备多、粮食库存多,其中一个原因在政府,因为政府库存有补贴,大家都把它放到仓库里面,这种政策的扭曲带来了供需的失调。我们要用时间换空间来消耗库存,同时也要控制粮食的进口,争取时间、争取环境,而且我们要实行价格和补贴功能分离。第二个就是去风险。农业风险表现在这些方面,既有国际上的风险,还有工业和城市转嫁的风险。我们可能听说过城里的人要转到农村去,为什么,就是因为城里的人没饭吃了。城市里在工业化城市化加速推进的时候,风险也在积累,在积累到一定程度,它不能转嫁的时候,它就会有"政治运动"。所以我们国家很多的时候是将风险转嫁到农村里来的,也就是农村成为了我们工业和城市化发展的风险"消化池",这也是我们为什么要补贴农业的一个理由。农业具有自然和社会再生产的统一。面临自然风险的时候也面临社会风险,所以前几年的绿豆大蒜为什么会出现价格的飞速增长,原因就是市场的炒作。绿豆和大蒜专业化生产且区域专业化集中,都是集中在当中的某几个乡镇或某几个县。如果把所有的绿豆价格炒到上涨一倍,大概是60亿元。所以大蒜也好,绿豆也好,其价格的上涨其实是我们社会资本的注入。大家回忆一下,绿豆和大蒜价格上涨的时候,刚好是房价控制政策出台的时候,因为炒房的这些钱没有去的地方,最后进入农业。最近大蒜价格又在飞涨,为什么,就是各个省份又出台了新一轮控制房价的政策。农产品的价格跟这些金融业的价格是息息相关的,所以我们出现"消费者和生产者两头叫中间笑"的局面,到菜地里面几分钱一斤几毛钱一斤,到我们菜市场,蔬菜比肉还贵,这就是市场风险。第三个就是降成本。农产品成本很高,这个怎么办呢,那就是要降成本。成本里面最重要的一个来源是税赋,有数据表明中国宏观税赋达到44%,人均负担宏观税赋6000多元。我们的税制现在没有跟国际接轨,存在重复征税问题,而且我们的起征点太低。中国无论是土地、物流还是资金、电力都比美国要贵,中国人为什么把最好的东西给了美国人呢?到处都是中国制造,然而我们过去买回来的东西价格又低,质量又好。我们学经济学的要去思考这个问题,这个现象跟我们的贸易政策出口退税,跟我们的汇率制度,跟我们内部标准制度有什么关系呢,当然我们不能从单方面去思考。规模经营有两个途径:第一个就是通过土地流转实现土地的规模经营;第二个是发展服务体系,实现经营的规模化。也就是说土地依旧是大家种,但收割耕地等由社会化服务组织负责,这也是一种类型的规模经营。要发展生态农业,减少化肥的使用。家庭承包经营制度是施农药多的重要原因,我们做过调查,东边打农药虫子飞回去了,西边打农药它又飞回来了。你种两季我种一季,这种差异给了虫子生存的空间。如果进行规模化就不会发生这种事。还要降低劳动成本,我始终不相信现在过剩的劳动力消失殆尽了,但是有人说2012年就没有剩余劳动力了,这是学术之争。其实去农村,劳动力还是有的。但现在人民的平均寿命延长了,平均70多岁了,以前60岁叫老人,现在80岁还要劳动的,所以我们要合理配置劳动力来减少资源的成本。第四个是补短板。我们要补农业设施的薄弱,补农业科技的薄弱,补农业劳动力的缺,补产业的缝,补外部竞争的无力,补农业政策调控的失灵。这个我就不多说了,我就告诉大家农民依旧是弱势群体,农业发展存在许多短板。第五个就是保供给。总体看农业综合生产能力不存在过剩问题,而是弱而不强、脆而不稳的问题;粮食产销并不存在总量上的供过于求,而是结构性地有多有缺,产不足需仍是主要矛盾。农业供给侧改革决不能简单等同于压缩粮食生产,更不能搞运动式调整。要促进边际产能有序退出。适时适度调整生产规模,重点是实施好藏粮于地、藏粮于技战略。主要是要保护耕地,建设高标准农田,低产田的改造。要增加市场紧缺农产品的生产。紧缺农产品也是变化的,我们现在的紧缺农产品是大豆,其实我们客观地讲大豆不是那么恐怖,它有很多替代品。另外我们还可以调整养殖结构,可以减少消费。还有一个中央的决策,大豆最大的产区在东北,但是为什么种水稻?因为以前种水稻的地方现在不种了,这有一个调控的问题,你可以不吃大豆但不能不吃水稻。第六个是恢复生态。虽然我们用二十几年的时间做出来别人一百年的成绩,但我们也造就了别人一百年的污染,代价很惨重,所以要修复生态。把保护和修复农业生态、增加优质生态产品供给作为农业供给侧改革的重要任务,打一场农业生态环境修复治理攻坚战。要"一控两减三基本",形成涉及农业面源污染源头、过程、末端一个全链条、全过程、全要素的整体系统的解决方案。

第五个方面是推进农业供给侧结构性改革的着力点。第一是结构性调整,调整品种结构、调整品质结构、调整区域结构。品种结构主要是玉米,品质只要保证农产品的质量,我们品质低下的原因就是工商资本的介入,使得农民和工商企业之间是一个委托代理的关系,委托代理的身份是不对等的。第二是大力培育新型经营主体。发展土地流转型和服务引领型的规模经营,形成多元复合、功能互补、配套协作的新型农业经营体系发展格局。发展家庭农场合作社等组织,大力培育产地组织,与农民之间建立一个利益链的关系。要培养新农民,要让那些能干的回农村去。其实我发现还是有回乡的这种群体。第三是大力推进一二三产业融合发展。要把一产业二产业三产业联合起来,要把单纯的农业生产功能扩充成生产、生活、生态"三生农业",要把农业和工业旅游业联合起来,单纯的农业是一种残疾的农业,是一个很狭义的农业。把农业和其他产业联系起来,享受链式成果才能让农业有所发展,才会让农民富裕。这个方面日本做得好,韩国做得更好。韩国的每个企业都有社会责任,企业都会在新农村建设中带动农民发挥集体作用。农业可以和其他主体合作,和很多产业嫁接。现在提得最多的是电子商务,农业通过电商的形式,把农业的功能产品服务丰富化。第四是大力推进"五化"互动。以标准化为基础,以绿色化为核心,以规模化为主题,以品牌化为引领,以法治化为保证。第五个是大力推进创新实践。制度创新是发挥政策的引导作用,解决农业资源要素的错配扭曲问题。特别重要的是基层治理的问题。怎么能通过新治理框架,让政策有支撑点落地下去就显得很重要。科技创新是要推动农业的机械化、良种化、绿色化、信息化、智能化的水平。所以,农业经济学和社会科学在现在社会经济发展中应该是有所作为的。

03

科学研究

现代农业发展动态——转型与创新

邹冬生,男,汉族,教授、博士生导师,中共党员。现任湖南农业大学党委委员、副校长,湖南农业大学第十三届学术委员会委员,生态学一级学科博士点领衔人,湖南省重点学科生态学带头人,教育部高等学校自然保护与环境生态类专业教学指导委员会委员,中国生态学会理事,湖南生态学会常务副理事长,湖南省农业系统工程学会副理事长。

邹教授主要研究方向是农业生态学和生态经济学,先后承担了国家科技攻关项目、国家西部开发重大专项、国家"863"计划等多个国家和省部级科研项目;获湖南省科技进步奖一等奖1项、二等奖1项、三等奖4项,获湖南省高等教育省级教学成果奖一等奖1项、三等奖1项;在国内外知名学术刊物上发表学术论文100余篇,主编著出版学术专著5部、教材10本;获教育部颁发"全国优秀教师"、科技部等三部委联合颁发全国科技扶贫"先进个人"、科技部和农业部联合颁发全国星火科技计划"先进个人"等荣誉称号。

早在2014年习近平同志就对"三农"工作提出了"五新"要求,2015年的中央一号文件引入了"五新"要求精神,今年中央一号文件更是全面贯彻落实。"五新"是指什么呢？其一是在提高粮食生产能力上挖掘新潜力,其二是在优化农业结构上开辟新途径,其三是在转变农业发展方式上寻求新突破,其四是在促进农民增收上获得新成效,其五是在建设新农村上迈出新步伐。在湖南省"十三五"发展规划中,对农业有一个总的说法,那就是湖南要在农业上落实新要求的精神,积极把握发展机遇,科学面对发展挑战。以改革创新为动力,及时转变发展方式,走出一条技术先进、安全高效、规模适度、回收性强、资源节约、生态环保的新型农业化道路。前不久,湖南省农委和我校签订了协议,希望我校作为湖南省唯一农业大学,在推动湖南农业发展过程中做出新的贡献。那么,作为湖南农业大学的教师和学生,必然要对现在的农业发展动态有所了解,并努力做到在理解的基础上去引领湖南农业发展。

一、现代农业为什么要转型?

1. 农业服务功能

在座老师、同学的专业或多或少都与农业有关联,那我现在向大家提出一个问题:什么是农业? 从刚才3个朋友的答案中看出,大多数人认为农业就是从事农产品生产的行业。我认为这个答案既对又不对。说对是因为农业确实具有产品生产功能,说不对是因为农业除了产品生产功能外,还具有环境调节功能、文化艺术功能和生态支撑功能。大家对农业的产品生产功能比较熟悉,我就不多说了。这里重点给大家解释一下农业的环境调节功能、文化艺术功能和生态支撑功能。农业的环境调节功能即指农业对大气、土壤、水体等环境质量的好坏具有调节作用;农业的文化艺术功能即指农业对农耕文化、风土习俗、科学知识和田园风光等的传承与塑造作用;农业的生态支撑功能即指农业对国家粮食安全、食品安全、生态安全,以及二、三产业发展的支撑作用。今天,我希望大家记住,农业其实在做或可做产品生产、环境调节、文化传承、生态支撑四件事情。

2. 农业双重属性

我认为由于长期以来,人们只专注农业的产品提供功能,而忽视其他三大功能,致使农业生产经营范围十分有限,生财门路不多。同时,由于农业在做的四件事情中,除产品生产具有产业的属性外,其他三件事情实际是在提供公共服务,即具有公益属性。因此,2008年我就在国内率先提出农业不是一个纯粹的产业,而是一个准公共事业。下面从产业属性和公益属性两个方面来考察一下农业的经济特征。

农业的产业属性,即指农业产品提供功能(农产品生产)所具有的经济学特征。目前主要从农民(农业企业)直接经济投入和销售农产品经济收入来考察农业经济效果。因为存在严重的"收益外泄"和"成本外摊",其结果很显然是不准确的,尤其是原本农业做了四件事情,结果却只有产品生产能获得收益。我想,这就是人们长期以来视农业为弱质(低效)产业的根本原因所在。与此同时,不少人认为农业产业的发展和效益的提高,关键在于农产品涨价。事实上每次农产品涨价,最终结果大多是导致新的农业生产成本提升,农民并没有得到实惠。因此,我认为把农业当成一个纯粹的产业来做,甚至提出像抓工业一样搞农业是行不通的。

农业的公益属性,即指农业环境调节功效、文化艺术功效和生态支持功效所具有的经济学特征。目前价值理论和市场体系无法给予其应有的认可和价值度量,从而形成了农业的"收益外泄"现象,进而导致农业市场"失败"。从公共服务角度讲,原则是谁受益谁买单。由于农业提供的环境调节、文化艺术和生态支撑服务是全民受益的,理应全民买单。通常的做法是政府通过税收行为代替全民买单。我认为这就是农业必须得到政府补偿的理由所在。WTO农业多边协议框架中的农业补贴"绿箱"政策的依据也基于此。

3. 农业转型依据

纵观国内外农业发展史,人类社会对农业提供服务的需求因社会经济发展水平不同而异。一般而言,如果用资源经济、商品经济、资本经济和知识经济来划分社会经济发展水平,在资源经济时期,社会对农业提供服务的需求聚焦于农产品生产;在商品经济中后期,社会对农业提供产品生产服务的需求达到顶峰,并开始对农业提供公益服务(环境调节、文化艺术和生态支撑,下同)提出需求;进入资本经济时期后,社会对农业提供产品生产服务的需求呈下降趋势,而对农业提供公益服务的需求则呈上升趋势;到了知识经济时期,这种"下降"与"上升"的趋势越发明显。

我们在综合分析国内外农业经营状态与社会经济状态相互关系的过程中,发现一个规律,即当一个地方的农业生产总值占GDP比重低于10%时,其社会对农业提供农产品的需求开始下降,同时,提出农业提供公益服务的需求。也就是说,农业生产总值占GDP比重为10%,既是农业提供农产品需求的一个转折点,又是农业提供公益服务需求的起点。根据2015年我国国民经济和社会发展统计公报,全国一、二、三次产业结构的比例分别为7.4:46.0:46.6,湖南省为11.5:44.6:43.9。因此可以说,目前我国农业整体上处于农产品生产需求逐步弱化,而公益服务需求不断增加的时期;湖南省农业即将进入农产品生产需求逐渐弱化,公益服务需求开始出现的时代。这就意味着我国农业经营(发展)必须转型,即从单一的农产品生产向农业多功能开发转型。

综上所述,我国现代农业转型的依据在于:我国社会经济发展水平的提高,国家和民众对农业提供服务的需求发生了改变。为了顺应这一改变,农业经营必须转型。

二、现代农业如何转型?

农业转型与不转型有什么区别?但是我认为从农业准公共事业的角度来看,有六点是非常重要的:其一是粮食安全方式转型;其二是农业效益来源转型;其三是资源利用路径转型;其四是生产经营技术转型;其五是产品质量标准转型;其六是农业政策作用转型。

1. 粮食安全方式转型

粮食安全是一个永恒的话题,长期以来,确保我国粮食安全的主要做法是"藏粮于仓"。历史上农村家家户户"藏粮于仓",后来逐渐变成农户家庭不"藏粮",由国家大规模"藏粮于仓"。然而,国家"藏粮于仓"的做法目前面临粮食产量、库存量和进口量"三量齐升"的局面。因此,粮食安全的关键是能力安全,未来要将我国粮食生产能力稳定在 6000 亿公斤左右,首先要整合各种项目资金,集中力量建设高标准农田,启动实施耕地质量提升计划,将粮食产能落实到田头地块,实现"藏粮于地"。其次要加大绿色增产模式攻关,集成推广应用综合技术,力争种业等关键领域取得突破,实现"藏粮于技"。最后要加快新型职业农民培育力度,培育一批专门从事农业生产的农民,实现"藏粮于民"。而且我认为改"藏粮于仓"为"藏粮于地""藏粮于技""藏粮于民",应该这样去做:"藏粮于地"就是不论种不种粮食,基本农田要摆在那儿,要种粮食的时候必须要有基本农田,而且要加强基本农田的生产建设;"藏粮于技"就是不论有没有农民种粮食,提高粮食产量的技术装备和生产技术的科学研发必须要发展;"藏粮于民"就是培养职业化、有知识、懂技术、会经营的新型农民。有了高标准农田,有了现代技术装备,有了新型职业农民,一旦哪天粮食紧张,价格自然就上去了,价格上涨农民有利可得,种粮积极性必然高涨。

2. 农业效益来源转型

现代农业转型前,农业效益主要来源于农产品生产,效益来源渠道十分单一,而现代农业转型要求利用"互联网＋"和结构调整优化。在市场预测的基础上,推动农业生产由以生产导向为主转到更加注重消费导向上,由传统种养为主转到种、养、加、销衔接,一二三产融合发展上来;打造农业全产业链,扩大农产品初加工设施补助范围和规模,大力发展储藏保鲜、分等分级、包装运销等。积极发展休闲农业,拓展农业服务功能;优化农业生产力布局,提高农业生产与资源环境匹配度。这样,不仅可以拓展农业效益来源渠道,而且可以有效提升农业增效空间。

3. 资源利用路径转型

众所周知,不管是搞农产品生产,还是多功能开发,都与"农业生产"相关联,农业生产的状态本质上取决于农业资源利用的方式与方法。因此,农业转型前后对资源类别的需求虽然大同小异,但对资源利用的方式与方法必须改变。例如,在化肥施用上,重点是推进精准施肥、调整化肥使用结构、改进施肥方式和推进有机肥替代化肥。在农药施用上,重点是控制病虫的发生,用低毒低残留农药替代高毒高残留农药,用高效大中型药械替代低效小型药械,并推行精准施药及病虫统防统治。在农膜施用上,要适当提高地膜厚度,制定回收鼓励政策,加大可降解膜研发示范推广力度。同时,深入开展农村生产生活节能活动,加快建设秸秆收集储运体系,通过激活土地使用权,促进土地适度规模经营。

4. 生产经营技术转型

长期以来,我国的农业生产和经营是脱节的,大多是先生产后营销,往往导致生产出来的产品与营销市场需求难以无缝对接。由于转型后的农业生产要由以生产导向为主转到更加注重消费导向上,即按经营需求来组织生产。因此,农业生产经营技术必然会由生产经营脱节转向生产经营融合(按产业链配套);单项技术转向多项技术集成(模式与技术的集成,技术体系集成);高产、优质、高效单一的效果转向高产优质高效特色环保综合技术效果(综合效果集成)。同时,绿色环保工艺和清洁生产技术将被广泛应用,而产生农业面源污染的技术和工艺将被禁止使用。

5. 产品质量标准转型

发展标准化生产不仅是保障农产品质量安全的治本之策,也是农业生产创新的前提。可以说,无论是生产农产品还是生产农业服务,要做出精品就一定要有标准。构建覆盖产地环境、生产过程、加工包装等各环节的标准体系,大力开展"菜篮子"产品标准化生产创建,新建一批蔬菜水果茶叶标准园、畜禽养殖标准化示范场、水产健康养殖标准化示范场等;大力发展产业化经营,依托农民专业合作社、龙头企业等新型经营主体和社会化服务,把一家一户的生产纳入标准化轨道等工作,都是农业标准化生产经营需要做的。这里我想强调的是,以前农业标准化生产经营是一个标准打天下,但转型后农业生产经营必须由生产导向型转向消费导向型,显然地,在不违反国家相关法律法规的前提下,消费者的需求就是标准,因为生产是为了满足消费群体的需求,消费者需求的标准就应该成为生产经营的标准。也就是说转型后的农业生产经营标准,不再是一个标准打天下,应该根据不同消费群体制定系列标准。大家知道涪陵的榨菜就形成了坛装、软袋小包装、听瓶盒装三大包装系列上百个品种。现在有的地方已经出现农产品或农业服务的定制。定制就是你说西瓜是圆的,我需要方的,你就得给我生产方的,当然定制的东西比大众的东西价格要高得多。

6. 农业政策作用转型

农业政策是政府为了实现一定的社会、经济及农业发展目标,对农业发展过程中的重要方面及环节所制定的行为准则。我国目前出台的农业政策主要包括:农村基本经营制度,粮食生产支持政策,农民增收政策,农业补贴政策,农产品价格支持政策,农产品市场流通政策,农业对外开放政策,农业科技进步政策,农产品质量安全监管政策,农业社会化服务政策,扶持农民专业合作社政策,农村劳动力转移就业政策,农业基础设施建设政策,农村金融政策,农村扶贫开发政策,社会主义新农村建设政策等。就政策作用方式而言,我国以往的农业政策大多起保障作用,而转型后的农业政策,将在保障的基础上更加强化引导作用。例如,加大生态补偿和资源养护投入力度,能引导生产方式向更加节水、节肥、节药、优质、安全、生态、高效的可持续方向转变;增加现代农业发展专项资金,可引导经营方式向规模化、标准化、专业化、组织化、社会化的现代农业方向转变。显然在财政政策方面,完善补贴办法,强化金融服务,提高精准性也是农业政策保障转型的形式。

综上所述,现代农业转型,总体上讲是从单一的农产品生产转向包括农产品生产在内的多功能开发。然而,从操作层面看,在粮食安全方式、农业效益来源、资源利用路径、生产经营技术、产品质量标准以及农业政策作用等方面都会发生深刻的变化。作为湖南农业大学的师生,不仅要了解现代农业转型的趋势,还要顺应现代农业转型的趋势,更要引导现代农业转型的趋势。

三、现代农业在转型中怎样创新?

现在我们处于一个创新的时代,国家发出"大众创业、万众创新"的号召。现代农业转型不仅涉及创业,也与创新关联。接下来,我谈谈关于现代农业创新的思考。我讲的有些是别人的成功做法,但更多的是我自己的思考,现在我把别人的一些做法和自己的思考总结为三个方面:其一是现代农业投资创新,其二是现代农业生产创新,其三是现代农业经营创新。

1. 现代农业投资创新

现代农业转型必然带来许多新的农业投资机会。然而目前大多数农业投资者依然注资于农产品生产。我认为民间农业投资应该创新投资方向,多关注农业转型出现的新投资机会,尤其是以下几个方面值得格外关注:

第一是技术推动带来的增长性投资机会,它们往往伴随着技术的革新而产生。如生物育种、新型农药、新型肥料、可降解地膜、新型农机具、农业物联网等。

第二是服务推动带来的增长型投资机会,它们能够在流程及供应链上为农产品的销售带来更快捷便利的服务。如农资技术服务、种养业管理服务、订单及流通服务、供应链金融、互联网+、整体解决方案等。

第三是需求拉动带来的增长型投资机会,它们随着人们对产品的要求的提升而产生。如原产地品牌、绿色有机、精深加工、农业旅游、生鲜采摘、田园养生等。

第四是产业集中带来的整合型投资机会,它们随着生产力链条的集中与整合而产生。如规模集中、产业链整合、跨界融合等。

第五是体制改革带来的转型投资机会,它们随着政策的改革而产生。如国企混改、农地确权、林权改革、产业转型等。

2. 现代农业生产创新

农业生产创新涉及面十分广泛,这里主要从生产内容和生产方式这两个方面进行讲解。因为生产内容和生产方式两者既关联又不是一回事。

关于生产内容创新,可以概括为以下三句话。

首先是传统农业产品特色化开发。例如养猪,以前大家生产的都是圈养猪,现在的人要吃跳水猪;以前的鸡是饲料鸡,后来人们喜欢吃土鸡,这几年吃土鸡还不过瘾,要吃跑步鸡,甚至要吃飞鸡。需求在改变,因此要通过特色化更新传统农产品生产。

其次是现代农业生产始终要多功能开发。现代农业生产不能局限于农产品生产上,要在产品生产的同时,多开发生钱门路。比如,将水稻生产稻田变成一种农业景观的展示,用不同叶色的水稻配置成,既可生产稻谷,又可以观光旅游,如果说在种水稻的时候已经养好泥鳅,等水稻收获后还可以让城里人到田里去抓泥鳅,以丰富农业体验旅游。

最后是现代农业生产要大力推行创意。创意农业即借助创意产业的思维逻辑和发展理念,人们有效地将科技和人文要素融入农业生产,进一步拓展农业功能、整合资源,把传统农业发展为融生产、生活、生态为一体的新型农业。比如在基础设施完备的基础上,把耕地切块,将每一块耕地的经营权租给城里有钱的人。一分地一年交2000元,想种什么就种什么(当然毒品不能种),主人家有时间就来自己管理,没时间就由出租者帮忙弄;把农业生产的场景通过摄像头和互联网,让雇主在家里可以观察自己种植的作物生长发育过程,使租地变成城里人魂牵梦绕的地方。

关于生产方式创新,我也给大家概括了以下三句话。

其一是大宗农产品规模标准化生产。顾名思义,大宗农产品生产首先要有一定的生产规模,其次要按照既定的系列标准对产品进行分类、分级产后处理,同时填上自己的产地和商标,并借助二维码实现产品质量追溯。

其二是小宗农产品精细特色化生产。顾名思义,小宗农产品生产专注出精品,核心是雕琢产品的每个特色要素,关键是各种新技术和适用装备的集成运用。

其三是新兴农产品集成创意化生产。新兴农产品生产专注消费者对农产品的新、奇、特需求，核心是将文化注入农产品，关键是文化创意与塑形、变色等生物技术的集成运用。例如，别人家梨树上生产的产品是梨，你可通过运用塑形技术生产出梨菩萨；别人家生产的西瓜是圆形的，你可以生产出方形的，甚至是心形的；当苹果上自然印上"我爱你"字样时，则买的不是苹果而是"I LOVE YOU"。

3. 现代农业经营创新

"经营"两字包含两种意思："经"意味着经营理念，而"营"则意味着经营方式。或者说，经营由经营理念和经营方式组成。因此，学别人的经营经验，应该更多地吸取它的经营理念，在了解它的经营理念后，再去看它的经营方式。这样，即使经营方式做不到，也可把别人的经营理念与自己的实际结合起来，形成属于自己的经营方式。

关于转型农业经营理念的创新，我有这样三条建议：

首先是在满足消费者需求中获取收益。转型农业的产品生产和服务提供，要以消费者需求为依据。经营者只要按消费者要求供给他需要的产品和服务，消费者一定十分乐意掏钱给经营者。

其次是在成本与目标权衡中稳定收益。经营者收益的好坏，与经营成本和收益目标紧密相连，由于有的经营项目通过节约成本，可以获取收益；有的经营项目通过增加投入（成本增加），可以获取更大的收益。因此，经营者只要将成本和收益目标结合起来决策，就能始终确保一定的收益。

最后是在引领消费者消费中扩大收益。这是最重要的，也是最有水平的。当经营者推出一个新的产品或一项新的服务，由于很多人不认识，就需要有人去引导他们，当他们觉得产品真的比较好的话，他就会乐意消费更多。

关于转型农业经营方式的创新，我也给大家提出以下三条建议：

首先是通过管理规模化实现产业化经营。产业化经营是转型农业经营的有效方式。在国外，经营者在产业化过程中，大多通过生产规模化来实现产品（服务）规模化。因此，在产业化中只有把农民组织起来，通过管理规模化实现产品（服务）规模化。

其次是通过内引与外联实现市场化经营。市场化经营也是转型农业经营的必然方式。目前许多地方农业在市场化经营中始终不得要领。我认为做好农业市场化经营，首先要做准市场预测，其次要做好产地与销地配置，最后要做实市场内引和外联。

最后是通过多技术集成实现品牌化经营。品牌化经营是转型农业持续高效经营的最佳选择。然而，品牌化经营是需要经营积淀的。首先拥有自己的商标和产品(服务)的标准,并用标准化生产的产品(服务)让消费者熟悉自己的商标,进而在彰显特色方面做出自己的精品,让精品烘托自己的商标;最终在不忘初心、砥砺前行的过程中,树立起自己的品牌,并想方设法维护和完善自己的品牌。

科技创新与中国茶产业发展

刘仲华,清华大学博士,湖南农业大学教授、茶学博士点领衔导师,湖南省茶学重点学科带头人。现任国家植物功能成分利用工程技术研究中心主任、教育部茶学重点实验室主任、国家茶叶产业技术深加工研究室主任。兼任国务院学位委员会园艺学科组成员、第七届教育部科技委学部委员、中国茶叶学会副理事长、中国茶叶流通协会副会长兼名茶专业委员会主任、中国国际茶文化研究会副会长、湖南省茶叶学会名誉理事长等职。刘仲华教授长期从事茶叶深加工与功能成分利用、茶叶加工理论与技术、茶与健康、植物功能成分利用等领域的研究和教学工作,并取得了卓著的成就。先后以第一完成人获得国家科技进步二等奖1项、湖南省科技进步奖一等奖3项、湖南省科技进步二等奖1项,并荣获"湖南省光召科技奖"。先后发表学术论文400多篇,SCI收录40多篇;主编、副主编、参编学术专著和高校教材15部;获国家发明专利40多项。先后入选国家新世纪百千万人才、国务院特殊贡献津贴专家、教育部创新团队带头人、农业部科研杰出人才、全国优秀科技工作者、湖南省科技领军人才,并获"党和全国人民喜爱的好教师"光荣称号。他创办了国际化高科技企业,担任多家上市公司的独立董事,使研究成果直接产业化并走向国际市场,形成了数十亿元的产业规模,创造经济效益10多亿元,有效地提高了我国茶叶深加工产业和植物提取物行业的整体技术水平和国际竞争力。

丝绸之路和茶马古道,对我们中国的茶文化实现了高度融合。茶是农业里的优势特色产业,也是中国经典的代表中国文化的支柱产业。那么今天中华民族伟大复兴,人民脱贫致富之路上茶属于经济效益较高的一个行业,成为四大贫困地区脱贫致富的首选产业。不知道在座的有多少学茶人,你们应该为中国的茶业奋起而努力学习。茶文化是今天我们中华民族伟大复兴的代表,代表着文化的优势,也代表着经济的优势,用一句话表达,茶今天就代表着我们国家政治文化、经济生活的各个领域。

茶是中国典型文化的代表,也是中国文化走向世界的代表。所以,我们为每一个茶叶人感到骄傲,也为我们湖南农大的学茶人选择这个专业感到骄傲,如果你是不经意间选的这个专业,你要为自己感到庆幸。下面我想讲一讲世界茶的概况,这张曲线图表明在过去的 10 多年里,世界茶叶不管是生产量还是消费量都保持着 3% ~4% 的增长。一个有五千年历史的传统茶业,依然能保持稳定的速度增长,这是不容易的。在发达国家的经济发展中,以欧洲为例,哪怕只是增长 1% 就很优秀了,这说明传统的文化产业,依旧充满着发展空间,就如同骄阳产业。大家看到的这几个数字说明了世界上谁产茶叶最多,显然中国、印度、肯尼亚、斯里兰卡是前四位。那么谁喝茶最多? 中国、印度、俄罗斯、土耳其和美国。所以说,亚洲不仅是茶的主产区,也是茶的主要销售区。这个神奇的东方树叶传播到西方世界,他们是以发达国家为主体,今天依然有很多的人在品茶,所以茶的发展空间还非常巨大。作为茶叶出口的前四名,中国还有很大的进步空间,在 200 年前中国茶叶统治全世界的茶叶,中国的出口外汇主要是靠茶叶。一般认为鸦片战争是因为茶叶而起,因为中国的茶叶有了很多的外汇,所以老外想用毒品来把中国赚的银子都拿回去,于是爆发了鸦片战争。我们作为第一大产茶国如何能成为当之无愧的第一出口国呢? 中国茶产业发展的现状可以用几个数字来跟大家表达,大家看这个曲线在内地一直保持着稳定的增长,所以可以看出茶业过去 10 多年的发展一直保持着高比例增长。

这是一个排序,2015 年全中国的茶叶面积和产量的省份图,在我读书的时候湖南的面积是第一的,产量是第二。90 年代中国产业滑坡,湖南茶叶滑得尤为厉害,最低的时候只有 110 万亩,今年接近 210 万亩,虽然现在我们的面积排在第九位,但是我们不以面积为目标而以单位面积上的产出为目标,以效益为我们的特色。所以我很荣幸地告诉大家过去这五年,湖南茶叶已经形成了自己的特色。看贵州是一个相对贫穷欠发达的地区,但今天它的茶叶面积一跃成为中国第一大主产省,第二是云南。云南是世界茶树的原产地,因为地大物博、古茶树比较多,一亩地可能就有五棵古茶树,所以它的面积也非常巨大。而其他省份都是以栽培的茶树为主,它们的面积相对比较小但是产量较大。那么再进一步看一看六大茶类,大家知道是哪六大茶类吗? 红茶、绿茶、乌龙茶、黑茶、白茶、黄茶。关于六大茶类的主要生产位置,我画了一个图在右边,湖南是黑茶之乡,包括湖南、湖北、四川在内的黑茶种植面积已经到了 29.7 万多亩,由原来的第四大茶类变成今天的第二大茶类还在进一步地快速增长。云南是普洱茶之乡,湖南是黑茶之乡,但是不管哪个省份绿茶的生产都排在第一位,所以中国茶叶中绿茶是基本茶类,我们叫主板。红茶是外国的主打茶类,在中国我们通常叫红绿茶,红茶和绿茶是一个主打茶类,这个格局要想有太大的改变,是有难度的。由于云南、湖南、湖北、广西、四川几个省份联合发力,黑茶排名越发显目,纵观2001年到2014年中国茶叶的内销,可以发现中国综合国力增长,人民生活水平提高,需求从过去解决温饱转变为提高生活质量、增强身体素质。中国平均每人喝100克茶也就是二两茶,15万吨茶的年增长靠中国内销就足够了,所以中国公司制的改革是很有希望的,可以在短期内实现理想效果。然而,中国作为茶的出产国,茶的销售国,我们的出口在这一年面临了瓶颈。如何把中国的政治文化经济一下带到全世界去,我们中国的茶人任重而道远。那么可想而知,我们要实现这么一个转移,要把茶这么一个高雅的东西卖给发达国家,要赚有钱人的钱。未来要实现这个,向发达地区转移,出口茶的效益才能得到进一步的提高。

今天我们出口的84%是主板绿茶,我们出口的其他茶叶还要共同发力来承载这个共同的责任,来把中国茶的版图给做大,其他五个茶类任重道远。一直以来绿茶称雄世界,只是现在我们把规模做得更大了而已。在这里我要特别感谢四家公司的企业代表。他们都是中国尤其是湖南茶叶出口的领头羊。湖南茶叶现在在数量和经济上排第三位,曾经排在第二位,因为现在结构上进行了调整,不管怎么说,湖南茶叶是具有非常重要的地位的。在湖南曾经出现绿茶不绿、红茶不红、黑茶不黑的情况下,要怎么样形成自己的发展趋势呢?出口是异军突起的。2000年后,从几乎不到1000多万美元,到现在做到过亿的出口。前面这四位企业家是功不可没的。中国市场的原产地是世界第一大产茶国、第二大出口国,中国直接或间接与茶有关的人有8000万。因此茶存在于中国的经济政治文化的责任,要求中国从世界茶的原产地到影响世界,所以我们的国家战略里面,茶叶占了很重的地位。一直以来我们都是比较兴奋和开心地讨论中国茶的发展,但是在全中国快速发展的背后,出现了一种不同的景象,很多领域产销失衡,公司结构不合理。对此我总结了五句话:一、生产成本与日益的物价增长使得利润缩水;二、茶叶增长和市场消费的增长不同步,产销失衡的隐患一直都存在;三、茶叶质量安全的隐患被消费者和媒体过分地误读;四、传统的营销发展遇到了瓶颈,虽然电子商务一路高歌,但是之后同样也遇到了困惑;五、茶叶出口增长,但是国内同样增长消费。2012年之后我们整个国家的消费结构发生了改变,使得矛盾发生在一起。总之一句话,产销失衡的问题不单存在于茶叶。我们是学茶的,我希望茶是一辈子的事业,也希望这个行业持续健康稳定地一直发展,那么我们需要什么?我们需要创新！

　　创新是发展的动力，这个动力来自不同的环节。大家知道一个行业，只要市场畅通，就不会有问题，产销方面供不应求，没有问题，除此以外，我们必须从品牌营销模式营销渠道去找突破口。要把品牌渠道模式建好必须依赖于品位和品质，要依靠创新依靠科技，要理论创新和技术创新才能创新，回过头来，只有坚强的科技创新才有可能使我们生产力与生产关系平衡，生产出优良品质的茶叶来，满足市场的需求，解决流通领域出现的问题。这样营销产销才能两旺，后面是资本家文化，一个硬实力，一个软实力。资本是直接切入一个行业的，但是必须要用文化去传播，让更多的人去爱茶、喝茶、了解茶。高校关注的是科技创新，所以今天我想花一点儿时间去找科技创新。那么茶叶如何从茶园到茶杯，贯穿整个产业链。我们学茶的人都知道，有品种、茶学栽培、植保、营销等三十五六门课那么多，浓缩下来应该是五大方向，第一个是大学博士、硕士和我们老师一直在研究的方向，也是中国现在很多科学院在研究的方向，我把它总结为茶叶公共化学与深加工。第二个是茶叶加工，那么有关传统茶，怎么利用理论和创新来产生新的突破？第三个是茶树分子生物学与茶树创新品种的问题，资源永远是茶叶竞争的源头。所以要用现代生物技术，分子生物学的理论和技术来解决这个领域的创新问题。第四个是茶树的生理与无公害栽培，这是以生理生化作为基础的，在这个技术的背后，讲究食品质量安全，所以无公害有机栽培生态栽培是我们栽培的重点。一个理论一个技术，两两对应，形成八大领域，然后文化跳出茶叶做茶叶经济是一个行业发展的密码，所以我们学校以及全国很多大学也都在这五个领域发力。我们在五个方面准备齐头并进。具体来讲，我想用一些案例和一些照片来告诉大家中国的茶叶科学家在做什么？行业在做什么？我们的大学在这个潮流里面做哪些工作？

　　工作第一重要的是茶叶的质量。安全是产业的生命，不管是茶叶还是粮食，还是园艺的果树蔬菜花卉，动物科技学院的养殖业都是如此。如今已把食品质量安全排在国家门面上，茶叶应该说是整个农作物里面安全性相对比较高的，但是我们依然存在安全隐患，比如农药残留。但是我们不能让媒体和消费者来误解，认为茶叶打农药那茶叶肯定不能喝，因此我们必须用科学理论和技术去解剖它。中国茶叶质量安全都是好的，现在很多玩微信的都知道我们中国茶行业通过一些微信报道，害得铁观音都没人敢喝了，其实这是冤枉的，曲解了整个中国茶叶。从2010年到2015年这五年的检测状况来看，合格率是96%。2015年上半年茶叶的合格率是99%，在所有检查的24个省的3万多个物品中排在第一位。所以茶作为一个传统的出口产品在食品质量安全里面是抓得最严格的。所以不要被一些媒体误导，而不核查了解中国茶。中国的茶质量标准也是定得最高的，那么在这个背后有哪些科学问题？今天我们要选育茶树栽培茶叶,那么我们必须要创建绿色产品来确保茶叶安全,这是一个技术跟形式规则的问题。给大家看一张图,这是利用栽培技术来做的有机生态茶园,非常漂亮。说没有病虫是不可能的,茶这么可爱哪有虫子不吃的。我走遍全世界只有一个地方从来不长虫,因为那是世界上最贫穷的地方,如果再把那里的茶给虫子吃掉那么人们就没东西吃了,所以说老天是有眼的。那么中国茶关于治理病虫还是有传统技术的,就是陈院士发明的黄板诱杀,另一个是用灯照,我们陈院士还研究了一个新技术——工程新技术,使得昆虫释放一种激素,勾引雄性的昆虫过来,然后将天敌消灭掉。我和陈院士说,你对茶叶好像是有贡献,但是你对动物太不讲情面了,所以说这就是生物防虫的发展。不一定用农药,可以用物理的生物的方式去解决。我们学校曾经在茶学保护方面做了很多工作,唐启才教授也是全国茶树保护学的教材主编,后来我们茶树保护规定了生态学植物保护学的时候,让唐老师来做这个领域的工作,今天我们的科技出现一个转向使得造量增多,农药减少,化肥的使用减少。过去我们大量用化肥解决虫害的问题,今天后患已经来了,越来越多的人得了莫名其妙的疾病,而且很多疑难杂症也出来了,有的是农药化肥的问题。所以绿色食品和有机茶是永远的畅销食品,我们作为栽培和搞植保的人,一定要往这个里面去发展研究,有机茶园是按照国家有机食品的规程来做的,所以绝对安全、绝对环保。

安化的白云山茶园,非常美,天然的有机茶,今天真正拿到有机茶认证的还只有6%,所以我们绿色的有机茶的比例还是比较少,毕竟有机茶的产量在投入产出比上面还有一些问题,这是我们一定要努力的方向。第二,就是我们要选育茶树优育的品种,提高茶叶品质的基础。作物20年都难得培育一个良种出来,所以茶树更新换代的时间还是比较慢的,在这样一种情况下茶树的良种繁育还是比较重要的。世界茶树原产地云南就是古树,这是老天赐的,湖南还有其他省份没有办法去比,但是古树茶绝对不是中国茶产业发展的主流。所以今天有很多行业动不动说他们这个茶是古树茶,都是忽悠消费者的。野生茶参差不齐,尤其是这个对比图,大家看一看,参差不齐的群体品种和性状整齐一致的良种。我们现在一定要通过杂交育种辐射育种等把我们的资源创新,把优良的品种集中在一起选出良种,而不是一味地回到过去,用那些所谓的群体品种来做我们茶产业发展的主流。所以,标准化是我们全中国目前发展的方向,我们大学一直在这个领域努力。安吉白茶是我们中国乃至世界茶氨酸含量比较高的品种,在浙江的安吉,我们大学一直在做这个品种资源的研究,把里面的茶氨酸合成代谢的途径、基因的调控的合成搞清楚,并且我在很多场合向国外推荐这个茶。湖南有一个黄金茶在湘西保靖,一个茶叶就有我的手指这么长,颜色绿、香味重、双产量高。对于这样好的资源,我们大学还有湖南省茶叶研究所都一直在努力从不同的角度来挖掘这个资源,推广这个资源,我们国家的支撑计划还做了一个相关的研究,一定要把它的分支机理弄清楚,把它的优良基因挖出来,用新的方法来进行突破形成新的资源。在浙江还有一种茶叫黄金茶,是我在目前接触到的氨基酸含量最高的一种茶树。氨基酸总量百分之十几,有这么好的一个亮点,那么这个资源就会被全中国所有人关注。所以过去20年中国茶的育种在选择优异的现状,就是以高多芬胺计算,要么就是高咖啡因,低咖啡因或者高亢性这样的品种就是我们选中的主流,现在我们是用基因工程的手段、分子生物学的手段寻找生物的本质,过去20年我们还是用一个品种,现在我们通过研究可能会缩短育种的周期,大概十年,就大有可能产生良品,如果20年出一代,我们工作30年,工作中大部分时间就没有了。如果我们用分子生物学的手段,那么完全有希望在我们的工作期间选育出来优良品种,这就是高甲基化,具有抗过敏的活性成分。这个品种我们现在在进行研究,希望这些特别的资源能够形成我们下一轮突破的亮点。这个是高花青素,具有很强的抗氧化功能,具有抗衰老和抗癌的作用。今天我们为什么要吃紫色的葡萄?正是因为有花青素。这个茶最多卖到两万块钱一斤,所以我们在祈祷能够通过基因工程的手段,把花青素合成的基因提出来,然后转移到茶中去,那么这个性状就容易得到了。

所以我们大学过去做了什么,就是用其他的思维去研究茶树的品种资源来形成一些研究的项目,高校里面做理论研究的。我们学校在2015年拿到了香妃翠国际良种的证书。这是一个国家级良种的证书,这在我们中国高校过去10年里面是唯一的一个,由老师带队花了20年的时间还算幸运地找到了一个。还有一个茶的品种,是王老师花了二三十年的时间选育的一个品种,农大茶学快60年的历程了,终于有了两个优良品种。

中国绿茶的第一品牌是思创,一个全自动化和自动化的装备,超越永久的单一品牌,我们把日本的全自动机械买回来,迎着我们中国茶叶发展的潮流,站在别人的肩上看世界,让造机器人的、造飞机的这些专家,帮我做茶叶机械,可以说一定能有所突破。但是,传统不是不要,要吸取传统工业的精髓,融入现代工业加工技术。现在很多博士硕士爱好创新,是创新不是丢掉传统,必须要将传统的精髓融入在一起,所以我们要把黑茶企业建设完整后,使得黑茶传统工艺规模化、标准化,成为中央电视台很多视频栏目的明珠,因为他们把两者结合得很好。那么加工产品怎么说,产品要沿着四个方向、方便化、功能化、高雅化、时尚化。大家看,最左边是我们湖南茶叶集团生产的,北纬28度生产,用我们的技术,萃取黑茶的精华,做成了年轻时尚高雅的冰红茶,这使得茶看上去已经不是老年人的专利,因为我们的技术，在技术创新以后一定要有产品的创新。给大家一些观点，怎么创新？以健康为卖点，来建立功能性的产品，喝了这茶，女孩能美容，男人能减肥；以品质为卖点，茶是生活品，好喝是硬道理，我们从茶的色香味机理出发，寻找突破口；以外形为卖点，必须要方便，黑茶太难了，没有人去接近这个茶，做到方便后，消费者的欲望就会强。举几个例子给大家看看，茶叶的杂交，六大茶类的工艺杂交，茶的优点就能互补。举具体例子，大家知道在湖南黑茶火爆，因为我们学产研一体化。云南、广西、湖北都有黑茶，湖南的黑茶要吸取优势解决瓶颈，我们总结出黑茶有很多问题，例如产品规格单一不变，所以我们尽量寻找突破。怎么做？大家看图，我们老师1960年就开始研究黑茶，带领着我们这个团队，后来我们在实验室加班研究黑茶，2000年后我们研究黑茶健康，新的理论基础和装备的突破形成了加工理论，功效健康标准同步推进，使整个黑茶的基础全面提升，今天才有黑茶的格局。

　　大家看图，这个是黑茶加工的过程，我们用化学生物的眼光和新的机理来形成突破。把新的物质发现、分离、鉴定出来，并且找到不同的差异，普洱市的黑茶，湖南的黑茶，请问差异在哪里？然后健康吗？湖南的很多茶叶企业都是以健康为主，我们实验室研究从它控制糖汁代谢取来的基因，选用科学的结果来支撑行业的发展，并且还要有一定的技术，要突破瓶颈，再者还要有装备的创新。今天你看生产线让你心旷神怡。方便的黑茶，高雅型25k黄金闪耀。功能型的通电茶，时尚型的清新茶，黑玫瑰系列产品的多样化，黑茶饮料、黑茶糖果、黑茶含片等。我们整个产品就如灰姑娘变成金凤凰，这就是技术创新、产品创新的结果。今天我们的龙头企业一下就把这些茶厂做大了，2014—2015黑茶高比例生长29.7万吨，安化从2000年的两个亿上升到2016年的一百多个亿，这是创新的动力。

　　做完黑茶不够，还要做黄茶，重大的专项已经实施，以岳阳为起点，武陵茶叶会再造中国的奇迹，会取得突破，这个还不够，要推进方便快捷消费。过去我们一直采茶制茶，现在我们还要考虑消费者和茶文化的传播，告诉我们茶多么美多么雅，我们要使茶变得更容易。大家看这是茶气改良和创新，用这台机器一两百人就可以搞定标准化的茶叶生产。我们大学实践活动中和他们合作。我们要做大，要有协同创新意识，光声电一体化，大数据背后，我们要像开飞机一样地泡茶。泡黑茶相当容易，因为它标准化嘛，现在手机遥控，所有大数据都在里面，六大产业随你选，有这样创新的突破，我们茶产业才能进步得很快。所以说我们做研究，不止要做研究，还要做茶具，那么我们必须依托现在的高新技术，提高茶叶的生产效率。我们提取分离，这属于技术化层面，这里不展开。我曾经向老外喊过一句口号："只要你来了湖南农业大学，不留下订单，你会后悔的。"正是因为那些产品技术的突破,在 2008 年,我们拿到了国家二等奖,有些值得骄傲的数字。今天我们的香茶待客,实施了重大科技成果转化,把我们的技术也推广到全世界,当然全世界一些欠发达的地方,都有我们的技术,我们把茶的技术进一步渗透到其他的领域,在"十二五"和"十三五"规划里面,以茶的技术体系全面地渗透,在 2013 年,再一次获得了湖南省科技进步的一等奖,还有深加工领域。

讲到深加工,我们其实才刚刚起步,未来湖南农大深加工的方向是朝着中端方向努力去突破。从天然药物这个系列到食品保健品,这样一块钱变成 100 块钱,过去我们是一块钱变成 20 块钱,以后我们要变成 100 块钱。在我们符校长和周书记的支持下,投资 3500 万元在我们的大学校园里建立了一个中式的工厂,把我们的技术成果进行进一步的成熟化,然后转移到全国各地,希望把我们的产业做得更大……(结合 PPT 做了一系列与茶有关的产品的介绍)……茶叶深加工引导茶的生活方式,早晨你睁开眼睛到你睡觉的时候都离不开茶,衣食住行都是用茶,这样茶的空间才会越来越大。人类健康、动物保健以及植物保护到环境保护都用到我们茶的深加工产品。这是我们湖南农大几代人的努力树立的国内乃至国际的领先学科,一定会进一步地坚持下去。健康是茶未来发展的魅力,我们实验室花了很多精力,也发表了很多文章聚焦在茶与健康,也正是因为这么做,才为我们这些年茶产业的发展做了一定的贡献,拉动了消费。今天 40% 的年轻人上网都是在查茶与健康的故事,不同的茶叶它的活性组成成分是不一样的。古人说茶可以生津止渴、提神醒脑、延年益寿、护肝利胆、杀菌消炎、消暑利尿,而我们今天要把这个东西用科学的道理去诠释,从细胞生物学、分子生物学、基因学角度把这个东西诠释出来,让更多的消费者因为相信科学来喝茶。所以我们所做的工作用现代语言来表示就是抗衰老、抗病毒、抗菌、降脂、降糖、减肥、改善记忆。还不够!这太科学化了,讲通俗一点儿是预防心脑血管、代谢综合征、肿瘤、癌症,延缓衰老,养颜美容,抵制过量饮酒对肝的伤害,降低过量吸烟对肺部的伤害,不同的茶都有它的闪光点,所以才会有今天茶的魅力。基础是一个学科一个产业发展的根基,我们要从基础理论创新入手来进行技术创新,打造一个绿色、安全、高效、健康的茶产业。

生猪产业现状与展望

贺建华,1963 年出生,湖南益阳人,二级教授,博士,博士生导师,现任湖南农业大学党委委员、校长助理兼研究生院常务副院长,学科建设办主任,植物功能成分利用国家工程技术研究中心饲料分中心主任、湖南农业大学学术委员会委员、学位评定委员会委员、畜牧学一级学科博士点领衔导师、畜牧学湖南省重点学科负责人,中国畜牧兽医学会动物营养学分会常务理事,湖南省畜牧兽医学会常务理事。

1985 年毕业于湖南农学院畜牧专业,获农学学士学位;1988 年和 1992 年毕业于四川农业大学动物营养专业,分别获得农学硕士和博士学位。1988 年 7 月到湖南农学院参加工作,先后赴加拿大、日本、埃塞俄比亚、澳大利亚等国家留学支教,1999 年晋升为教授,2002 年被聘为博士生导师。2008 年被选为湖南省"121"人才工程第二层次人选,2009 年被聘为湖南省学科评议组专家,2011 年被国务院学位委员会、教育部、人力资源和社会保障部聘为第三届农业专业学位研究生教育指导委员会委员。2013 年被评为享受湖南政府特殊津贴的专家,2013 年被教育部聘为本科教学指导委员会委员,2015 年被国务院学位委员会聘为学科评议组专家。

我今天主要讲三个方面的问题:一是生猪养殖的现状,二是目前生猪养殖存在的一些问题,三是对生猪养殖的展望。

粮食是人的主要食物,肉类也是我们必不可少的食品,所以肉类在我们国家有着很重要的作用,与我国经济社会的发展和人民生活水平的提高都息息相关。2007 年温家宝总理曾亲自过问生猪产业发展,为什么温总理这么关注呢? 因为猪肉价格一上涨,我国的 CPI 指数就往上涨,在 CPI 中影响排位第二的就是猪肉的价格。所以说,生猪的发展在我国的经济发展方面有着重要的作用。生猪产业在我国的畜牧业中也有着重要的地位,占到了畜牧业总产值的47%,起到了举足轻重的作用。另外我国的肉类消费结构也决定了我们应该重视肉类的生产情况。我们国家的肉类消费有两个数字:一个是世界卫生组织(WTO)的数字,一个是统计部门的数字。按照卫生组织的数字,我国现在肉类的人均消费水平已经超过50公斤。那么超过了50公斤里面大约有60%是猪肉,所以产业的发展对社会经济的发展起到一个重要影响。我们湖南省的生猪产业现状也是如此,2014年的生猪产量是6220万头,湖南省的人口大约是7000万人,所以湖南省号称是,每个人一头猪。人们常说湖南省有三个特点:第一个是会读书,学生考大学比较好;第二个是会养猪;第三个是会打仗。所以湖南省的生猪产业的发展也有着良好传承。我国生猪产业的发展和我国经济的发展趋势是一致的,畜牧产值的增长顺带可以促进GDP的增长。不光速度一致,他们的方式也是一致的,高投入、高消耗、高产值。实际上这种方式,产生了一个问题就是高消耗高污染。这就是我们需要改变的现状。另外我们主要讲四个方面的信息:第一个就是猪肉消费的比重;第二个就是规模增长的数量;第三个是养殖区域的变化;第四个是地方平等的资源。

先从第一个信息讲起,这是从1996年到2008年国家肉的消费量,可以看出猪肉的消费是逐年增加的,从37.15公斤增加到2008年的54.18公斤,这里我们要强调的就是猪肉的比重,猪肉在1996年是25.8公斤,那么到了2008年是34.79公斤,大家可以算一下这个比例大约是60%。其次,家禽的肉类消费是排第二的,牛肉排第三,最小的是羊肉,约占5%。就是猪肉占的比重很大,这与我们的消费习惯是有关系的,肉的消费与肉的质地也是有关系的。如果说天天吃牛肉,肯定会不习惯,但是我们天天吃猪肉,是不会有任何影响的,这与肉的特性和质地有关系,另外一个原因是因为价格平等很多,也就是人们可利用的部分很多。比如一些猪肉做的菜,如梅菜扣肉,一看就让人想流口水,并且这些肉菜都是非常可口的,这与它的加工方法是有关系的。

第二个就是规模猪场的数量在增加,从1998年到2009年,各种类型猪场的规模都在扩大,这就是说因为经济的发展,或者是这个行业有收入,所以它会扩大经营,各种地方的猪栏的数量是增加的,它有可能每一年都会小有更正,不管是大猪场还是小猪场,它的畜栏数量是增加的,但这里大猪场数量增长得更快些。后面有一个表看得更具体点,每年出产100万头以上的猪场的比例在增加,这是整个大的产业化的趋势。现在扩大规模的话,计划经营的程度会增加,那就是每年起码100万头以上的猪场。小规模经营的猪场的数量在减少,通过一些具体的数据我们也能获得相关结论,从1998年到2009年100万头以下的(猪场)所占比重分别为,1998年占80%,在2009年只占65%,再看大规模的,50000头的也还是不少的,湖南是养殖第二大省,人们清楚地知道湖南出栏猪最多的是哪一家,这些都是养殖规模比较大的企业。所以说,大于50000头的企业是在增加的,增加了一倍以上,规模都是在变化的。另外一个变化就是养殖区域也在变化,从1980年到2010年,我们国家把它分成不同的区域,在早期,长江流域是我国主要的生猪产出区域,占了50%以上,1995年占了45%,2010年就只占了41%,也就是说在长江流域的生猪产业是不断下降的,北方是在增加的,从13%到19%,东南地区,从10%到14%,其他地方也有变化。也就是说产区也在发生一些变化,这与当地相关政策和经济发展是相关的,所以讲长江流域仍然是重要产出地,但是发生了一些变化,它的出栏数量是最多的,但是它的出栏速率增长比北方要慢一些,比其他地方也要慢一些。所以这个方向正在向北方转移,这也影响到我们的就业,如果从事生猪产业可能以后就业区域就会有一些变化。

第三个就是我们这个地方品种是很多的,可能我们学生上大学之后才知道。我们国家有七十几个猪的地方品种,这些品种都有一些独特的优良基因。与积累社会财富的步伐一致,它的发展方式也是一样的,那是怎么样的方式呢?高投入、高消耗和高产出。实际上这种方式同样带来一个问题,就是高消耗、高污染或者说是对资源的耗竭,这就起到一个负面作用,所以这个也是需要改变的。比如说东北的猪,它能在外面低温的环境生存,叫耐寒基因。还有一个是海南的猪,它有耐热的基因,对热有抗性。去过拉萨的都知道,草原上的藏香猪,它有着对高原的抗性。我们湖南的猪呢,肉质特别好。这些地方猪种很多,但现在的问题就是,我们如何开发利用这些地方猪种?我们现在高投入高产出,一个典型的现状就是每年从国外引进很多,三个杂交猪的品种,每个品种都是外来的,没有一个我们地方猪种。那么在以后的发展中如何引进地方品种,这是我们需要研究的一个课题,目前已经开始一些工作。总的来说,这些猪种有它的优势,也有它的不足,比如说它的生长速度比较慢,瘦肉率比较低,那么我们利用它的优点,克服它的缺点,这就有研究的空间。另外一个就是我们刚刚讲的南方产出猪肉的比重中地方猪种比率非常小,目前只占5%到10%,我们相信以后这个比例会逐步提高。第一种,现在已经有很多中小型企业就趋向于生产一些地方猪种的特定产品,来对应销售给有需求的人群,卖给特定的市场,价格肯定高得多。就是说猪肉的价格不管怎么波动,这些养地方猪种人群的从来就没有亏本,它的猪肉的价格可以比普通猪肉高一倍。我曾经在日本待了两年,发现一个很奇怪的现象:它的贵猪肉是普通价格的两倍,它同样有市场,也就是说有一部分人已经看上了这个产品的质量,而不是产品的价格,当消费达到一定的层次后,就会有这个需求。第二种,是随着生活水平的提高,土猪肉的市场需求会逐渐增高,在未来的中国市场这是不容低估的。明确了这些概念以后,目前我们的生猪产业已经发生了一些深刻的变化,在家里面养一两头猪的情况已经减少了,大规模的养殖正在发展,而且国家每年拿出许多钱来补贴规模养殖。第三个是消费者对猪肉的品种的需求也发生了变化,从它的品质,个性多元化,体现出不同的人群对它的消费需求。第三个方面却是随着规模的扩大,环保的压力就增大了。废弃物的处理、排泄物的处理目前也在发生一些变化,也在做一些研究。饲料成本,这是目前中国工程院的院士研究的一个项目,单讲玉米的价格,过去的 10 年,已经翻了一倍。第三种就是劳动力成本的提高。劳动力成本作为一个刘易斯拐点,约在 2013 年或 2014 年出现,现在已经过了这个拐点,价格更高了。在农场工作的人都知道打一些零工每天要有 150 块钱左右的消费,所以劳动力成本的价格不断提高,对社会产业的发展也产生一个重要的影响。第四个就是一些新型的商业方式也发生了变化。以前的话,菜市场可以自己屠宰,现在进行定点屠宰。农业物流对产品的扩散起到一个很好的作用。还有现在的电子商务对销售渠道扩充起到了一个快速发展的作用。第五个就是生猪市场交易的深度融合,就是说不管是活猪也好,是猪肉产品也好,现在它在电子商务的市场上都可以得到交易。我们在未来的发展上,对这样的变化要采取一些相应的措施,这是前边第一部分现状在目前发生的一些变化。

第二个方面就讲一讲目前生猪养殖存在的一些问题。主要的问题有三个:第一个问题就是生产效率,现在生产力水平还是比较低的;第二个就是散养模式在发生变化;第三个就是影响产业发展的几个主要因素:一是饲料资源的质量,二是食品的安全,三是环境发展的问题,这三个因素可以说是影响我们产业发展的非常关键的三座大山。那么生产水平低呢,用一个简单数字说,就是 PSY,即母猪的年生产能力,每头母猪每年提供仔猪的数量,我们国家大概是 16 头,这是相对较高的一个数据,有的文件提到是 13 头到 14 头,我们产业体系去年年底算的数据是 18 头,不管是 13 头还是 18 头,这个数据都远远低于发达国家的数字。现在欧洲的平均值大概是 28 头,欧洲和美国都是这样一个水平,我们只有他的 60%,那么意味着什么呢? 就是生产同样多的猪肉我们要多养将近 40% 的母猪,这个成本就无形地提高了。第二个就是散养生产水平低,这是什么原因造成的呢? 主要是这么几个原因,一个是它标准化的程度比较低,每个散养的家庭是不一样的。第二个是技术体系不完善,基本上没有人搞技术服务,都是人们自己家自己养,还有一个就是兽医服务人员缺乏,以前的防疫站实际上基本崩溃了,这两年是国家加大经费的投入和设备的投入才基本上恢复兽医和防疫站体系的,所以这是生产水平低的主要原因。这个文件是关于生产指数的一个矩形图,我们看到欧洲国家的生产指数,每一胎是在 10 ~ 12 头,那么一头母猪每年能产多少胎呢? 标准是 2.2 胎,年产头数就是生产指数乘以每年能产的胎数,按每年两胎算,那么一年就是 24 头,这个还是一个比较老的数据了。这就需要改善生产水平,改善这个情况的方法之一是增加标准化的大规模猪场,这得益于国家的投入。第二个就是有关研究取得了一系列的成果,国家在"十五""十一五"期间对于这个产业的研究经费投入是大幅度增加了的。我们现在的产业技术体系有 50 个体系,生猪是单独的一个,每年的投入是很大一笔钱,就是说不同的政府部门都有给生猪产业一些补贴。还有一个是生猪的体系也得到了改善,虽然这个生产水平仍然很低,但处在不断的改进之中,而且还有很大的提升空间。刚刚讲的小规模猪场的比例是在下降的,但小规模散养仍然是我们生猪养殖的主体部分。我们国家所谓的饲养模式主要有三种方式:第一种就是这种散养的,第二种就是专业户的养殖也就是中小规模的养殖,那么最大的一个就是规模化的饲养。规模化的养殖和专业户的养殖技术方面都比散养成熟一些。散养存在的主要问题是三个方面,一个就是它的技术支撑不够完善,第二个就是市场信息比较缺失,这就是导致猪肉价格波动的重要因素,不知道产品的需求,所以有的产品卖不出去。就像我们看到湖南柑橘收获的时候有很多报道说柑橘卖不出去,那么散养猪有时候也是这样的,猪肉价格高的时候你没猪卖,猪要卖的时候价格又低,这个就是市场信息不对称。还有一个是财政的风险,本身的资金不是很足,一旦亏本就没办法回头。或者猪群病发,发生瘟疫,全场都死掉,对个人来讲,这种经济损失是付不起的担子,所以财政风险还是比较大的。

现在对于生猪养殖的发展存在的问题正在寻找解决方法。我觉得解决的办法就是探索一些新的饲养模式。目前有四种方式:第一种模式就是公司加农户的模式;第二种模式就是公司加基地加农户,不同的公司可以在不同的基地设置一些农户,一些大的跨国企业就会采取这种加基地加农户的方式;第三种模式就是公司加协会加农户的模式,公司与当地的养猪协会合作,通过协会去和人民打交道;第四种模式就是成立养猪合作社。但是这四种模式都会产生不同的问题。

第一个模式是温氏模式。现在公司加基地加农户的模式发展以后,湖南省内出现了一些公司加基地加协会的模式。通过一些公司的培训以后让那些养猪户得到一些良好的发展。现在乡镇级可以通过养猪合作社发展。通过合作社的模式,既可以争取到饲料,又可以捕捉到市场需求的信息,让收益更有保障,也让经济效益可以大幅度地提高。这幅图显示的是温氏发展的历程。从 1997 年到 2013 年,饲养数量大幅度增长。到 2013 年饲养的数量已经到了 1000 万头,在亚洲排第一,在世界上也排到第二,所以它发展的势头是非常快的。饲养的基地数量占到我们整个国家的 1.22%。之前看过的那个表里超过 5 万头的比例很低。

第二个问题就是吃的饲料不安全，也就是环境污染问题。一个原因是饲料资源的不足，为什么饲料资源不足呢？因为可耕地面积的持续减少。国家的土地，主要用来生产粮食，粮食生产以后多余的才可以用来做饲料粮。第二个原因就是人口增长的压力，人口增长以后对饲料粮的增长有很大的影响，不能用于饲料的粮食部分在不断增加，因此，现在主要研究的主题是，用非粮饲料进行畜牧业生产。另外就是原料的价格增长，原料主要是玉米、大豆，还有一个是小麦。价格上涨的原因有一部分是因为玉米用作其他的用途。近几年，玉米成为生物能源的重要原料，所以在过去的十年玉米的价格翻了一番。

第三个问题就是食品的安全。现在媒体新闻最关注的可能就是以下几方面食品安全问题：第一个方面是食品里面致病菌的感染，不过这还是少数，因为现在很多食品要通过检疫才能出厂。第二个就是环境污染的问题，这个主要是讲一些重金属含量的超标。湖南是一个重灾区，从去年的报道中得知湖南是一个大米镉超标地区，实际上超标是不是对人有直接的影响还是由于人们定的标准的问题，中国的标准比日本以及其他国家的要高，可能与标准制定的科学性也是有一定关系的。第三个方面是人们在养殖业里面大量使用了抗生素，抗生素的两个副作用也是人们关注的。一个是抗生素的残留，还有一个就是抗生素的大量使用导致细菌的耐药性提高。如以前人们打青霉素可能只要打 10 毫升就可以了，现在打 80 毫升还不够。第四个方面就是饲料添加剂的滥用。实际上国家有法规来规定在什么饲料里面添加什么样的添加剂，但是在生产实际里面往往有很多人不遵守法律法规，不按规矩办事。其中瘦肉精的实例就是很好的体现，由于湖南是重灾区，所以每一次通报里面基本上都有湖南。因此，我们需要对这些养殖户进行专业的培训，我们学校这几年也在不断地开设这种培训班，实际上与这些饲料有关的培训还是有更多的。

第四就是环境污染问题。大家都知道，媒体上也经常进行报道，水污染很严重。重金属的累积，导致土壤受到严重的污染，而且植被的生长也受到影响。所以这是一系列的污染问题，是我们养殖业主要存在的四大问题之一。实际上针对这些问题的科研投入是很大的。

第三点，我简单讲讲以后发展的趋势，主要讲三个小方面。第一个方面就是猪肉的贸易，过去的贸易是很少的，基本上我们国家可以满足自己的需求，但在去年这种情况发生了变化，我们也成了猪肉的进口国，就是要从国外进口猪肉，原因是我们自己生产猪肉的价格比人家的要高。第一个就是国际贸易很少，随着中国国内猪肉需求和价格的上涨，使得中国开始进口一些猪肉，但在五年前我们是可以实现自给的；第二个就是随着经济的发展，整体购买力增加，也就是人们消费水平的提高，导致猪肉的需求过分地扩大；第三个是饲料价格的变化和劳动力价格的上涨使我们国家生产猪肉的成本比一些西方国家和其他一些国家要高，这就导致在调节市场的时候，政府不得不采取措施进口一些国家的猪肉来平衡价格。以后，我们的进口仍然会持续地增加。实际上国外的养殖企业是很乐意的，但这样终究不是长久的解决办法。从 2013 年进口猪肉的数据来看，1 月到 12 月我们都在进口不同数量的猪肉，那我们目前主要是从哪里进口呢？主要是丹麦，丹麦是一个主要的出口国家，他自己本国消费的猪肉很少，但在产量上却排名全球前十。然后就是从欧洲一些国家进口，这个大家都是知道的，也是与政策相关联的。经济相互带动发展也体现在猪肉的进口方面。大部分是从欧洲国家进口，还有就是加拿大，美国也有一部分。

第二个方面就讲讲饲料资源的本土化。湖南饲料基本上不是本土的，都要从外地运过来，这就造成了生产成本的增加。那么要使饲料资源本土化，就要利用当地的一些饲料资源。湖南是有很丰富的资源可以利用的，比如说湖南是水稻的重要产出地，那么水稻加工的副产物，碎米和米糠，这些都是可以作为饲料原料来使用的，这是一个重要的因素。还有红薯，红薯也是一个很好的能量饲料。今天开会就主要讨论了这个问题。那么还有很多的本土化饲料也可以开发利用，就像这几年种得比较多的桑树，桑树叶也可以拿来利用。最近湖南有一个企业就打算在湖南搞 1000 亩来进行试点，推出一种新的产业方式，就是生态养殖模式，全部使用本地的资源，以桑叶为主原料来生产饲料。那么饲料资源本土化的第二个方面，就是要提高产品的生产效率，比如那个酒糟和米糠，湖南酿酒也比较多，比如湘窖和酒鬼都是比较有名的，那么多酒厂肯定会有大量的酒糟，但是酒糟基本上都被废弃了，或者做填充物使用，所以怎样提高它的利用效率，是我们饲料资源本土化要做的一项工作。

第三个就是非常规饲料的利用。从现在开始到今后五年，国家关于饲料资源本土化设了三个大的饲料专项，第一个就是一些饲料高效利用的战略研究。规划到 2020 年，进行大量的非常规饲料资源研究，包括一些饲料开发，饲料评价和加工业等，而且设计了不同的专题来进行研究。第二个就是作物副产物制备高质量蛋白饲料的产业化与示范，这是国家粮食局牵头的一个项目。实际上在谷物加工的过程中，有一些副产物的利用率是比较低的。谷物作为载体，可以生产出高质量的蛋白饲料来加以利用，这是我们发展的一个方向。

现在对大家简单讲解了生猪养殖产业，那么做一个简单的总结，就是说生猪养殖的一个新常态。所谓新常态，第一就是要有变化，生产方式的转变，前面讲了,那些高污染、高消耗的模式已经不能适应我们的发展需求,所以我们必须利用本地的一些饲料资源和品种,来改变我们的生产方式。第二就是养猪作为一个产业还要讲究效益问题,养猪的效益来自一定的规模,所以一定要兼顾规模和效益。在生产过程中,我们必须注重食品安全,就是说在满足食品需求的同时,要提高食品质量。那就是两型畜牧业的发展,所谓两型,就是资源节约型和环境友好型,资源节约就是提高饲料的利用效率,通过不同的技术手段,使饲料里的养分,大多数或者绝大多数能够被利用。环境友好就是自身不能对环境造成破坏,生猪产业的情况就给大家介绍这么多。

最近几年我自己做的主要工作就是植物提取物的研究。植物提取物实际上就是利用我们丰富的中药资源,这种资源很丰富,草本的、动物来源的和矿物来源的资源都很丰富,光是草本的植物资源就有1万多种,这1万种资源里面我们如何能够将这些开发成养殖业作用的成分,是我们这几年研究的主要工作。那么我们从中药资源里发现了一些什么中药成分呢?第一个就是能够替代抗生素的抗菌或者抗病毒的物质,实际上中药里面治感冒、消炎的药物很多都是适用的。第二个就是增强免疫的,免疫力低下也是生病的一个重要因素,所以免疫增强就是我们在不使用抗生素以后,能够提高猪的免疫力。第三个就是用来提高改善肉品质,为什么地方猪种的猪肉价格卖得那么高?它有品种的优势,养殖方面有它的特色。减少配合饲料的使用量,使用新的饲养方式,纯天然或者木本植物,就像刚才讲的桑树的规模化的饲料。第四个就是,适应环境,湖南有好的地方,也有不好的地方,好的地方就是山水环境好,不好的就是冬天冷得要死,夏天热得要死,热季和冷季都是非常明显的,所以我们做了一些措施来减缓。应激的、减缓应激的都有相关的专利。最后就是能够开发一些功能性动物产品,比如说现在治疗冠心病、高血压,很多都是通过食物的方式来改变,我们就可以把一些对于冠心病、高血压有帮助的产品做出来,这些产品的市场前景是很好的。所以,我们最近几年主要做的都是这样一些研究工作。那么这里面就存在中西方对于中药的一个认识误区,我们中药讲究的是一种复方,它是熬在一起配合着喝,多成效多功能地解决某一个疾病。那么西药的话它往往是针对哪一种疾病,对症下药就必须是某一种成分,需要的话就是单一成分,哪一种病就用哪一种药。我们怎么能够让两个融合起来?那就是把每一种中药里面的功能成分鉴定出来,将各种成分混合到一起,让两个之间产生一个共同点,这就是我们的一个研究思路。首先要变成一个复合的分量,再运用到生产上去,并不是它有单一的成分,而是多种有效的成分可以配合到一起,来进行产品的开发,并达到一个应用的效果。我们这几年做的一个东西就是博落回,这四个成分可能就是在不同的部位,含量是不一样的,而且它的活性也有一定的差异。那么目前做的一些工作就是它对肠道的修复,对腹泻也有一定功效。第二个是植物多糖的研究,我们国际合作项目和国家基金项目都是这方面的课题,在黄芪多糖、牛膝多糖埃及烷基多糖都做过一些研究,近几年我们在这方面的课题发表了系列论文。这是我们陈清华教授做的博士论文,陈博士对多糖研究做了一系列动物饲养实验,因为我们的产品都是通过动物实验来验证的。现在我们国家有这样一个机构,对新产品的评价机构,通过它的评价以后,才能够批准应用。

信息化技术与国家农村信息化技术建设的实践

沈岳,1965 年 1 月 2 日出生,中共党员,教授,硕士生导师,1987 年毕业于国防科技大学。现任湖南农业大学信息化建设与管理中心主任、湖南农业大学学术委员会委员、信息科技学院学术委员会主任、湖南省计算机学会常务理事兼副秘书长、湖南省高教学会计算机教育专业委员会常务理事兼副理事长,湖南省物联网协会副理事长、湖南省教

育网络协会常务理事、中国农机学会情报专业委员会委员、中国计算机基础教育协会农林专委会委员、中国农业物联网联盟常务理事、中国农林院校 MooC 联盟常务理事、中国计算机学会长沙分会委员、科技部入库专家、湖南省国家农村农业信息化示范省建设项目专家。

研究领域:计算机应用,计算机网络应用,农业信息化,农业物联网。主持国家科技支撑项目 1 项、科技部星火项目 2 项,主持省厅重点项目 1 项,参与国家科技部科技支撑项目 1 项,主持和参与省科技一般项目 20 多项。发表论文 40 余篇,获得软件著作权 10 余个,新型实用专利和发明专利近 10 个,主编教材 3 部。

今天的报告大概分四个话题:一个是我们农村经济的现状;一个是国家农村信息化建设;一个是各示范建设的特色以及对湖南农村信息化所研究的示范的归纳和总结。这是一个标题的软件工程的加工,首先是系统化的分析,然后是系统化的设计,最后就是系统化的实现。首先让我们看一下农村经济现状,中国农村目前正在进行深刻的变革和转型,自从改革开放、土地承包以来,我们的农业经济飞速发展。随着改革开放的深入,大批农民工涌入城市,我们国家从改革开放初期一个经济薄弱的国家发展到世界第二经济大国。农村也在发生飞速的变化,农业生产带动了经济的发展,从过去的生产队到发展大部,到今天又开始农业合作生产组织来进行相关的生产,整个生产方式,信息化的程度都在提高。比如说,现

在在农村很少看见牛耕田，也很少看见用手去收割，一切都变成机械化了。那么机械化的进程，社会主义新农村建设造成了农村社会主义进程的加速。政府提出加快城镇化建设，所以现在农村的变化更大了。工作在广袤的田野上，居住在现代的城镇上，信息化已逐步变成现实。我们国家的体制很薄，国家人口众多，所以短期内不能够完全地解决现在的问题。我们搞农业的应该要下农，要关注农村、关注农民。现在要完全解决这些问题还不太可能，根本原因就是我们还不能解决人多地少的问题，目前的农村耕地是无法突破的。我国现在是 14 亿人口，每个人所分到的土地就不到一亩。而且这一亩地里面还包括广袤的沙漠、海洋，所以地少是一个棘手的问题。湖南接近 7000 万人口，大概有 3500 万人生活在城镇，还有 3500 百万左右是农村居民。到了 2003 年，城镇居民大概占了 70%，也就是说还有 4.5 亿人是农村人口，每个人 4 亩耕地，每个家庭大约是 12 亩，这样的分布是不均匀的。比如说青海甘肃一带和我们的内地就是有差别的。要按照欧洲的生产模式，出现大规模的生产是不可能的。我们如果像欧洲那样职业化生产，只有在新疆、内蒙古有机会实现，在内地是不可能的。大量的农民工进城导致家中的土地没人耕种，于是很多有头脑的农民就开始进行土地扭转承包经营。这种模式对农村经济的发展寻求了一种新的出路，也充分利用了现代经营手段，为运用现代的手段解决农村的经济问题提供了一种可行的方案。我们国家农业现代化不可能进行工业化的农业生产，但是我们可以在适应规模期将农业信息化技术运用到我们的农业中，促进我们国家农业的大规模生产。随着新农村的建设，人口急剧减少，那么农村经济发布也将发生很大的转变，农村社会形态也会加快转型。但新农村建设不可能理解为用城市的文化去改造农村的文化。农村信息化是最近几年最热门的话题，实际上这个话题从 2000 年就开始提出，大工作开始是在 2009年。要完成农业生产和信息化的沟通，国家在这个层次的关注是决定性因素。如果国家不重视，那么我们所有的工作都做不了。幸运的是，国家给予了这个问题极大的关注和相当大的投入。

对于国家农村信息化建设这个话题，我们首先来看它的背景和进程。从 2003年到 2016 年，只有一次发布的一号文件写的不是推广农业发展信息化建设这个话题，其余的一号文件都是有关农业的，而有关农业的所有文件当中，推动信息化建设是必不可少的。而且中共中央国务院印发的 2006 年到 2020 年国家计划发展中就明确提出了要缩小速度鸿沟的计划，把缩小城乡鸿沟作为统筹城乡经济发展的重要内容，这是国家层面。在这个层面下，2009 年由科技部牵头，联合国家组织建设。所以 2008 年我们同方书记和杨志平厅长聊干部思想时，准备在农大和湖南省建一个网站，为农业发展信息化建设做准备。但后来发现我们的思想和国家的想法完全不同,于是马上跑到北京去向科技部汇报。2008 年到 2009 年一年跑北京一二十次,去科技部汇报了很多次,所以我们"挤进去"了。当时第一次只有三个,湖南是挤进去的,别人不高兴,说,他们搞了这么久,却半路杀出一匹黑马进去。湖南挤进去之后,当时就形成了白虎难相的格局。2010 年,为指导国家农村信息化建设,农业部科技部几个部门共同制定了农村信息化启动纲领,2010 年到 2012 年明确提出农村信息化指导思想发展目标内容和政治思想。我刚才讲了我们是结构化的需求,国家层面在这方面做出了提升。2012 年,为了加快速度,几个部门又把安徽、河南、湖北、广东、重庆五省(市)列进去了,中央"一号文件"把湖南的内容列到了中央"一号文件"当中,把我们的思想写到了中央"一号文件"当中,提出要整合利用农村党员干部,现在也称教育网络资源,这也是我们的信息化服务通道,加快农村信息化建设,重点加强面向基层涉农信息服务站。到 2012 年这个工作在农村开展起来了,当时科技部为了推动这个工作提出了条件,这一系列的条件中,基本条件就是党员干部要进行远程教育培训,要村村通电话,要村村通电视,大部分的群众要装宽带,然后各个部门要建立起公益的服务网站,要有一定的资源,继承信息站点要有较好的基础,形成专家级信息建设的,条件满足才能去。我们当时在湖南省把中国电信喊过来,然后和湖南省农委科技组织部一起去组织建设。这些条件满足以后,才能去申请示范组织建设。我们要解决什么问题呢?从改革开放到今天,我们国家社会经济发展取得了相当大的进步。我们转向于一些公益性服务,农民获取知识、获取信息的能力不仅加强了,而且还建设了农村服务站。有很多的基层站点为农民服务,但现在这些积极的东西都消失了。那么农民是怎么获取信息的呢?那就是公司与公司间的推荐。由于农民种植盲目,听说种西瓜好,就种西瓜,结果西瓜烂在了田里。我们去湖南时,看见许多柑橘烂在田里,农民都不会去摘,因为卖不出去。但是有些地方又吃不到柑橘,因为柑橘价格很贵。这种情况,急需通过信息化的手段来解决,用信息化的手段构建一个电子平台。比如说直接把我们的湖南农业大学的农科院、林科院这些有效平台利用起来,用网络直接推送到农民手头,弥补中间环节的缺陷。当然,农村信息化的管理机构需要进一步地提升。我们要把这些东西利用信息化手段重新归纳,形成一种真正有效地能服务于农民的服务体系。所以我们需要形成农民和企业的互动,生产和供需的平衡。如果大家有兴趣了解这个信息,可以去文渊馆二楼查看相关信息。

通过我们的专家在这个平台上面一手牵下面的基层、生产合作组织、农民,一手抓住企业,形成农民和企业的互动、生产和供需的平衡。做到这样一个平台,要运用教育网,融合现有的网络保证到行政村实现互动。现在好多地方可以看到一系列的示范村。当初建了800个,现在可能有1500个了,分布在湖南省的14个地区。建这些站点,是要按照一站多能的服务特点,要达到5个标准:要有固定场所,有设备,有信息源,有管理制度,有长效机制。和教育网联合起来,开展多样的专业信息服务,鼓励社会力量,依托省级综合服务平台,为农民提供公益的农业信息服务。建设的内容还包括信息队伍、一系列培训、掌握互联网的法律法规要求、要依托好科技创新等。现在这些工作仍在进行,今年我们的城教局接到的任务就是培训农村的信息源,近三年要培训1万人,这个工作也在有序地推进。要一个长效机制,要以公益性为主,这是我们的公益服务,为了保护平台利益就要有市场机制,要能通过鼓励企业来开动平台服务,鼓励政府买单来保证这个平台长效地运行。还要建立有效的管理监督机制,建立一个重大的市场,包括衍生网络工程、网络信息服务工程和农村建设商务工程。这是整个的建设内容,至于各个省建设的特色在这里就不详细铺开。主要是"1+n"的综合服务平台,科技部高度评价了我省这种有特色的平台构建。我们湖南的平台有两个:一个是服务于百万农户的,在我们湖南农业大学;还有一个是服务于万家企业的,在湖南省科技情报处。总的指挥调度平台在科技处二楼,形成这样一个大的联动平台。湖北、重庆、河南各有特色。还有就是安徽,我到过安徽,我觉得安徽的特色可能更明显,安徽是放在气象局的,企业和农科院在一起,他们就想着不能把这个放在政府机关,老板很有头脑,把农业部和科技部串起来,我认为这样做特别好。

今天我重点讲我们在去年做了什么事,用信息化的技术和手段解决了哪些农村、农民、农业的问题,以及为何把工作放在曲垣?曲垣有两顶帽子:一个是现代国家农业示范区,这是农业部给的;第二个是科技部给它的一顶帽子——国家农业科技园区。曲垣很小,人口10万人,如果是大的乡镇,几十个企业我们就搞不定了,所以这个地方具有示范的作用特色。这个地方还有农场,农工退休之后还可以领工资,人口流动得比较少,年轻人都出去打工了,不愿意待在这里,到了65岁就可以领工资了。所以说区域发展生产发展得有特色,其农业合作组织在全国都有影响,比如说我到过的一个示范点——贵州粮油,这个地方的现代农业使我们耳目一新,袁隆平院士资助其直升机来进行喷压,还有滑翔机,过去我们打农药是拿着农药箱去打,现在不这么干了,飞机喷洒低毒雾化的农药,效果非常好,而且农药残留很低。他们有很多设施基础,比如大棚,所以他们有这样的需要,因此一拍即合。而我们跟曲垣谈的是素质曲垣的构想,因为曲垣整个区就是一个农场,很难分清哪里是城市,哪里是农村。所以我们当初划了一个素质圈,包括电子商务、农业新技术的应用等。这些都是基本条件。这个地区的人员素质比较高,第二个是农场的硬件和管理条件都是非常好的,是符合我们要求的。但我们分析发现,曲垣地区的信息化进程很慢,而且没有能力放到镇一级去管理,到行政村就更加难。每年政府要每个村的各类各项数据的时候,都是摸脑袋摸出来的,没有数据存量。发管理文件还是通过打电话、送纸质文档。所以数据共享难度大、效率低,缺乏现代化的管理手段。

过去农民有病不敢看病,有了小病就只能忍着,等危及性命的时候当然要救命,所以倾家荡产,卖房卖地来救命。农民并不注意平时的身体健康,不像我们老师,每年有定期体检,有病就赶快去救治。电子商务,农大的电子商务非常发达,有多个快递站,大学生每天下课就跑去拿快递,大学生网购很平常。还有物流,小麦公社也好,顺丰也好,其他各类快递公司也好,要能挣钱才会建立站点,在农村里面,一年也去不了一个包裹。所以,农村存在这样两个问题:一是农民缺乏电子商务中我们称之为网上支付的这种能力,二是物流不发达。原来我们想做一个双向平台,解决农民买与卖的问题,后来发现农民买东西好解决,卖东西不好解决。比如说家里有几只土鸡,收上来成立一个公司,专门收土鸡蛋和土鸡,然后打包卖到全国,一看市场很好,就到超市买几个洋鸡蛋,装成是土鸡蛋然后2块钱卖出去。这个问题很具体,但我们要先解决买的问题。我们这里有四个解决方案:第一个就是农村的电子政务方案,第二个是农村的农民健康解决方案,第三个是农村的电子商务方案,第四个就是农业物联网。我们构建了一个农业物联网的平台,解决了一些农村合作组织包括养鱼的、养猪的、种水稻的技术问题。这是整个曲垣的服务平台,就在农大,在第六教学楼,花费了350万元构建的一个云平台。这个运用称为 V - BOX,即农村信息系统,这个信息系统就把我刚才所讲内容全部囊括,在最底下就是基础的云平台,后面是 V - BOX 程序管理平台,下面就是各项应用模块,有些应用模块已经做好了,有些还是空的,并不是一两天可以完成的。

这些模块能实现的我已经列出,通过这个平台可以把推送的信息广播出来,可以通过短信形式把内容直接放到 LED 上,做农村网上社区等。这四个平台给大家做一个比较简单的介绍,一个是村政服务平台,整个曲垣对于信息化的投入严重不足,让一个县级政府拿出100万元去投资信息平台是要命的。但是我们可以帮他们来做这个事情,主要是构建证明沟通的桥梁和农业科技信息服务的桥梁,减轻乡镇信息化的投入和提高乡镇信息化管理的水平,真正把农业信息化落实到乡镇。这个平台和国家农村信息化示范省的信息平台以及我们这个平台连接,然后通过一个软件,通过 We line,通过局域网,直接跟政府合作。那么我们的信息流是怎样走的呢? 我们的信息流是把我们国家,我们社会服务,我们农业大学这个云平台,通过互联网连接曲垣的六个乡镇,连接曲垣的电子政务中心。然后我们根据他们的要求,给他们构建一个类似我们学校办公系统的平台和网页。农民可以在上面操作,村镇干部、村政府、县政府也可以在这个平台上进行相互沟通。我们这里做扭转后,通过 We line 带动曲垣售后平台,走互联网的方式。这样曲垣对信息化的投入就不要买服务器了,也不用给各个乡镇配操作人员了,只要保证各个乡镇可以上网,最多开通一条宽带,整个系统就可以运行了。数据通过我们这里汇聚,然后跟曲垣政府数据中心进行交换。数据也到曲垣区,然后来购买服务。定价是每个镇 2 万元到 3 万元一年,六个乡镇 12 万元他们还是出得起的。目前他们已经做了几个镇。我前段时间问了他们项目怎么样,他们说还不是很理想,还有一个磨合的过程。那么在这个平台的中间,我们就可以把农村的家庭信息、人口信息、农补信息、防洪抗险信息、土地信息通通融合到这个平台中间。这个平台就是简单的一个拓扑。乡镇有局域网的可以利用局域网,如果没有局域网,就直接跟我们的省中心、省平台连接了。连接以后,通过 We line,我们再跟曲垣的电子政务中心进行数据交换。那么这个平台中间,提供了几个信息,村民的基础信息管理,包含了农村的基础信息管理、民政信息、组织信息管理,特别是增加了家庭纬度。因为农村的社会关系比较复杂,有时候你去拆迁,结果你拆了张家了,那个谁是他家亲戚,就过来了,你是王家亲戚,你也过来了,这个就很麻烦了,所以把他们的纬度关系、血缘关系理清了,政府去做工作就知道如何解决这些血缘关系的纠葛。这是做得比较有特色的地方。第二个民政信息,这个就包含了退伍军人的残疾信息、医疗体系信息、政府的民政慰问信息、医保信息等。把这个信息都整理起来,政府发放的各类补助和救济在这个上面就非常清晰、非常明细了。然后就是基层信息,这个是天下第一难的工作,到现在好一点儿了,过去在农村的话,你家里多生一个人,要拆你家的房子,拖你家的猪走的。这个基层信息我们在上面也做了一个管理平台,然后将这个管理平台,下发到各个机制。政府的一些新闻、管理通知、土地补助、土地流转信息、医疗补助信息都可以通过相关的接口在短信、LED、村级广播上进行广播。这样的话,通过这个平台,不仅能够让政府获取有效的数据,而且可以把政府的想法通过各种媒介告诉农民,增加了政府和农民的对接。

　　针对农村智能机使用越来越多的现象,还可以通过传感网络,把物像连接起来,小到一沙一粒,我们都可以跟它进行连接和信息的交流,所以麻省理工最早对物联网的定义就是把所有的物品通过视频连接起来,实现自动化的识别与管理的网络。国际信息联盟也说,信息与通信技术的目标是从任何时间、任何地点连接到任何人向连接到任何物品的阶段。万物连接就是物联网。还有就是云技术物联网,物联网就是云,我们对物联网的理解就是物联网是全球信息化的一个新阶段,是从信息化向自动化的一个进程,在已经发展起来的传感识别、接受网、云计算、应用软件等技术上的一个继承。物联网本身是针对特定管理对象的"有线网络",是以实现控制和管理为目的,通过传感/识别器和网络将管理对象连接起来,实现信息感知、识别、情报处理、态势判断和决策执行等智能化的管理和控制。物联网的应用带来的海量数据将给通信网、互联网和信息处理技术带来数量级的需求增长。那么它这个数量级是 T 一级的。这是我们对物联网的一个感受。农业在物联网方面美国就做得很成熟。物联网产业的发展,为实现农业、畜牧业的信息化、产业化提供了前所未有的机遇。同时,农业、畜牧业也为物联网产业的发展提供了最为广阔的应用平台。未来大到一头牛,小到一粒米都将拥有自己的身份,人们可以随时随地通过网络了解它们的地理位置、生长状况等一切信息,实现所有农牧产品的互联,物物相连以后大家都可以看到。平台的最下面肯定是感知层。这么多传感器能做些什么呢?它能感应土壤的灾情、肥力氮磷钾的含量、酸碱度、农药残留的含量等。感应完以后就是传输,它除了可以通过有线网、无线网传输外,还可以通过传感网络。这些数据我们需要通过无线网汇聚到一个平台,这个就是云平台了。我们知道物联网是与云平台密切相关的,这就是云平台的三个结构之一。然后上面的就是应用系统了,在这一层我们就可以包含各个应用软件,比如说粮食生产、环境检测、农产品安全追溯、畜牧安全住宿,等等。最后就到了我们要求的精准了,物联网就是我们精准农业的一个核心。这就是信息传播的一个简述,先通过传感器,再到信息管理平台,任何人都可通过这个平台任意地浏览,了解生产的状况,可以控制生产,了解生产质量。我们就因为缺这三样东西,因此收购了一个上市公司,叫正弘,它养猪业很发达,然后就是洞庭湖的养鱼业很发达,再有就是传统的低海拔杂交水稻支持。学农的同学都知道,他的产量因为光照什么的就很低,我也不清楚有没有这个说法,他让我们用互联网解决这个问题。我们就做了这三个东西,原来在那个屠宰场,一天宰上千头猪,那是无用的,因此我们对它做了溯源。

我们先对那个 100 亩的水田做了监管,除了对水环境的监管,我们还做了视频监控,这样在家就能实现监管,然后我们还做了补氧,如果它有水的循环的话,我们还可以给它做水的循环。我们做了两个点,一个是正弘的,另一个就是信丰的养猪场,都做了很多监控。第一点就是环境监控,含氮高了我们就开抽风设备抽风,温度高了,我们就降温,然后就是对它食量的控制,那个老板很精的,多一点儿也不行,那就是浪费,我们一直就在做这个监管。然后我们又对雨润肉做了一个溯源,从上面又申请了一笔资金,把这个项目做完,从它的生长,吃什么饲料,到它的运输链,有没有坏掉,以及它的屠宰都做了一个监管。对大棚育苗也做了监管,通过温度、光照度、氧度、适度和水的 PH 值来进行管控。一旦发现不对的地方就进行调控,一个是通风,一个是遮阳来进行管控。大田的话,做了一个小区气象站,可以监测小区域的温度,可以减轻对抽花期水稻的伤害。然后做系统的处理,我们搭建的整个数据管理平台,通过手机可以看,信息中心也可以看得到,这是我们当时做的一些示范性的东西,是挂了信息院示范点的牌子,信息院的同学可以到那里去实习。这种控制设备,监管监控设备,温室的控制页面,水产养殖的页面,对水产养殖的气候装款和各种参数都已经把它推动起来了,所以我们通过这样,在国家的农村农业信息化示范所这个环境下,做了一些探索。目前的信息技术对农业的支持是潜力无限的,我们在座的同学将来如果有想考研的,方书记现在是农业信息化的首席专家,也可以考和方书记一样的研究专业。这里也来了几个你们的师兄,比如刘硕,2011 级,现在回来读农业信息化的硕士,精神可嘉,在这个上面看到了商机。所以我觉得在座的同学们,你们认真地思考一下,你们的技术除了在国家经济发展其他环节以外,农村这个环节也需要你们。

植物激素研究与植物的绿色革命

肖浪涛,1963 年出生于湖南省桃江县,中共党员,主要研究方向为植物生长物质。1984 年毕业于湖南农学院,获得学士学位。1987 年获得硕士学位,并留学国外。先后被聘为助教、讲师。1991 年至 1994 年在植物生理学专业攻读博士学位。1994 年毕业,获得博士学位。1995 年至 1998 年在美国加利福尼亚大学河滨分校植物科学系从事博士后研究。1998 年回国后,集中从事植物激素与生长发育等领域的研究,同年被聘为教授,1999 年 3 月被聘为博士生导师。分别担任第六届国务院学科评议组成员、中国植物生理与生物学学会常务理事、美国植物生长调节学会理事、第十届中国植物生理与分子生物学学会生长物质专业委员会主任委员、湖南省植物学会副理事长、植物学报副主编、校学术委员会副主任。连续 3 次获得国家自然科学基金重大研究计划项目,获湖南省科技进步一等奖 1 项、湖南省教学成果一等奖 2 项。

我们知道,植物对人类社会的衣食住行至关重要,甚至整个地球的生态系统都离不开植物。这些植物照片很漂亮,有一本书把植物提到更高的地位,把植物当成两个宇宙间的桥梁。如果把浩瀚太空看成一个宇宙,大地则是另一个宇宙,植物扎根大地而树叶长在空中,因而植物就成为两个宇宙间的一种连接。尽管植物解决了人类的生存问题,但人类还有健康问题。屠呦呦教授从青蒿中提取的青蒿素拯救了数百万生命而获得诺贝尔奖,成为中国科学史上的里程碑。另一抗疟药喹宁也是从植物中提取的。实际上植物中的功能成分很多,我校建有国家工程技术研究中心从事专门研究,中药的治疗效果也是基于中药材的各种有效成分。除了生存和健康问题外,人类为提高生活质量也需要植物。这是火星表面和地球沙漠的照片,可见没有植物的地方就是一片洪荒之地。总之,人类的生存需要植物,人类的健康需要植物,人类的幸福生活还是离不开植物。

既然植物如此重要,那研究植物的关键切入点在哪里?植物从种子生长发芽到开花结果,整个过程有很多阶段。植物中几乎所有的生长发育过程都受植物激素调控,这是内在的因素。另外还有外在因素,植物生存环境比动物要艰难得多,因为动物可以通过移动躲避不利环境而植物无法移动。面对高温严寒和病虫危害,植物只能被迫去适应和忍受。植物适应逆境的过程称为逆境响应,也是受植物激素调控的,所以说植物激素在植物中起四两拨千斤的重要作用。“植物激素”本质是由植物自身合成的,在低浓度下起调控作用的微量有机物。不同于糖和氨基酸等其他高含量有机物,植物激素的含量极低。另一概念为“植物生长调节剂”,简称“植调剂”。区分这两个概念很简单,两者都是调控植物生长发育的有机物,植物自身合成的是植物激素,人工合成的都属于植调剂。为方便起见,两者可统称为“植物生长物质”。

植物激素有九大类,这是它们的结构式。前五大类中生长素、赤霉素、细胞分裂素、脱落酸和乙烯教材上都有,后四大类的芸薹素、茉莉素、水杨酸和独脚金内酯相对较新。油菜花粉中提取的叫芸薹素;水杨酸最初被用作消炎药阿司匹林的成分,后来才发现对植物有调控作用;茉莉素是与生物逆境抗性相关的激素;从被寄生植物“独脚金”寄生的作物中提取的是独脚金内酯。值得一提的是,茉莉素和独脚金内酯的受体都是我校校友谢道昕教授首先发现的。植物激素的清单至今还在增加中,未来还可能发现新的植物激素,说明植物激素领域在不断发展。

植物激素的种类较多,作用也很神奇。如在模拟植物拟南芥生长的时候,如果将生长素加上荧光,就有办法来观察生长素的定位。结果发现生长素聚集的地方,很快就会长幼芽或者叶原基,说明生长素是器官发生所必需的。另外发现根冠中分生组织的维持和根的生长都需要保持较高的生长素浓度。还有向日葵的例子,小时候一直不明白向日葵为什么整天跟着太阳转,现在清楚了是生长素在起作用。因为生长素容易光解,受光面中生长素少而背光面生长素多,背面长得快就会弯曲过来。所以植物向光性是靠激素推动的。通常植物总是被动的,砍它碰它都不会有反应。但视频中这种植物——含羞草,叶片受轻微触碰后就会迅速合拢。再看更神奇的植物,通常是动物吃植物。这是捕蝇草,叶片长得像灵巧的手掌,昆虫取食时被碰动一下,就能迅速把昆虫抓住,激素和离子通道参与了这种反应。这只是关于植物激素的一些有趣现象,植物激素在农业生产中的应用更加重要。比如组织培养,能长期保存种质资源和快速繁殖良种。这里有一张生长素和细胞分裂素与组织培养的经典照片,在两种激素都很少的时候去培养,愈伤组织长得很慢。如果增加生长素但不增加细胞分裂素,就会长根;如果增加细胞分裂素但不增加生长素,就会长苗。如果两种激素都增加,愈伤组织就会快速扩繁。这就为组织培养提供了方便的操作工具来轻松控制繁殖、长根或长芽。因此植物激素成为整个组织培养产业的技术支撑。又如,包菜需要经过冬季低温才开花,但不经低温用赤霉素处理也能开花结籽,可见植物激素对农业生产的帮助很大。还有水果保鲜,例如香蕉是热带水果,以前是等产地成熟了运过来上市,现在是周年供应,这得益于乙烯。香蕉采摘时又绿又硬,用乙烯吸收剂能抑制成熟方便储运。销售前用乙烯释放剂,香蕉很快就能变黄变软,而且可根据销量来灵活处理。有些家庭还用苹果去催熟香蕉,因为苹果能释放很多乙烯。插花不加处理会很快凋零,用高锰酸钾或者其他吸收乙烯的药剂处理就能放很长的时间。日常生活中利用激素的例子很多,这些都只能算雕虫小技,植物激素在粮棉油等大宗作物上的应用才更有意义。

棉花营养生长很旺,不控制就会长很高但结铃很少,适当控制株高就能增加产量,采棉也更容易。植调剂在粮食作物上面也有很多用途。比如马铃薯,发芽后会产生有毒的生物碱,叫龙葵素,所以马铃薯发芽以后不能再吃。又如水稻,穗上发芽是杂交稻产业的限制因子之一。杂交稻种子生产通常使用 920 即赤霉素,因为不育系包茎不用 920 促进抽穗就不能授粉形成杂交种子。因此杂交稻种子中赤霉素含量比较高,而赤霉素促进萌发,穗上发芽以后,种子就丧失了发芽能力,这些都需要用植物激素来控制。农业上用到植物激素的还有抗病抗虫实例。研究发现抗虫的番茄是由于产生了茉莉素。植物在被虫咬时合成茉莉素产生抗虫作用,而且茉莉素在空气中传播到其他植株也能诱导抗虫反应。相当于昆虫为害一株植物时另一株就收到了信号,立即产生抗虫反应抵抗昆虫。现在发现不仅茉莉素有这个作用,另一挥发性物质罗勒烯也有类似功能,所以说植物激素使植物变得"聪明"。茉莉素还吸引昆虫的寄生蜂,寄生蜂在害虫上产卵,杀死并利用害虫体繁育寄生蜂后代。所以茉莉素的抗虫作用是多方面的,比化学杀虫剂更环保。另外植物激素参与抗旱。这是黄河上游的照片,河水本来不多,过度抽水灌溉使其经常断流,导致两岸很多村庄荒废。脱落酸之所以有抗旱作用是因为能关闭气孔减少水分蒸腾,但长期关闭气孔就会影响作物生长和产量。香港中文大学张建华教授找到一个富有创意的解决办法。一般植物在干旱时会产生脱落酸关闭气孔使蒸腾减少,为了不影响产量,在局部适当灌溉保障生长所需水分使之不影响产量,但总体蒸腾会减少。这种方法称为"分根交替灌溉",同等产量水平下差不多节水一半。关键是并没有直接使用脱落酸只是利用有关脱落酸的原理。这说明甚至只要用到植物激素知识而不必直接使用植物激素就能为农业生产服务,这正是植物激素知识应用价值的奇妙之处。

其实,杂交水稻种子的生产,就是依靠赤霉素。早前一次香山科学会议的主题就是"植物激素与绿色革命"。所谓绿色革命就是能够推动粮食产量大幅度提高的革命性技术。农业领域的革命性进步中最典型的实例是矮秆育种。以前水稻和小麦都是高秆,收割不便且产量不高,后来通过矮秆育种提高了产量。矮秆育种和杂种优势利用都大幅度地提高了小麦和水稻的产量,所以都属于绿色革命。这是香山科学会议上主旨报告的一张幻灯片,主题就是第一次绿色革命的矮秆育种。图中可见以前小麦是齐肩,而现在的小麦大致是齐膝盖,矮秆小麦操作方便产量高,水稻的情况也类似。另一实例是水稻矮秆育种,这是菲律宾国际水稻研究所的资料,可见当时的水稻要比当地菲律宾人还高。绿色革命对粮食生产、社会经济和可持续发展有巨大影响。这两张图反映的是20世纪60年代到90年代世界粮食产量和价格的变化情况。人口虽然增加了,但由于粮食产量也大幅度增加,价格反而下降了,这就是绿色革命的伟大贡献。如果没有绿色革命解决粮食安全问题,今天的世界可能是另外一种情况。推动绿色革命的植物科学家有几位杰出代表,一位是小麦育种家诺曼布劳格,曾获诺贝尔和平奖,培育的矮秆小麦在很多国家推广。另一位小麦育种家是中科院遗传所的李振声院士,培育了一系列矮秆小麦品种,获国家最高科学奖。现在已证明在矮秆育种中起作用的基因是Rht,控制矮秆性状,本质上是赤霉素合成基因。赤霉素合成少就表现为矮化,合成多就表现为高秆。谈到杂种优势利用的绿色革命,杂交水稻之父袁隆平院士获得国家特等发明奖和最高科学奖。中国和很多东南亚国家的粮食安全问题都因为杂交水稻得到解决或改善。现在已知水稻矮秆育种是由SD1基因控制的,这个基因也是赤霉素合成基因。上面提到的绿色革命基因都跟赤霉素有关,由此可知赤霉素在绿色革命中极为重要。根据国家统计局的资料,目前全国人口已达13.6亿,且呈上升趋势,而同期耕地面积呈下降趋势。国家划了18亿亩耕地的红线,事实上耕地面积已经逼近红线。建住房、扩大城市、修高铁修公路都要用地。幸亏粮食连年丰收,其中农业科学家为此付出了巨大努力。考虑到国家年增人口2000多万、耕地逼近红线、粮食进口不断增加的现实,我们必须清醒地认识到粮食安全形式是严峻的。

前两次绿色革命的核心都是赤霉素合成,所以现在整个农业和生物领域都很重视植物激素研究。如能深入阐明植物激素调控植物生长发育的分子机理,就有可能为新的绿色革命提供思路。近年植物激素基础研究的相关进展表明,植物激素作用的分子机制研究为大幅度提高粮食产量和品质开辟了新的道路。目前,植物激素研究已经成为新的绿色革命的核心内容和主要抓手。

在植物激素基础研究领域，多项重要成果获评"国家自然科学十大进展"，说明植物激素基础研究对国家有重大意义，是事关国计民生的重要领域。再举几个实例，前面提到水稻不育系存在包茎，现在已知包茎机理是由于穗茎长度受 EUI 基因的控制，该基因也是赤霉素合成基因。还有水稻穗粒数是产量构成因素之一，属于重要的农艺性状，现已明确细胞分裂素相关基因参与调控。以上工作都是由中国科学家完成的。袁隆平院士曾提出水稻高产的理想株型，比较直立的株型有利于高产。水稻叶片的直立披张情况关系到植株的光能利用，与产量密切相关。现已明确芸薹素相关基因参与了水稻株型调控。

以上实例表明，植物激素和绿色革命关系十分密切，目前国内外都有开展植物激素研究的强大需求，但难点之一在于植物激素的高灵敏测定，植物激素怕光、怕高温、怕氧气，容易被光解、热解和氧化，所以高灵敏测定非常重要。我们团队考虑到所在学科是植物生理学，因此将植物激素高灵敏测定确定为主要研究方向之一。

前已提及，杂交水稻研究中一些与植物激素有关的生产实践问题以及植物激素高灵敏测定的方法学研究是这次报告的核心内容之一，因为科研必须与生产实践相结合。近年来团队在植物激素研究方面主要有两大主攻方向：第一，农作物的植物激素基础理论研究，已获得多项国家自科基金项目的资助；第二，我校植物生理学是基础学科，应该在基础领域有所作为，必须立足现有研究条件，力所能及地开展一些前沿研究。因此团队把植物激素测定方法学研究作为第二个主攻方向。

下面是团队从事植物激素相关的应用基础研究的一些实例。第一个实例是杂交稻籽粒充实度问题，表面上这是农艺性状问题，但归根结底是植物激素问题，这项研究获国家自科基金项目资助。对于大穗大粒的亚种间杂交稻，下部弱势粒不充实的现象较普遍，初步研究发现其与细胞分裂素有关，有关研究正在推进。团队同时也在研究同化物运输，超级稻的产量需要源库流协调，而植物激素对同化物运输有调控作用。另一实例是稻米垩白：垩白是米粒中白色的部分，实际上是米粒中有空隙所致，通常早籼稻垩白偏高，这也与植物激素有关。在科技部早稻品改工程项目资助下，通过分析垩白产生的原因，基于激素调控研制出垩白改良剂，获湖南省科技进步一等奖。另一实例是两系杂交稻的育性调控，获国家自科基金项目资助。两系杂交稻使用两用不育系制种，在不育条件下生产杂交种子而在可育条件下自身繁殖，程序上比三系杂交稻简单，但如果育性转换不稳定就会造成种子不纯。初步发现种子蛋白组中超过4%的蛋白质跟植物激素有关，目前正在与南京农大合作深入研究。还有一个实例是研究水稻的再生特性，当前劳动力成本偏高,再生稻相当于种一季能收两季,发展前景广阔。再生稻的再生特性也与植物激素等因素有关。其中有一个控制腋芽再生的小 RNA 基因是本团队克隆的,高表达时植株再生能力增强。

工欲善其事,必先利其器。要开展植物激素研究,首先必须解决测定问题,因此植物激素测定方面方法学研究很有意义。本团队基于生物学专业背景探索了一系列基于生物学原理的植物激素测定方法。第一,设计了与酸度计类似的"植物激素生物传感器",尽管原理相对复杂,但操作像 PH 计一样简便,这一方法获得国家自科基金重大研究计划项目资助。第二,根据 PCR 能将核酸分子进行高保真大量扩增的原理,通过与湖南大学合作建立了核酸末端保护方法。主要原理是把 DNA 的一端接上植物激素分子,使其结合植物激素抗体。由于抗体的存在,被修饰的链不能被外切酶所降解而得到保护,而未被保护的链则会被外切酶降解,从而把对植物激素的测定变成对 DNA 的测定。用这种方法测定植物激素以往未见报道,因此获第二个国家自科基金重大研究计划项目。第三,根据植物中某些基因受生长素特异诱导,生长素浓度升高时表达增强,图中绿色荧光强的地方就是生长素的作用部位。这种方法表明根尖不同细胞之间生长素浓度有差异,还能区分两个细胞之间的生长素浓度差异,所以团队基于这一原理探索单细胞水平生长素的原位实时测定方法,获得第三个国家自科基金重大研究计划项目。以上实例说明,开展方法学基础研究需要在传统方法基础上有所创新。

除了建立新方法外,对现有方法也能进行改进。植物提取物样品中代谢产物众多而植物激素浓度很低,通常是检测植物激素的限制因子之一。进行单细胞测定时,需要将有荧光的细胞与无荧光的细胞分开,尽管很难对单个细胞操作,但能通过流式细胞仪对有无荧光的细胞进行分型,方法如动画所示。色谱分析方法也能进一步改进,以前进样时杂质峰有时会把激素峰掩盖,无法实现分离。通过与仪器公司合作建立了"在线二维液相"的分离方法,在液相色谱运行时直接监测目标峰动态,只收集目标物一段就能得到很纯净的基线背景。用这种方法从 5000 个细胞中测出了 0.2 皮克($2'10-13$ 克)生长素,即 1 个拟南芥根细胞中的生长素约为 0.04 菲克($4'10-18$ 克),这一数据目前未见报道。基于这些测定技术的支撑,目前团队已能准确测定拟南芥 1 粒种子和 1 个根尖中的生长素含量,这种灵敏度在国际上处于领先水平。

这是团队近年的主要科研成绩:获多项国家自科基金项目、获多项专利、出版多部专著。在聚焦基础研究的同时,兼顾应用研究,不与产业链脱节。植物激素领域的吸引力在于,上游能做比较前沿的基础研究,下游也能开发调节剂之类的应用产品。例如团队在应用研究方面获得过一些奖励,包括主持的湖南省科技进步奖和参与的国家科技进步二等奖。

科技创新是学科实力的主要标志。我校植物生理学科起步较早,我的导师胡笃敬先生等老前辈早在西南联大期间就从事植物激素研究,1951 年建立了教研室,1986 年成为学校最早的两个博士点之一。生物学科在 2012 年全国学位点评估时在 100 多所参评大学中并列前十二。2014 年我校植物科学和动物科学进入 ESI 全球前 1%,成为全校两个 ESI 前 1%学科之一。

关于植物激素领域未来的发展趋势,有两点值得关注。第一是发现新的激素。例如前面提到的独脚金内酯是 2008 年才发现的,是发现最晚的激素。独脚金主要寄生于玉米,经常导致毁灭性草害,在不种玉米时不长独脚金,只要种玉米就出来寄生,非洲把它称为巫婆草。后来科学家发现原来独脚金的种子只有遇到玉米根中产生的一种物质才萌发。后来鉴定是新的植物激素独脚金内酯。推测以后还可能发现新的植物激素,也可能有新的信号途径被解析。第二个趋势就是激素测定技术水平会不断提升。单细胞水平原位实时测定是我们团队站在较高起点上提出的。测定一个活细胞中的植物激素,以前通过冰冻干燥后加甲醇去提取,那样细胞就会死亡。要在活体条件下准确检测单细胞中的植物激素的浓度,还有大量工作有待完成。第三个趋势是发现鉴定新的绿色革命基因。今后可能有更多调控农作物的重要农艺性状的新基因被发现。此外,在植调剂的应用研究方面也有很多新的苗头。植调剂应用有一些典型实例,植物中天然的生长素是吲哚乙酸,但人工合成的生长素类似物萘乙酸的活性反而更高。最近中科院上海逆境中心朱健康院士新合成了一种脱落酸类似物,活性也比脱落酸更高,已申请了中国和美国专利。新的植调剂将来可能形成产业链,属于源头创新。另外,根据森林火灾后促进休眠种子萌发的现象,从灰粉里分离出一种成分 KAR,活性比天然的独脚金内酯高。这些现象给开发新的植调剂提供了思路,在产业上大有可为。

关于植调剂安全问题,刚才讲到植物激素和植调剂都很重要,在农业发达的国家肯定是大量使用植调剂的。这是一些植调剂大品牌,很多企业像先正达和巴斯夫等已是世界 500 强。我国的植调剂企业很多也已上市,目前共登记了 800 多种植调剂。虽然农业少不了植调剂,但公众和媒体更关心安全性问题。总体上国家有制度和法规保障植调剂的安全。例如植调剂需要多年多点试验才能完成登记,按规定使用是安全的。植调剂是参考植物激素结构生产的,以不杀灭有害生物调控植物生长为目的。农业部农药检定所的数据表明很多植调剂的毒性都属于无毒或微毒级。目前没有证据表明按登记要求使用植调剂会影响农产品的食品安全。又如蔬菜中本身就含有天然植物激素,从来没听说食用含天然激素的新鲜蔬菜有任何问题。

以往关于植调剂安全性的报道确实存在一些炒作。曾经发生过几个植调剂安全公共事件，一个是西瓜爆炸，标题很吓人，仔细了解其实就是裂果。学园艺的同学都清楚，柑橘等水果干旱久了突然遇降雨或过度灌溉，果实就开裂，西瓜也一样。

首先，一定要结合国家的需求来做科研，在研究规划中首先考虑这一点。当然也能凭个人兴趣，但是如果研究不是国家急需，肯定得不到国家的重点支持。所以科研一定要跟着国家的需要走，想国家之所想，这绝不是口号。其次，从事基础研究也需要兼顾未来生产实践的需要，例如植物学研究一定要与大宗作物有所联系，这样研究成果将来多少会有应用价值。再次，植物学毕竟属于基础学科，同行包括综合性大学和科学院，如果不做一些力所能及的前沿研究就无法进入领域的主流。最后，做研究要有坐冷板凳的耐心。有时候看准了切入点也不会马上出成果，要等很长时间。团队当年默默无闻研究激素测定方法，很多年以后才慢慢进入同行的视野。另外，研究方向要保持相对稳定，否则难以形成特色。当然，研究平台、团队精神、所在单位支持和同行间的交流都很重要。

总之，我感觉植物激素是很有意义的研究领域，从事植物激素研究，对于揭示植物的奥秘、对于绿色革命、对于国计民生都有重要意义。

以产业需求为支点,有效提升柑橘科技创新能力

邓子牛,男,汉族,1957 年 3 月出生于湖南永兴,1981 年 12 月毕业于湖南农业大学果树专业,1982 年元月被分配到湖南省园艺研究所工作。1987 年被聘为助理研究员,同年加入中国共产党。1989 年 12 月赴意大利卡塔尼亚大学做访问学者并攻读博士学位,1995 年在该校获博士学位。1997 年至 1999 年在意大利卡塔尼亚大学进行博士后研究工作,1998 年在美国内布拉斯加林肯大学做访问学者 6 个月。1999 年被意大利卡塔尼亚大学聘为教授,主讲《热带亚热带果树栽培》《果树栽培学》等本科课程和《生物技术和分子生物学》等硕士课程,并主持卡塔尼亚大学园艺及农产品加工系"分子生物学"及"生物技术实验室"的建设。2003 年 2 月,被湖南农业大学作为高层次技术人员引进回国。现任国家柑橘改良中心长沙分中心主任,湖南农业大学园艺园林学院教授、博导、园艺学科领衔人,国家现代农业(柑橘)产业技术体系岗位科学家,担任国际柑橘学会执委、中国柑橘学会副理事长等职务。长期从事柑橘新品种选育、无病毒良种繁育技术体系的建设、生物技术及分子生物学方面的研究工作。主持过国家重大基础研究前期研究专项、国家自然科学基金、国家转基因专项和湖南省科技厅重点项目在内的项目 30 余项;目前正在主持的项目有:国家科技计划专项"柑橘果品质量及安全保障技术研究与示范 2011DFA32030"、农业部公益行业攻关"柑橘黄龙病和溃疡病综合防控技术研究与示范 201003067-07"等多项重大课题。近年来,先后登记柑橘品种 12 个;获得国家发明专利授权 7 项;登记新成果 4 项;鉴定新成果 1 项;获省科技进步奖一等奖和三等奖各 1 项,市科技进步奖一等奖 1 项;发表研究论文 100 余篇,出版专著 6 部。担任湖南农业大学园艺学科带头人,致力于研究生的教学改革,团结学科教师,努力促使果树学科稳步发展,"十一五"被评为湖南省优秀

重点学科,近年来,先后培养硕士、博士研究生 30 余名。一直致力于柑橘科研平台的创建,2006 年获批建设"国家柑橘改良中心长沙分中心"。2004 年创建了"湖南省柑橘科研协作组",建立了由 12 个主产县市参与的柑橘品种比较试验基地网络,开展全省的柑橘产学研协作,在全省主产区大力推广柑橘新品种,指导无病毒良种繁育基地的建设和育苗技术的改进,广泛开展安全、优质、高效栽培技术的集成和推广,对柑橘产业的发展起到了很好的促进作用。

我想创新应该是对原来生活的改变,对没有的东西进行创造。不是每一个人都能创造宇宙飞船,但是我们在生活中、工作中,一点一滴无不体现着创新能力。这里我想说明一下,不管你怎么去创新,你创新的结果要有一定的效益,有效益的成果,才是一种创新。实际上,创新是认识能力和实践能力的一种体现。我们要创新,首先要认识和实践。那什么是科技创新呢? 有两个方面:一个是科学研究,一个是技术创新。科学问题和技术问题我们有时很难分得开。现在国家的一些基础研究,强调的是解决科学问题,而国家的另一些需求是解决技术问题,科学和技术,是未来的创新都需要的。不管是做科学研究还是技术创新,最终的目标应该都是要解决产业中的问题,这样才觉得我们的研究有生命力,我们的创新有活力。在跟很多年轻的同事交流的时候,他们往往没有认识到这一点,不知道从哪儿去做。

不过谈到创新,哪些算创新呢? 比如选育品种,引种是育种的一个手段,引进品种和选育品种相当于改进农业技术,那究竟哪一个是创新呢? 大家肯定觉得,选育品种肯定是创新,引进品种不一定。实际上,我觉得只要你在工作,你就可以有创新能力,并不是说把世界上没有的东西弄出来就是创新,把现有的东西改进也可以是创新。所以我觉得,各行各业都可以创新,就看你有没有在做工作的过程中抓住创新的机遇。有时候做出一个创新,但是没有效果,是一个无效创新。在柑橘生产过程中,大概最重要的就是品种了。在 20 世纪 90 年代末 21 世纪初这个时间里,中国砂糖橘出来后非常受欢迎,特别是在城市。2003 年我买了一小箱,花了 120 块钱。那种橘子有很多优点,当时正在推广,于是我们湖南省很多地方引进来了。在栽种的过程中,出现了问题。砂糖橘引进湖南以后,基本上是酸的,没有甜的。2008 年一场持续了 20 多天的冰冻天气,使得砂糖橘在湖南都受冻了。引进品种不仅需要好的品种,而且要能在湖南地区适宜的品种,因为没有这种意识,引种不但不会成功,还把一种最危险的病害——黄龙病引到了湖南,这是不好的。当时从南到北,甚至岳阳都有所传播,唯一的解决办法就是砍病树。这就是砂糖橘的错误引进所带来的危害,也是湖南省柑橘引进过程中最惨痛的教训。

世界上还有很多成功的引种人士,他们是创新的人。我在这里先谈一个人的事例:在巴西的巴易牙洲,有一种甜橙特别不错,后来被一个美国外交官发现了,他觉得这个橙子很有特色,应该具有很好的市场前景,于是把它带到了美国。在华盛顿的温室里养后,引种到占美国柑橘70%的佛罗里达州,但是在佛罗里达种植失败了,于是引到了加利福尼亚州,这次成功了,这就是后来的华盛顿脐橙,母树是1873年种植的,现在还在,每年硕果累累。

另外两个相似的事例:有一种橘子原产北非,在非洲阿尔及利亚的一个法国神父,觉得这种红色的橘子非常漂亮,他把它带到了法国,在地中海沿岸试种成功了,目前已选出了50多个品种。我们国家很早就引进过来了,但是没有人去选择,因此就没有创新,现在也没有发展起来。还有一个,就是我们现在的"蜜橘",最早原产于日本,日本的一个和尚在中国留学,回去的时候带了一些浙江本地的橘子回去,把种子播下去,长出很多树,选出了无核的品种,后来发展成一百多个品种,成为现在全世界栽培面积最大的一个品种,这就是温州蜜柑。这说明了一个问题,世界上有很多种柑橘的人,有的是专家,有的是果农,为什么优秀的柑橘品种能被非专业人士发现并有大市场呢? 就是说,不管你是学什么的,干什么职业的,只要你有一个创新的意识、创新的灵感,你就能获得创新的成果。只要你有一颗创新的心、有一双创新的慧眼,你就能够获得创新的成果,不一定要专门学这方面。所以我觉得,大家现在学的专业,根本不是决定你将来做事从业的关键,真正的关键是你能够做什么。换句话说,选育品种应该是一种创新的行为,但是我觉得有些品种如果选育出来却不能推广,就说明从开始就存在着很多问题,这样的工作是无效的。我们有些品种选出来以后,通过了实践,但在生产上无法推广,主要有一些什么原因呢? 一是它的优越性状不稳定;二是改良的性状经济效益低,和原来没有改良的性状没有多大的差别;三是实践性差,只能在很局限的地方种植;四是改良了一个性状却带来了另一个不良的性状。所以说不是每个工种创新出来,都能取得创新的成果。那么怎样去实现创新能力呢? 创新能力是一个提升的过程,那是一辈子的事情。创新是一个人对世界的认识和理解,是知识的实践应用。我觉得创新时一定要思考如何将它运用于实践。如果你总在那里想,我要造一座摩天大楼,但不去实践,你至死都做不成。如果你老在那里埋头挖基础,却不知道为什么要做,那你就是一个没有思考的人,你没有做动脑筋的工作。这个照片上的两个同学,一个叫邓秀新,现在是华中农大的校长,中国工程院院士。1992年的时候,我们在意大利讨论柑橘原生质体,那个时候这个工作才刚刚开始。他早期出国后的导师Grosser教授,在这方面的研究做得非常好。在那个时候我为了做工作,把他的所有文章都看了,然后1990年在国际园艺会上我向他请教,他觉得我思考过并且实践了，才能够提出这些问题，所以他愿意帮我。我们那个时候没有 E-mail，用的传真 fox，他从美国一传，十多页纸过来了。他给了我一个操作程序，我自己做，在做的过程当中问题重重，不是那么容易。刚刚说，邓秀新到了美国，他也在做这方面的研究，我问他怎么做，他说程序都是那么写的，操作只可意会不可言传，没办法说清楚，那是要用心去做的。所以我们后来做了体细胞杂种，获得了结果，但每个人花费的艰辛是不一样的，得用很多的真情去做。大家现在看到的，我当时工作的培养室里架子上满满的培养皿，在我走了以后这个培养室空了。为什么呢？因为一个简单的培养物放在那里，你想要长期培养下去，可以存放十多年，但是如果你做得不好，不用一年，全部都可以毁掉。我们的创新能力是在思考、认识、实践当中以及再思考、再认识、再实践中生成的，所以在做的时候一定要动脑筋，问自己为什么要做。现在我们有些同学做实验做不出来，然后说大家都是那么做的，但我就是做不出来。因为没有哪一个人可以把他的那个只能意会不能言传的精髓写在你的操作规程当中。

再讲到转基因育种，我在国外国内都做过。在国外做转基因的时候，碰到一件事：有一个中学生，他问我为什么要做转基因，我说是为了定向的改良一个品种。我问他为什么不能做转基因呢，他说没有经转基因的东西就是没有基因。显然他根本就没有搞清楚，但是他也提出了这个问题。经过十年二十年的争论，转基因还是个问题，老百姓消费者不容易接受，这是个现实。我们发展制定一个政策，不是说一下就能够解决问题。如果叫你们去吃转基因食品的话，你们还是会有一定的担忧。1998 年到美国去的时候，美国就有 50% 的大豆高粱玉米都是转基因作物，他们一直到现在也还在做。转基因这项技术有一个非常好的优点：能够单一地改变一个基因，改良一个性状。但是为了解决人们对转基因的担忧，人们发明了基因清取技术，把外源的非功能基因去掉。但这个转基因工程，老百姓还是不放心。后来美国的李义教授发明了一种新技术，把外源基因在行使功能后全部切除，通过自动诱导，用转基因的办法获得非转基因的作物，但是整个过程都是经历了转基因的，所以他不能够再生产。后来我们商量能不能通过现代的分子突变，就像传统的诱变育种来做定向的诱变，用非转基因的手段达到转基因的目的，重点改良单一性状，这个可能是将来要突破的地方。做了这么多年的转基因，我们现在还是把转基因当作一种功能鉴定手段，真正的育种还要通过不断的诱变。这里面要借助大量的分子生物学和分子信息学知识，我们的柑橘测序已经完成了 3 个，通过这个李教授现在已经获得了一个矮化草坪草的品种。我们要把基因技术转到柑橘里面，转到里面以后柑橘是没有种子的，说明它在种子里不会传播。但是我们把它的果实各个部分拿出来以后，发现它有些地方是转基因的，它的外果皮没有切除,但是白皮层里面切除了,而且里面的果肉部分也切除了。所以我们现在对转基因一定要重新审视,虽然国家现在已经花很多钱在做,但我觉得还要做,可能会有限制,它只能作为辅助育种技术。这里谈的是思考和实践,有些东西要思考然后去做,我们每一个思考的东西最后都要付诸行动,光在家里想是不行的。

另外我觉得一个人要形成好的创新力还需要良好的工作心态。为什么要说心态?我们有些人毕业以后到了某个单位还没干两天,就开始抱怨这不好那不好,实际上没有哪一个人是一帆风顺的,每一个人在他的人生历程当中都会有坑坑坎坎。生活就是成功与困难不断循环,成功了你会遇到新的困难,克服了这个困难你就成功了,所以它是交替循环的,不可能只有一帆风顺。说个我自己的故事吧,你们现在毕业以后要自己找工作,感到很苦恼,没有工作等着你。但是你想想,毕业后你可以找适合自己的工作,你能选择,想去就去,不想去就不去。而我们那时候毕业是分配工作,分配工作的时候肯定内心有不服从,虽然是国家干部,不是工人,但也只能被分配,不能自己选择,你想到哪儿去就去哪儿是不行的。当时毕业的时候我们就经历了一个等待分配的痛苦,学业全部都完成了,就是等着这个分配下来。当时我可能留校,因为我当了几年的科代表,老师看好我,想让我做他的接班人,说得非常明了。突然有一天说因为一个非正常原因我不能留校,老师跟我说了后,我说不留就不留,只是我去哪儿呢?他说很多地方你可以选,只要不是留校,你可以随意选。他说你去农科院吧,农科院至少是个省级单位。于是学校为了安抚我,把我派为赴农科院工作的毕业生负责人,负责办理报到手续。当时全校有二十几个人分到农科院,农学的、植保的等都有,我就作为这个负责人,带着二十几个人坐着解放牌卡车到了农科院,拿着所有人的档案袋去报到。进去以后,干部科的人说:"我带你去见我们副处长。"一个副处长,管我们这块,他看了一下介绍信说,你们怎么就来了,我说我们毕业了学校就把我们送来了。他说他们都还没准备好呢,要把我们都退回去,我说退不回去了,卡车走了,没办法退。这个时候科长就把我拉到一边,他说:"我来安排吧。"他分了两个会议室给我们住,男的一个大会议室,女的一个小会议室,大家全部先住下来。住下来以后,我所想到的就是,我们住下来以后怎么活动?没有再回头思考,为什么不让我们留下,为什么要把我们退回去?我们把这个事全都忘了,我也不再提这个事。接下来我们通过将近一个月的政治学习就被分到了各个所,我分到园艺所,我们六个人住仓库楼上,没有一栋像样的办公楼。吃饭就在一个普通的食堂里,一层楼,端着饭碗吃。我觉得在那里我的心态从没往过去想,一直想的是下一步我要怎么做,所以很快就融进了工作。当时我做了一个抗寒性的实验,老师们有好多材料,我就用这些材料做了第一篇论文,在中美柑橘学术论坛会上发表了。去重庆,是我第一次出省,我坐了36小时火车,回来连续发了两篇文章。你不用去想别的事,就是想着要怎么去做。我们中国和澳大利亚搞了一个中澳柑橘合作项目,由省农业厅牵头,我被选为科研联络员,在那里我的外语也因为和澳大利亚专家交流而提高了,并从此开始了柑橘无病毒育苗的工作。我们国家发表的柑橘苗木的文章,我们应该是第一篇。所以说只要你有好的心态,不要回头埋怨,一直往前去做,总想着你要往前走,你的工作必须要做好,总会取得成果的。如果你每天在那里埋怨,再好的条件,你也做不出东西。我有个研究生,考上了公务员,加入政府部门工作,但是他不愿待在那个地方,不愿待在那个城市,他想要到一个好的城市去,所以每天他总是在那儿埋怨。后来,我到他那个单位去了,发现领导都不找他,我的学生也不和领导交流。我问为什么,他说领导从来不跟他说。我说你这个心态不对啊,你脸上总写着我不愿意在你这里干,那领导怎么会给你工作干呢,如果你在那里好好干,说不定哪一天你就调到了你想要去的那个单位。最近好了,他和单位很多人都打成了一片,所以说心态非常重要。我们也有对单位的不满意,比如怎么把我选到湖南农业大学来呢,我这个只是一个第二志愿或者第三志愿,我又不愿意搞农业,我是从农村来的,我还回去当农民啊?大学毕业我好不容易离开农村,现在又要我回到农村去工作。其实现在的交通已经非常好了,比如我们永州的高铁,永州到长沙多少小时啊?一个多小时。你从河东到河西不就一小时吗?所以距离根本不在话下,只是因为你自己不愿意。永州很美,也没有长沙的灯红酒绿,但是大家都不愿意过去。现在还有很多单位都问我们要人。我带的研究生有一些到县一级的单位去工作,我觉得很好,在那里好好干,只要干好了,肯定会让你做一些技术性的工作。你做的努力人家都会看在眼里,你只要踏踏实实地做好自己的事就行。我们现在可能会听到有人说农大的老师工资低,就算是一些比我们差的学校工资可能也比我们高。但如果我们都去抱怨这件事,那还有什么劲头去工作呢。农大虽然基本工资低,但是年终奖金挺高的。所以如果总是抱怨,是无法做好一件事的。我们还需要团队精神,比如说要我跟某个人去调研,但我不想和他去,就要求换个人一起去,因为我们合不来,这样是不行的。我觉得要学会与自己意见不一致的人一起工作,我们应该做好自己眼前的事,不要去想这件事对我们有什么好处,你只要把它做好就是好。我在这做这个讲座时就只思考这节课我讲了会有什么用。现在你们听课,只要听老师讲就行了,哪个重要哪个不重要,你去背下来就好了,不要觉得听课是吃亏了。你现在看来这节课可能没什么用,但将来回过头看可能就会发现这节课的精髓。你看那些著名的神父、外交官,为什么能发现那么好的品种,因为他们不会说这件事关我们什么事。你到了一个单位,你可以选择不在这个单位,可以选择其他可以让你有更好的发展的单位。换工作不是问题,我也换了好几个工作,从国内到国外,又从国外换到国内,等退休了可能还要换。所以,我觉得选好一个平台很重要,但一定要努力做好,就算我明天就去北京工作了,今天也一定要把长沙的工作做好,这是一个态度问题。

第二个说一下产业的问题,我认为在做科研的时候,离开了产业就是无根的浮萍。现在国家柑橘产业很大,实际上在很多年以前,我们的产业很低能。80年代我们的发展属于一种无序的、盲目的发展,到了2003年以后国家才开始进行优势区域规划,柑橘产业才开始快速发展,到了2007年以后我国的产量达到了世界第一。80年代以前缓慢发展,直到1980年到2003年这段时间才开始发展,但是这段时间也出现很多问题。比如引用种病虫害的大量传播。我当时回国的时候,发现这个病害到处都有,直到现在才进入稳步持续健康的发展状态。我们的柑橘产量80年代以前仅占世界的1%以上,90年代才到5%,现在我们的柑橘产量占世界的1/4。我们国家20世纪30年代研究柑橘时就出了几个国际上有名的人物。章文才先生在国际上是赫赫有名的,还得了一个终身成就奖。他从英国回来后一直做柑橘品种选育工作,我们现在还在用这个品种。到80年代我们基本都还是拿来主义,老祖宗的东西我们拿来用一下,国外有什么东西,我们去引一些过来栽培。所以很多品种都被淘汰了,80年代到2003年,我们才开始考虑产量、品质、抗性等。2003年以后我们开始了系统的发展,特别是2007年以后,成立国家柑橘产业技术体系,我们的整个研究是有序的、科学的研究,不再重复,分散。特别是80年代到2000年这个阶段,我们引进了一两百个品种,发挥了作用的只有1%~2%,大多数没有发挥作用,还给我们带来了一些问题,比如说把国外的一些病虫害带进来了。这就是我们将来在引种过程中不能盲目地大规模引种的原因。2000年以后我们国家开始了有计划的育种,根据我们想要什么去育什么,而不是现在发现什么去育什么。这种从机会主义的科研转变为有计划的科研,有利于产业的发展。大家会问为什么佛罗里达的脐橙我们栽不好,实际上脐橙不是所有气候都能栽的,而是应该在地中海气候区域栽种。世界上只有地中海、南非、澳大利亚南部、美国的加州有地中海气候,在中国没有。中国引进脐橙以后,一直栽培不成功,最后引进了纽荷尔脐橙,然后再进行大面积栽种。现在大家吃的90%都是这个品种。我回国的时候发现全中国都在种纽荷尔,我说这个要出问题,实际上现在问题已经出来了。第一个是现在脐橙价格很低,再一个,赣南的黄龙病现在毁掉了4000万棵树,将近60万亩。为什么会毁掉这么多?其中一个因素就是,它们都是同一个品种,有一样的生物学特性,所以虫子传染病的时候,一下子就传染了。我们省里面在这个方面做了很重要的工作，从我们湖南农业大学的老师开始，1979 年我还在读书，他们就开始了。他们配合选出了这个品种，叫崀丰脐橙。这次我们去新宁做调查，纽荷尔脐橙在那个地方都发生了黄化现象，虽然不一定是黄龙病，但是很像。相比之下，这个崀丰脐橙的长势非常好。我觉得把这个品种再选选，我们将来很可能可以分纽荷尔脐橙半壁江山。这个品种还可以延迟到 4 月才出，赶上五一的市场。另外，我们省里面对中国柑橘做出的巨大贡献就是冰糖橙。从 1935 年我们发现了冰糖橙，到现在我们已经选出了十多个这样的优势品种，目前已经有两个品种通过了审定，有一个获得了国家的品种权，还有几个正在做。特别是我们农大老师开始做的一个品种，叫农大冰糖橙 2 号，通过胚芽榨取把它选育出来，现在我们正在申报品种权。根据产业的输出和湖南省的品种结构，我们开展工作的重点是做冰糖橙和脐橙的选择，还有一部分工作是良种选育技术。这一块可能大家听起来有点不熟悉，良种选育技术就是让我们育出的苗木没有任何病虫害，特别是不能有危险性的病害。像黄龙病、溃疡病、病毒病等，这些都是目前没有办法治疗的病害。湖南省实际上是迈了第一步，从 80 年代开始做，但是后来由于产业的波动，这个工作就停下来了。我回国的时候到重庆去调研，他们开始做，我把他们引进的美国斯格兰公司的技术拿了回来，再根据我们湖南的情况进行改良，并在湖南省大力推广。现在湖南省有 18 个无病害良种育种苗圃，有各种资金来支持建立这个。大家看，这个树是 4 月栽的，11 月去拍的时候就长这么大了。一个是从安化来的无病种苗，一个是本地育的露地苗，相同的品种，相差很大。这个树第二年可以食果，第三年完全可以进入结果。黄龙病是一个毁灭性的病害，它的传播媒介就是这个虫子，它叫木虱。这个木虱会从病叶上把病菌带到健康树传播黄龙病，最后这里露地的苗圃全部被传染了。在重庆，因为没有木虱，所以全是露地育苗。江西采用重庆过去的育苗方式，而江西的木虱很多，所以江西的苗子很多都感染了黄龙病。我们在湖南，坚决要求在防虫网室里育苗，这样虫进不去，就保证了苗木的健康，这是我们安化的一部分。安化现在在全中国无病的幼苗中是做得最好的，所以国家也准备给它扩大生产。这个是广西的苗木，实际上这些苗木育苗完以后再盖防虫网，周边全是树，还有黄龙病，苗木很容易感染黄龙病。

　　另外一个技术，我们叫交替结果。大小年结果是我们以前要花很大力气去克服的一个东西，但是我们一旦意识到这一点以后，干脆就让这种小年树不结果了，大年树使劲结，这就是交替结果技术。这个技术已经成功了，这一行是大年，另一行是小年。大年树结很多果，果是一串一串，每一个果都是大小均匀，基本上没有那种粗皮大果。所以 90% 的果，都是香甜可口，这个果实的卖价，要比粗皮大果贵一倍多,效益也就上来了。一年休息一年结果,这年结的时候,可以达到亩产15000斤,两年平均下来每年有7000多斤。

接下来说说冰糖橙。我们现在消费者说,冰糖橙有几个很酸,有几个很甜,味道不一致,最令人恼火。我是想要甜的,你怎么给我酸的呢,我想要酸的,你怎么把甜的给我弄进来了。所以我们要把里面的糖度和酸度搞清楚。全世界能够做这个无损伤检测设备的,且在生产中应用的只有两个国家:一个是意大利,一个是日本。日本当时说,这个技术不能卖给中国,一旦给中国人,中国人很快就能学会。后来那年8月我到了意大利的那家公司,他们给我看了,说:"以前还没有做过甜橙的无损伤糖酸分级,不能保证你能做好,但我们会尽量把设备调试好,如果搞不好,你就退货。"后来我们把法国的一个分级线与日本的光谱支持用一个大的处理器结合起来,就可以对冰糖橙的糖度和酸度进行无损伤检测了。这个是世界上唯一的一条甜橙糖酸无损伤检测分级线。那么通过这样分节以后,生产的果实就不存在次品了,想要甜的我就给你甜的,想要酸的我就给你酸一点儿的,也可以把它放一放等它变甜了以后再卖。这样一来我们就可以把果实的商品率提高到80%,甚至90%,而且卖的价格也很好。我们现在可以保证,果实分级厚的糖度里相差不超过0.7度,0.7度你是吃不出来的;酸度不相差0.1度,0.1度你也是吃不出来的。所以通过自动检测仪,让一个一个果实过线来测验。

但是,我们的科研工作有时候可能是无效的,为什么呢?我们只是想能不能把这个做成,却没有考虑它有没有用。为了搞生物防治,有人从荷兰引进了一种捕食螨,可捕食害虫。但是我当时搞了好久,没有成功,因为只要下雨捕食螨就会死,冬天也会冻死,在我们这个地方没办法给它越冬。所以在生物防治上就不能取得很大的成就。而且你放了它就不能给它打药。在黄龙病厂区有传播病害的木虱,不让打药木虱就传染,然后黄龙病就蔓延了。砂糖橘的原产地在广东的四会,但现在砂糖橘已经很少了,因为被黄龙病全部毁坏了,就因为当时他们骗经销商说,他们挂了这个东西就不用打药了,结果害了自己。所以像这种发明骗了很多钱,还得了很多奖,国家二等奖什么的,看起来发展得很好,实际上把广东的砂糖橘产业毁掉了。还有我们的老师告诉我们要精细修剪,谁会修剪谁就是好师傅,实际上修剪以后给我们带来了很大的问题,有很多产区修剪以后不结果,这个现象非常普遍。在这一点上我们通过反复摸索,现在提出一套新的修剪理论,叫"开窗开门"。首先要把窗打开,虽然这个技术没有很深的理论,但是它管用,也是一种技术,一种创新。还有一个把树里面剪空,这种修剪花费很多劳动力却没有一点儿好处。现在我们提倡的是"开心开窗开门修剪",只要能把光束透到树冠里面就修剪。谁修剪花的工作时间很少,剪的枝条最少而达到目的,谁就是好师傅。

还有一种柑橘方面的生产指标，它的生产也像公园一样非常漂亮，不但放捕食螨还种草。但是果园的土都是很瘠薄的，都要施肥，所以这项技术在有些观光果园有效，但是在我们生产的果园是无效的。这种栽培当时提出来我就反对了。归纳起来说，咱们的科学创新来源于产业的需求，不管你是多么基础的研究，你最后找到的结果一定要能够解决产业中的问题。你做到分子，原子的阶段，或者找到哪一种结果，它一定是能解决某一种问题的。就算是写一篇文章，也要能找到几个可以解决问题的点。我们现在还存在"不到基层去，不到生产基地去，坐在家里想"来做研究的现象。我们一个研究所里面的一些年轻人请我去做指导，问我能不能指导他们做什么课题申报研究，但是他们又说："我想做研究，但是却从来没去基层，也不知到那里是什么样子。"这样怎么能做研究呢？我们一定要掌握一条，从产业当中的疑难问题中找出一个科学问题才能提出研究课题。生产过程中的技术问题，我们就用技术革新来解决。所以我们不断地创新，用好心情工作，获得好的收益。

理性看待转基因

戴良英,湖南农业大学二级教授,植物保护学院院长,中国植物病理学会理事,湖南省植物病理学会理事长。戴良英教授曾多次留学国外,是我们湖南农业大学自主培养的杰出科学家,现在是湖南农业大学植物保护一级学科博士点领衔人,研究方向主要是植物与微生物分子互作。他 1999 年就被评为湖南省优秀骨干教师,2005 年被评选为湖南省学科带头人和湖南省新世纪 121 人才培养人选,2015 年湖南省特殊津贴专家。近年主持了国家自然科学基金项目、国家 863 项目、国家转基因重大专项重点项目十多项,发表了 160 多篇学术论文,其中 SCI 收入的有 26 篇。他曾经获得国家科技进步奖二等奖 1 项,湖南省自然科学奖一等奖、二等奖各 1 项,湖南省科技进步奖 4 项。

尊敬的各位领导,尊敬的各位老师,亲爱的各位同学,刚才彭老师把我的经历简单地介绍了一下,把我拔高了很多,其实我只是农大的一个普通老师。我在湖南农业大学工作 30 多年了,做了为学校应该做的一些事。我永远感谢湖南农业大学的培养,所以为湖南农业大学出力,是我应尽的责任。刚才也讲了,修业大学堂是由校学术委员会委员主讲,也是应做的事,所以我很高兴主讲这次讲座。今天讲一个比较热点的,也比较敏感的话题,就是转基因问题。这个题目叫作"理性看待转基因"。下面是我的邮箱,这个邮箱也很有创意吧,Daily 是我的名字,daily 英文是每天的意思,每天都会看的,所以你们给我发邮件,我每天都会看。

下面分五个部分来解释。第一是转基因的介绍,从四个方面来介绍。第二个,什么是基因,可能社会科学者,大学生还不是很了解。首先基因可以从两个方面讲:化学角度来讲的话,就是一段 DNA;从遗传学的角度来讲的话,它是遗传信息的载体,是控制生物性状的基本单位。也就是说大家今天长得这么帅,这么漂亮,都是基因决定的,单眼皮、双眼皮,黄头发、黑皮肤也都是基因决定的。基因通过控制蛋白质的合成,由蛋白质来控制生物的性状。那么什么是转基因呢?所谓转基因,就是利用现代生物技术,把人们期望的目标基因导入受体中去,使之表达出更优良的性状。当然,不是优良性状不会转,通常讲的就是基因工程和遗传转化,包含一个或者多个由人工手段引入的基因的生物就是现在讲的转基因生物。从生物的角度来讲转基因有微生物、动物和植物,转基因也用这些作为受体使用。转基因方法比较简单,就是把目标基因克隆了以后,通过质粒,把目标基因复制,增加它的个数,然后放在大肠杆菌里面复制。植物和动物的话就用到三种方法,现在用得比较多的方法是农杆菌法、基因枪法、注射法等。现在我来给大家讲一个湖南农业大学的故事,湖南农业大学在 1992 年的时候成为世界上第一个得到遗传工程稻的学校,当时是用什么方法转的呢?是用的浸泡法,就是把玉米的基因浸泡到水稻里面。现在转基因的应用非常广,在农业方面、医用方面、工业方面、环保方面和其他方面都有应用,农业上有应用于转基因植物和转基因动物,转基因植物上面主要是用来抵御病虫害、干旱、高温和改善营养。从农业的角度讲,现在改良到第三代转基因产品,抗病、抗虫是第一代,而应用于食品方面也是转基因产品的趋势。医学上面我们可以生产疫苗、生长素、胰岛素、生长激素等一些产品,这些都可以通过转基因的方法获得。工业上面有青霉素的开发和利用、抗生素的生产等,都可以通过转基因的方法来提高产量、提高品质。环保方面可以通过转基因的方法来解决重金属污染问题,以及新能源、新材料的开发与利用问题,我们现在也在尝试这方面的发展。转基因的应用多于牛毛,在各方面都可以应用到转基因。

　　第二个问题就是转基因的发展简史。发展史比较简单,1973 年基因克隆技术首次诞生;1982 年应用重组的大肠杆菌生产胰岛素;1983 年美国成功培养出世界上第一个转基因烟草,是抗病毒的烟草。真正大面积生产是在 1996 年,开始大规模的商业化种植,从此推开了转基因种植的进展,到 2014 年转基因植物达到了1.8 亿公顷。2005 年,世界上第一个转基因动物批准上市。我们的院士、转基因动物的首席科学家、中国农业大学的李宁都为此做了很多工作,所以我国在转基因动物上是世界上走得比较早的,尽管美国是第一个开放转基因动物商业的国家。

　　第三个问题是国内外转基因植物种植现状,从 1996 年至今,世界上有 65 个国家批准转基因作物用作粮食、饲料或释放到环境中,28 个国家批准可以种植转基因植物,发达国家 8 个,发展中国家 20 个,世界人口的 60% 都在这 28 个国家当中。前面说的这65个国家,它可以不种,但可以引进转基因的食品和食物。刚才讲到2014年转基因植物种植达到1.8亿公顷,占到种植面积的12%以上,大豆、玉米、油菜占到了所有转基因作物的99%,主要是转基因大豆。1996年商品化以后到2014年,转基因植物的面积增加了100倍以上。最多的国家是美国,美国占41%,还有巴西、阿根廷、加拿大、印度、中国,现在一些非洲国家也开始种,比如南非、巴拉圭。所以,我们国家还算是比较快的,但是比起阿根廷、美国的趋势来说,我们放慢了一些。那么种的都是哪些作物呢? 大豆,总体来看,就全球转基因作物和非转基因作物的比例,83.6%都是转基因大豆,玉米40%,油菜32%。现在我们国家每年销售的大豆有7000多万吨,进口的大豆6000万吨,大豆绝大多数进口的,巴西、美国的大豆都是转基因大豆。为什么要进口转基因大豆呢? 如果我们国家不进口转基因大豆,那我们中国总耕地18亿亩要用4亿亩来种大豆才能达到这个数量。当然,我们现在相对少一点儿,中国转基因作物种植面积390万公顷,约占世界的2%。我国批准进口用作加工原料的转基因作物有大豆、玉米、油菜、棉花和甜菜,这些食品必须先获得我国的安全证书,我国已为7种转基因作物颁发安全证书,并且批准棉花、番茄、矮牵牛、番木瓜、甜椒5个转基因作物商品化。那么其他作物呢? 我们在2009年的时候为华中农业大学培育的抗虫水稻,他们叫绿色水稻,所谓绿色水稻就是抗虫、不打药。还有中国农科院生物研究所的范云六院士研究的植酸酶转基因玉米都被颁发了安全证书,这就使水稻、玉米也开始向商品化发展。不过真正大面积发展的是抗虫棉。转基因棉花在我们国家占90%以上,其中80%都是我们自己研发的,有知识产权的,也就是农科院摸索出来的。现在华南地区的番木瓜最严重的问题是病毒病,因此推广了抗病毒转基因番木瓜。

　　第四讲转基因的优势,那么转基因有什么好处呢? 这么多国家在种,全球种了这么多,它到底有什么好处呢? 有下列几点好处:一是可以提高作物的产量,但这个增高产量的话,其中有没有能增产的基因,伟大的袁隆平院士就是研究增产的转基因水稻,他把玉米的基因转到水稻里,能够增加产量。现在中国科学院、中国农业大学他们手上都有非常可靠的基因,可以增加作物的产量,主要是水稻。水稻的千粒重为26克左右,把那个基因转进去以后,水稻千粒重会增加到32克,那就非常了不起了,所以增产也是可能的。当初袁隆平不认同转基因,后面他首先表明自己的态度,也没那么反对了,最后自己开始培育转基因水稻。他作为伟大的科学家,看待东西是客观的。但是他也说过抗虫基因不能转,所以,我们大家也不要说伟大的科学家什么都是对的。大家应该要正确对待权威,不要迷信权威。二是可以降低生产成本,减少环境污染。比方说,我们现在一般是第一代转基因比较好，能够抗虫，抗病。现在我们的品种能够抗虫害，比方说，转基因的 BT 水稻是能抗虫的，转 BT 基因的玉米也就是抗虫的玉米。现在作物能够抗虫害以后就不要打农药了。我们国家推广转基因棉花生产以后，农药的使用量大大地减少。以前北方的棉铃虫非常厉害，后来国务院总理说一定要解决棉铃虫的问题，在这种背景下转基因棉花才得到了大量的推广，在转基因棉花推广以后，农药也大大地减少了。但到目前为止，中国还是一个农药生产使用的大国，我们国家每年生产的农药在 180 万吨以上。180 万吨农药，倒在地上肯定会产生严重的环境污染。所以转基因作物不但可以减少成本，还可以减少环境污染。大家看看我们自己培育的抗病水稻，一个病斑都没有，而非转基因受体植物全部枯死了。转抗稻瘟病基因水稻就可以不打防稻瘟病的药了。现在我们国家的水资源非常匮乏，而转基因水稻还有一个好处就是抗旱，我们的转基因抗旱水稻效果非常好。转基因的和非转基因的水稻，对照非常明显。这就是我实验室做的国家转基因的重点课题，研究水稻抗稻瘟病和抗旱。转基因的第三个优点就是，可以加快育种的进展。当然，这个也是相对的，传统的育种要七八年才能出一个品种，现在，通过转基因的话，像美国那么发达的国家，转基因的路子是比较快的，两三年就可以商品化。那么，它有什么优势呢？传统的育种，一个是常规育种，另一个杂交育种，杂交育种只能在生物种内实现基因转移，而转基因育种不受生物之间的限制。传统育种不能准确地操作和选择某个基因，就是说你把一些优良的性状带进去以后，也把一些不良的性状带进去了。人无完人，人都是有缺点的，那么作物也是有缺点的。比如我们有一些品种的水稻非常抗稻瘟病，刀枪不入，但是，它就是长两米高，上面就两株谷子，那这个产品就没什么用了。而我们把那些不良的性状带到杂交种的性状里去了，这就是杂交劣势。但是转基因所操作和转移的一般是功能清楚的基因，可准确预期后代性状，只有目的基因转到受体里面去。通过杂交以后，往往一些不良的性状也带到杂交种里来了，如果是转基因的话，就能够将这个唯一的目标性状转到里面去。这就是转基因的好处。目标性更强，时间更短。四是转基因可以生产有利于健康和抗疾病的功能食品，这就是我们目标上的第三代转基因产品。我们可以得到抗癌的西红柿，可以得到含血红蛋白的玉米，可以得到含有维生素 A 的黄金大米，还可以产生一些对人体有作用的、有功能的一些食品以及现在我们紧缺的产品，比如说疫苗、胰岛素，我们也可以通过转基因来生产。我们通过生物反应器来生产这些东西可以加快步伐，而且得到的产品含量纯度更高。

那转基因有这么多的好处，但是仍然有些国家不种，那我们国家可以不种吗？我给大家解释下我们国家能否拒绝它。我们国家现在 13 多亿人口，现在还全面放开二胎政策;城镇化工业化进程加快,大量的耕地减少是不可避免的;水等农业资源非常匮乏;病、虫、草害、自然灾害频繁;干旱冷旱高温等极端天气频发,我们湖南省因为11月的雨水就损失15亿元;还有全球气候变暖、持续效应等,这就造成了很大的资源危机。还有一个就是环境污染,全国每年倒掉的农药达到了180万吨以上;还有我们的化肥,现在严重地阻碍了我们国家的发展;我们国家有那么多的人要吃饭,所以粮食安全永远摆在第一位。有这么一句话,我们中国人要把自己的饭碗牢牢地掌握在自己的手中。还有一句话是,这个饭碗里面一定要是中国人自己生产的饭。在这种情况下,如果这个新兴的技术不采纳的话,要真正保证粮食安全是做不到的。我们国家现在还有贫困人口,所以中央提出了要保障贫困人口的基本生活。现在全世界还有那么多的人挨饿,虽然我们国家现在发展很快,但是仍然有贫困人口。在这种情况下,我们必须用转基因技术来保证粮食安全问题。当然这只是一种手段,但是我认为这个手段是必不可少的。

第五个问题大家应该感兴趣,就是转基因安全问题。转基因食物到底好不好?转基因食物到底安全不安全?这些安全问题应该从哪些方面考虑呢?一个是毒性问题,一个是过敏反应问题,一个是对环境的威胁,还有一个是营养问题。转基因安全吗?正方是方舟子,反方是崔永元,他们是势不两立、针锋相对的。当然,转基因的食品是否安全,我们不能笼统地说,要个体分析。每个转基因有它的特色,每个转基因的作物我们都要进行分析。为了保证转基因安全的全面化,我们国家制定了一系列体系。世界各国都有法律,来保障民众的安全。我们国家建立了完整的转基因安全管理法律体系,农业转基因生物安全管理条例等都是受到法律保证的,谁违反了转基因法谁就要受到法律的制裁。现在我们有农业转基因生产安全评价管理办法、农业转基因生物进口管理办法,农业转基因生物标识管理办法、农业转基因生物加工管理办法、转基因作物田间试验安全检查指南、实验室生物安全通用要求,等等。就是说从研究,到生产到加工到使用到出口,都有一整套的法律来保证,有法制体系的建立来保证转基因安全。国家还建立了一个从上到下的完整的管理安全体系。国务院有12个部门组成的部际联席会议。具体运作的部门是农业部,农业部门有安全评价委员会、检测机构、标准化委员会进行监督。我们国家奉行严格的科学管理规则,由64个顶尖科学家组成的专家委员会颁布了104个安全法规。所以,县以上的农业部门制定了相对应的转基因管理,科学地规划了管理机构。如果转基因生物要准入生产的话,我们国家比美国比欧盟严格得多。美国从实验室研究到环境释放后就可以商业化生产。我国环境释放后还要经过生产性试验、申请安全证书、区域试验、生产试验和品种审定、获生产和经营许可证后才能商业化生产。每一个品种都是由品种审定委员会做出决定的。不管是哪个品种，只有拿到许可证才能够大量地生产。所以说非常严格。

转基因食物是否安全？要经过哪些步骤呢？刚才说到了毒性的问题、营养问题。首先要做哪些事呢？第一，和非转基因的食物营养要同等、无毒性、无过敏性。之后进行食物毒理学安全评价、体内外基因水平转移实验（包括模型动物、微生物）等多个步骤，过程非常复杂。严格执行国际通用原则来做实验，一般用实验动物来做，不用人做，为什么？如果你要人吃20年的转基因食品，他还不一定吃得下去。

当然，社会上对转基因有一些负面的言论。其实，争论是可以的。但是，现在社会上一些人把转基因争议转到人身攻击，这是不对的。那么为什么会产生这些对转基因的误解呢？从三个方面来讲，第一，认识的误区。美国人和日本人都不吃转基因产品。第二，你们说的抗虫的转基因作物，虫子吃了会死，为什么人吃了没事呢？这都是一些疑问。还有一些那纯粹就是造谣。什么吃了转基因产品会威胁我们的后代，会断子绝孙，造成各种生育问题，还有转基因生化武器，等等。这种东西后面会跟大家解释，用我们的专业知识来破除谣言，我来一一否定这些不科学的说法。转基因食物吃了之后会不会留在人体里面呢？这是不会的，不可能的！我们转基因表达的目的产物大多数都是蛋白质。蛋白质被人体摄入之后是没有活性的，不会再表达。基因从化学角度来说就是一种DNA，这种DNA被人体摄入之后会被消化吸收排出去。举个简单的例子：狼吃羊，但是为什么吃了它之后没有变成羊呢？这是很简单的例子，肉的大部分都是蛋白质，吃了之后是会被消化的，蛋白质被煮熟之后是会变性的。我们吃水稻，吃转基因水稻，吃的都是蛋白质，对人体是没有改变的。我们对这个是有深入研究的，基因本身来源于水稻，我们取之于水稻再将它转入水稻之中去又有什么关系呢！大家思考一下。现在科学技术的发展，已经用Marker free。什么叫Marker free技术，就是一种无标志性的选择，我们实验室在做抗稻瘟病转基因实验，目标基因是从它的抗原材料上得到，也是水稻，将这种基因植入另一种水稻中去，这又有什么关系呢？而从宏观上讲，我们吃转基因食品是没有什么大问题的。虽然在大家看来美国人不吃转基因食物，但我告诉大家，美国是吃转基因食物最多的一个国家，美国99%的甜菜都是转基因的甜菜。他们转基因的甜菜做出来的糖难道不是他们自己人在吃吗？从这一点就可以看出，美国是吃转基因食物最多的一个国家。并且他们还出口转基因食品。美国出口的转基因大豆，占93%，他自己国家内部肯定也需要消耗一部分转基因大豆。还有日本也要从美国进口大豆，日本的大豆很少，所以就算是转基因大豆也需要进口。还有一个我得跟大家解释一下，大家学植保的都很清楚,但是跟其他的一些搞文科的学生,可能需要解释一下。Bt 抗虫蛋白是通过与昆虫体内一种特殊的受体蛋白结合,从而引起的穿孔,而我们哺乳动物人体内是没有这种受体蛋白的,所以不会引起穿孔。它只有结合之后才会发生一些特殊的反应,从而引起穿孔。还有一些其他的谣言,举个例子,2010 年的国际先驱导报的一个作者,乱写了一篇文章,他说某地种植了先玉 335 的转基因玉米之后,将当地的老鼠减少,母猪流产的情况归结于转基因的危害,说引起这种情况的原因就是转基因作物的种植。后来农业部成立了专家组调查,发现都是造谣。为什么是造谣呢?因为这种先玉 335 的玉米品种是一种杂交品种,根本就不是转基因品种。那为什么会牵涉转基因呢?当时在美国推出来之后,把它的母本申请了品种保护,如果用这个母本来做转基因的受体的话,需要经过他们批准的。所以将这种先玉 335 的玉米品种归结于转基因品种纯粹就是扯淡。还有一个,广西高校大学生调查,说广西高校男生的精子大大减少,就是因为吃了转基因食物。这就是造谣,站在大学生的角度来说,大学生是有知识、有文化的,不要造谣,更不要把一些客观原因归结于转基因。还有说江苏地区那一带的人癌症比较多是因为吃了转基因的食物,还说是因为转基因的食物大部分出售于那些地区。但你们想一想,东北人一样吃大豆,还吃转基因的大豆,他们的身体为什么会这么强壮呢?当然国际上还有一些学报,发了一些文章,都指责转基因食物的坏处,说它们存在安全隐患,这些都是没有科学依据的。还有一个事例就是超级杂草,部分地区当年种植转基因的抗除草剂的油菜,而第二年这个地区没有再种植油菜而去种植甜菜,但是有一些油菜种子没有清理干净,落在这里,生长出来就变成了杂草,所以打除草剂也打不死,导致超级杂草的形成。但是这怎么能算杂草呢,它本来就是转基因作物,是抗除草剂的。但是如果用一种没有这种抗性的除草剂来打的话它是一定会死的。最后讲一个,北京理工大学一个经济学教授,成立了一个转基因研究生物安全的课题组,他发了一篇研究报告说,其所在的课题组检索了美国《科学引文索引》论文(SCI)中自 1980 年以来的有关转基因农作物的 9333 篇论文,对其中得出"不安全""有风险"结论的论文进行追踪,并对其后续研究进行分析,结果发现其检索的所有关于转基因作物会导致食品安全问题的论文都被证明存在不同程度的错误。一个法国的科学家,发表论文说吃了转基因马铃薯会致癌,结果在一个化学专业学报上发表论文之后,发现他们的设计都是错误的,导致学报的编辑正式宣布这篇论文撤销,不但影响人们对于转基因食品的看法,还影响了这个学报的权威性。取消就意味着他否认了这篇论文在他们报纸上发表过,这篇论文压根儿就不存在。所以从种种事件能够看出转基因食品对人体有危害是一个错误的看法。以上提到的都是个案,当然现在生产的转基因食物都是非常安全的,只要是已经商品化地流入市场的都是非常安全的,都是通过农业部安全评价的。对于获得安全证书的转基因食品人们是可以放心食用的,到目前为止没有因为食用转基因食品而发生过任何一起重大的安全事故。

发展转基因生物是我国制定的一个国策,我们对于转基因食品不应该抗拒,反而要大力发展。邓小平指出"将来农业问题的出路,最终要由生物工程来解决,要靠尖端技术",习总书记也指出"我们要拿下转基因技术的制高点",身为国家领导人,他们是不能乱讲的。2006年国家提出重大科技计划的时候,启动了16个重大专项,其中转基因重大专项是其中比较重要的一个大项目,投资几百个亿。重大专项是什么概念,我给大家举一个例子,目前我们国家的大飞机计划就是我们说的重大专项。现在大飞机叫作ABC,我们国家的大飞机是C开头,B是波音公司,A是法国的空中客机。现在是我们要把我们国家的大飞机搞成功,投资800个亿,转基因计划也投资几百个亿,那转基因等16个重大项目就不是乱搞的,这是一个基本国策。那我们怎么做呢?我们投资了大量的人力物力,来进入我们这个转基因的制高点,如果还不积极进入的话,就会丧失很多的机会,那具体要怎么做呢?一要充实和完善法律体系。每个转基因食品出来都要经过严格的审核和检测,不能说这个审了,那个不审,每个都要审。二要加强转基因产品的安全性研究,加大对转基因食品长期的观察与实验的投入。三要加强科学知识的普及,广大民众对转基因认识不够,对转基因产生了误解误导,宣传很重要,大家的理性对待也非常重要,理性地对待转基因,既不要过分排斥也不要盲目推崇,转基因技术是项高技术,每一门技术都有风险,因此每一个转基因产品和食品的出台都要经过严格的检测,要理性地对待转基因。

思考与漫谈农田土壤重金属污染与修复

罗琳,男,1969 年 3 月出生,博士,博导,教授,现为湖南农业大学资源环境学院院长,校学术委员会成员,湖南省新世纪 121 人才。湖南省土壤肥料协会常务副理事长、湖南省农业学会理事、湖南省地理学会常务副理事长、湖南省资源再生利用协会首席专家。1997 年于中南工业大学获得矿物加工工程专业的博士学位;1997 年 10 月到 2001 年 6 月在北京矿冶研究总院工作,从事矿物资源的  选矿、冶金科研工作。2001 年 6 月到 2004 年 3 月在日本秋田大学环境工学科做博士后研究和访问教授工作,从事固体废弃物资源化利用和环境材料设计等研究;2004 年 7 月被湖南农业大学作为高级人才引进,从事土壤重金属污染修复、固体废弃物无害化处理与资源化利用等方面的研究,并于 2005 年 10 月被评为教授,目前是湖南农业大学农业环境保护博士点领衔人、环境科学与工程省级重点学科领衔人。在北京矿冶研究总院,曾作为课题组长、项目组长和选矿工艺室主任等职,圆满地完成多项重大科研项目,其中有国家"十五"期间唯一新建有色金属矿山项目"铜陵新建 1 万吨/天规模铜选厂可行性研究";另外,"提高德兴铜矿铜精矿品位的新工艺研究"获得有色金属科学技术进步一等奖,新工艺和新药剂应用于现厂,年增经济效益约 2000 万元;独立申请完成国家自然科学基金项目一项"微细粒氧化铅锌矿复合活化疏水聚团分选原理和技术应用研究",新工艺已通过云南兰平氧化铅锌矿的工业试验。

农田重金属已经与我们的生活食品息息相关,因此我今天就是为了让大家了解农田重金属污染情况以及如何以科学的态度和视角来看待这个事情。作为湖南农业大学的学生,与农田打交道比较多,那么我们更应该将这些看法进行传播。我今天准备了五个内容和大家进行分享;第一个是介绍农田重金属污染的现状;第二个是关于土壤重金属污染的一些概念;第三个是介绍一些土壤修复的技术;

第四个是介绍一下开展的相关工作,包括现在政府正在做什么,科技工作者面对这些问题做了什么? 最后我想提出几个问题关于农田重金属污染的修复供大家思考。2009 年媒体已经报道说我们湖南的大米在广东检测出了重金属镉超标,有些甚至是砷超标,但当时没有引起媒体和政府太大的反应。2013 年的时候大米在香港和广东检测出超标;有很多媒体报道,这其中包括中央电视台。因为这个事情之后甚至还出现了关于中国大米镉污染的不完全分布图,大部分分布在我们南蛮地区,有些已经蔓延到黄河以北及长江以南,因此我们国家非常重视这件事。关于耕地土壤的调查现在已经在进行,重点的区域也进行了普查和调查。2014 年的时候国土资源部发布了一个公告,在样本数里面全国的土壤重金属的超标率是16.1%,这个数据具有一定的代表性。镉的超标率是 7%,在镉重金属超标里占第一位,尤其是位于工矿企业冶炼企业、中国化工企业,周边的耕地土壤总受到严重的污染。郴州市的中原、衡阳的水口山、株洲的清水塘、常德的石门,以及湘潭的竹埠港,这是湖南省七大重金属的中心。这次我们从工矿区、城郊区和钨矿区,是从污染比较重的地方取样,所以它具有一定的代表性。240 万亩的耕地里,有 170万亩是受到重金属威胁的。从而我们估计,全省有 1000 万亩受重金属污染比较严重。我所说的数据都不一定是绝对值,2016 年环保部就公布我们全国约有1000 万公顷的耕地,每年被重金属污染的粮食就达到了 1200 万亩,造成的直接经济损失超过 200 亿元。我们稻田引水灌溉,其中一种是生态污水。曾经有一段时间我们倡导对污水进行再次利用。污水经过处理后,可能没有达到排放的标准,但可用于农田的灌溉。这里面所含的多余元素,像多余的氮磷,它们对农田灌溉可以进行资源的循环,但是现在看来,污水的灌溉可能造成重金属污染。广东也进行了污染的调查,全省的汞(Hg)、镉(Cd)、铅(Pb)、铬(Cr)和砷(As)五毒金属中,镉的土壤的超标率高达 10% 以上,其他金属的超标率也相继在 1% 到 10% 之间,全国 10% 的稻米镉超标,国土资源部的通告中有 7% 的稻米镉超标,湖南便占了 28%。数据是从有代表性的地区取样制成的,我们要以严谨科学的态度来对待。这里讲的是土壤重金属,后面讲农田重金属,比如工业活动。工业活动里面,矿山的酸性废水(PPT 图片展示)、工业堆积的废渣、露天堆放的废弃物等,随着雨水淋洗,进入了农田土壤,烟气沉降,干湿沉降。这里面包括两种沉降:一个是干沉降,一个是湿沉降。所谓的湿沉降就是下雨过程中,淋洗下来的,就是我们所说的重金属,在冶炼过程中,挥发到大气里面,随着大气的移动、漂流,所以重金属的污染是日积月累形成的。雾霾是一样的原理,现在几乎全国各地存在有雾霾的问题,一部分是当地产生,但还有一些是从其他地方飘过来的。污水的灌溉,生活污水里面含有一些重金属,由于土壤对于重金属的积累效果特别明显,日积月累,在几十年上百年之后，重金属的含量就很容易严重超标了。我们进行农业活动时，一般是添加化肥、饲料，这里面都含有重金属，甚至有一部分农药，里面也含有重金属。长年累月地施加，很容易导致重金属积累，甚至我们一些有机肥里面，也会有重金属，为什么有机肥里会有重金属呢？因为动物的粪是根据它吃的饲料形成的，如果饲料里有重金属，那么它就会传递到粪便里面，从而就可能转移到土壤里。大气沉降包括汽车的尾气，大家可以发现，高速公路两边，农田土壤的重金属分布，是与距离高速公路的远近有关的，离高速公路越近，土壤所含重金属浓度越高，高速公路汽车尾气的排放是重金属污染的一个源头。右边的这张图是冶炼厂的废气，现在已经禁止了重金属污染的企业继续生产，但是以前，工业废气的排放标准里，对重金属没有严格的要求，只是最近几年才对重金属的含量限定了标准。以前只是对于 SS、浮尘、二氧化硫、氮氧化物有所限制，对于重金属是没有限制的。南开大学白志平教授对大气中的 PM10 颇有研究，我们现在都讲 PM2.5，原来我们天气预报经常提到 PM10，PM10 就是可吸入颗粒物粒径的平均值是十个微米，白教授发现大气里面这个 PM10 的颗粒里面，含有金属铬、锰、钴、镍，而且分别是土壤含量的多少倍。这说明大气的干湿沉降，是土壤重金属污染的一个重要原因。同样，污水灌溉也是土壤重金属污染的一个重要源头。还有矿山的酸性废水。这次我带学生承担了中国和法国合作的一个课题，我们到娄底双峰，发现了这个历史遗留的矿山，到现在被修复以后仍然被地表水侵蚀，地表水把一些重金属带入了农田中，可在山上的沟渠里面看到黄颜色，地表水的 PH 值都是 3 ~ 4,4 ~ 5，所以当地的井水基本上都不能喝。这是因为我们国家的这个矿山里的酸性废水排放能源物质，这里我就不详细讲了。能源物质主要包括农药、化肥、地膜畜禽粪便、污泥的堆肥等，这些都是农田重金属污染的一些源头，比如说地膜，生产过程中，会加入含铬含铅的有机物，还有杀真菌的农药，里面含有铜和锌。

我国现在的尾矿的堆存量，已经达到了 25 余亿吨，目前堆存的铅锌冶炼废渣，达到了 2000 多万吨，年产的砷渣有 5 万吨，囤积的砷渣也达到 20 余万吨。2000 万吨的土壤被铬污染，现在长沙铬生产厂已经被停产，原来长沙的铬原厂堆积了一二十万吨的铬渣，十分危险，而且就在生活污水的出水口附近。所以现在国家已经投放了大量的资金来进行治理，包括我们的电子产品。大家都知道浙江台州、广东揭阳那一带，都是私人处理这种电子产品的洋垃圾，最后造成整个地下水不能饮用，污染现象很严重。这里面有一个概念，就是土壤的酸化对于我们重金属的污染起了一个重要的作用。当然本身是因为别的原因造成的。农业大学的赵富硕教授发现，中国的耕地土壤，尤其是这个耕地的土壤，酸化非常明显，从80 年代开始至今，土壤的 PH 值下降了 0.13 ~ 0.8 个单位。不到 1 个 PH 值，看似好像没什么影响,但实际上现在影响非常之大。一个是导致作物减产,还有一个很重要的影响,重金属在自然界土壤里,如果是在酸性环境下,它更容易呈离子状态,或者活性态呈现,而如果在碱性环境下它容易形成氢氧化物或者别的一些相对稳定的化合物,这就不会被作物所吸收转化。所以土壤的酸化会使土壤中大量的锂离子以生物有效态的形式析出来。这就是为什么我把土壤酸化摆在非常重要的位置,土壤酸化的主要形式来源一个是过量地施加化肥;过量施加化肥是为了我们要保证粮食的产量,从而让中国走了很大的弯路,也就是说化肥浇得越多粮食的产量就会越高,但是现在我们要吞食自己所形成的恶果了,现在土壤地力肥率大量退化,土壤酸化非常严重。

另外一个就是酸雨,工业城市酸雨的一些酸性物质侵蚀到土壤里造成了土壤的酸化,土壤重金属污染的特点就是重金属在土壤里面很难被微生物降解,不像有机物,有机物在自然界中可以被分解,而重金属在土壤里不仅不可以分解还会迁移,当然不同的重金属迁移的速度是不一样的,有些是随即迁移,有些是随往地下水迁移。它如果附体在生物上就会被植物所吸收,不会被生物放大。有些重金属比如说汞,它由无机转化为有机之后毒性会放大很多倍,这就属于生物放大。而且重金属在土壤里的活性是非常复杂的,它与它的活性毒性以及它与重金属在土壤里的性质是有关系的,正是因为这种比较性,才使对农田土壤重金属采用了动画的一种方式,以此来暂解燃眉之急。为什么叫暂解燃眉之急?因为我一直认为动画不是它的根本解决方法,只是解燃眉之急的一种处理方法。效率非常高的一种方法就是将土壤里面的重金属由活性的形态转变为惰性的形态,能够不被植物所吸收的一种形态,这个就是我们目前的权宜之计。而重金属在土壤里的形态多种多样,你根本不知道看到的土壤里面重金属是否超标,你看不见摸不着它毒性的反射性。那么我们就在想这个问题,我也吃郴州地区的大米,好像也没什么问题,很健康,但是它有一个反射性,一个积累性,它不像一些有毒的物质吃进去以后马上就会中毒,因为人体有毒物质的浓度还没有达到抑制范围,属于毒素的难点,那么重金属对人体健康有什么危害?它转移到人体健康是一个什么样的途径?从这个表可以看到,前面这些采矿污水、化肥农药、工业废气、汽车尾气都是重金属的源头。这些重金属通过这些方式进入土壤系统,以后被植物作物所吸收,有些作为饲料传递给家禽,家禽所排放的废气又进入土壤系统,最后经过食物链进入人体里面被人体吸收,进入人体里面这些重金属它所反映出来的这种剧毒性的表征是不一样的,有些是破坏人体的神经系统,有些是破坏血液系统,有些是破坏免疫系统,有的会破坏骨骼系统,有的会破坏你的基因,甚至包括生殖系统。对于这个问题科学家还在不断地研究,所以我希望大家思考一个问题:重金属在我们人体里面是怎样发生生理生态化反应,来影响系统以及各个器官的呢? 到底吃多少镉米,我们的身体就会产生不良反应? 这个目前还没有非常确凿的证明,但是欧盟所推进的数据是按65公斤的人体每天摄入0.8~0.83微克。我们研究发现过处理试验区里面生产的铅的浓度达到了国家标准,但是在这种达到标准的地方依然会发现周围的小孩尤其是新生儿的血液里有铅超标的现象,所以并不是说不是冶炼厂周围排放的气体就是安全的,还需要医学与环保的专家联合攻关才能把这些问题搞清楚。人体对每种重金属吸收的预知现在还有待在座的各位去进行科学研究。

污染修复技术总体来讲分为化学修复、物理修复和生物修复。化学修复里面包括动画明洗、氧化,物理学也包括工程修复。什么叫工程修复呢? 比方说这个地方的土壤污染了,我会把表土移走,因为重金属大部分浮集在表层土壤的20~30厘米处,只有极少数重金属会往下迁移,这也属于物理方式。还有电动修复和生物系生物修复。比方说目前用得比较多的植物修复,有些是你用植物把里面重金属提取出来的修复,但往往是通过植物把重金属从土壤里面移走,也有一些是通过植物的根系将重金属固定在根系土壤,让重金属不污染植物,不在植物体内传递毒素的修复,但是这个内容反映出土壤的修复不等于常规的土壤修复。有些人把在工业产地修复行之有效的技术照搬到农业场地来,比如说工业场地重金属污染浓度很高,我们不可以采用化学磷取的方法,因为污染的浓度不一定都那么高,这个就是化学之磷取会带来的问题,那么我们现在要采用哪些方法? 经过科学家的研究,经过我们的生产过程中推广的以及一些技术的使用示范性实验,我们发现有些方法是行之有效的,而且是我们现在正在做的事情。农田土壤的修复不等于工业土壤的修复。有一些在工业场地有效的修复方式不能照搬到农业场地来。比如说工业场地重金属污染浓度很高的土壤,可以采用化学的方法,但农业场地不能,因为土壤污染的浓度不一样。那么我们现在主要采用一些什么办法? 经过科学家的研究,经过生产过程中的推广以及释放性实验发现有以下一些方法是行之有效的,并且是现在政府正在实施的方法。比如说我们调整 PH 值。很简单,我们将酸性污染改良变成中性或者是弱碱性,最简单的方法就是加石灰。虽然这种方法简单,但是有效。另外一种方法与灌溉水有关,如果发现矿泉水不干净,那么其重金属含量会很高。如果人们一直用重金属含量很高的污水进行灌溉的话,土壤永远都不会修复干净。所以我们现在要对灌溉水进行处理,检查达标以后,才能在农田里进行灌溉。针对品种来说,我们有两种方法,一种方法就是采用作物替代。何谓作物替代? 就是在重金属污染区,如果大米之地超过0.4毫克每公斤,土壤镉的含量超过1毫升每公斤,那么我们认为它是重度污染土壤。

重度污染土壤政府建议的方法就是作物替代。不进入生物链的修复方式就叫作作物替代。换言之,低品种的镉改良,一个方面就是大面积的水稻品种对镉的吸收不敏感,所以我们也找到了相应的品种。那么最行之有效的方法就是找到控制镉吸收的基因,经过基因改革工程的改良使我们的水稻品种对镉不敏感。另一方面,土壤越往下走,重金属的含量越低,甚至没有含量,那么我们能不能把下面的土壤翻出来,最终经过综合,改良土壤。另外一种办法就是植物修复。我们动科院地理所陈斌教授是第一个发现蜈蚣草的。但是目前,许多人对于蜈蚣草有争议。有人认为蜈蚣草是砷的克星,但我们发现蜈蚣草的叶子里面有8%的钾,比其他植物的营养成分都高,因此它在生物里面长得很好。现在,陈斌教授在广西种植了几千亩蜈蚣草来进行释放。植物修复虽有优点,不破坏环境,但是生长较慢。

第四个方面介绍一下已开展的工作。今天所讲的内容跟现在已开展的工作有密切联系。因为发现这个问题后,我们国家和财政部就把国家污染土壤修复工作放到了我们的长株潭地区,并将其作为重点区域。从2014年到2015年,已经投入了十几个亿。湖南的长株潭召集19个县市的领导,进行了170万亩农田的修复工作。这个170万亩农田的修复工作分为三大类的区域,第一个区域即轻度污染区,也叫作达标区。那么达标区是如何划分的呢?就是说在大米的指地里面含镉的数量是0.2毫克每公斤到0.4毫克每公斤。为什么定0.2毫克每公斤?因为0.2毫克每公斤是我们国家水稻的标准,就是1公斤的大米指地镉的含量不能超过0.2毫克。第二区域就是广控区,就是说大米指地的镉含量超过了0.4毫克每公斤,且土壤的镉含量小于1毫克每公斤。第三区域就是作物替代区。在这个区域里,大米的镉含量大于0.4毫克每公斤,同时土壤的镉含量大于1毫克每公斤。对于达标区,我们主要采用石灰、种植绿肥增加有机质、添加叶绿肥的方法来进行处理。我们提出从2014年就开始讨论的方法,于是在区域里面进行了VIP实验。所以我们的VIP实验不仅仅是在长株潭,还拓展到了另外六个县市。那什么叫V,什么叫I,什么叫P? V代表品种Variety,I代表Irrigation,P代表PH值。

水稻的品种,英文字母第一个I,就是灌溉水irrigation的第一个字母。P就是pH值,虽然程咬金三板斧,看起来没有那么高大上,但是只要有效果就行。品种,该作物替代的就作物替代,该放低级的水稻品种就放低级的水稻品种,把灌溉水先净化,这是我们再一次进入农田灌溉。我们再加入药剂,使它的PH值升高,这就是程咬金三板斧。2014年到2015年的一个报告统计出来的结果,表明土壤的生产值达标生产区由5.37到了5.73,原来是5.1,那么这个稻米达标率,达到了50%左右,就是原来超标的稻米又有50%可以达标了,由此看来还是行之有效的。在1~2年内我们也会加石灰、绿肥,还有叶面肥,增加有机质。所以土壤重金属含量在逐年下降,由 0.32 降到 0.23,广东生产区也取得了一些效果,但是仍然不够理想。我这里主要讲的是,重金属并不是很可怕,大家不要谈虎色变。它是一个漫长的积累过程,而且并不是说土壤重金属污染了,它的大米就一定污染。第三个,我们现在定的 0.2 的标准是不是科学? 因为当初定 0.2 毫升每公斤的时候,是考虑了市场因素。因为在全世界吃大米的市场中,中国人是最多的,所以我们为了限制国外进口大米,对他们的质量提出了要求,但是没想到我们定的这个标准把自己框死了。欧盟的标准是 0.4,而且原来美国日本的标准曾经达到了 0.8,比我们高两三倍,如果我们现在按欧盟的标准 0.4 来的话,起码我们现在超标的40%、50% 大米里面有很多是不超标的。所以大家不要认为,重金属污染是一件很可怕的事情。

目前湖南农大做得比较多的就是冻化处理,这是一种效率比较高的方法,也是解决燃眉之急的一种方法,所以我们研发了很多新型的冻化剂,比方将一些水化石进行磁性改性,比如说我们将工业产生的一种副料食醚(包含了一种磷肥)做成肥料颗粒。刘芳说我们的一些含铁的防水剂,纳米铁和二氧化锰结合的一些材料,这里我不做专业的介绍,因为很多非专业的学生不是很了解。这个材料是通过一些分子设计,通过小试到大田实验,再到推广实验都证明是有效的。我们在长沙地区和香港地区都做了十几到二十几种不同大小的实验,都获得了非常明显的效果。2009 年我拿到的一个国家基金,用的是冻化处理,是在湘潭靠近乡间的地方,也就是目前七大重金属污染区域之一。原来他的大米籽粒里面重金属含量是 0.8 ~ 1.2 每公斤,通过一年的添加冻化剂处理,可以达到 0.2 以下,0.1 左右,那么它的效果是非常明显的。农业厅在试点工作,当时是长株潭地区,由湖南农业大学尤其是资环学院负责株洲地区的重金属污染修复工作,湖南农科院负责长沙地区,而我们的邻居——中科院亚热带环境研究所负责香港地区。这说明我们农大在重金属修复这一块已经是国家政府部门重要的技术和决策依托单位。这个有赖于我们张青云教授利用国家给的经费做的农田灌溉水,灌溉水通过一级生态塘和三级人工湿地,但是生态塘和人工湿地都是一些无动力的、比较生态的方法,因为我们不可能让灌溉水天天有人去操作,只能由机器去操作处理。第二个不可能成本太高,那么采用生态的这些植物,对重金属的吸收,所谓的生态拦截,就是将重金属拦截在系统之外,其中,有挺水植物、沉水植物等很多植物,最后通过我们的紧急处理,超标区域的灌溉水都能够达标,然后每一级出来,它都会降低。那么这个是农科院的唐前军博士做的隔板到谷粒使用,就是说我们现在有这么多的农田被重金属污染了,也有那么多生产的稻米被重金属污染了,我们不能把它丢掉,可以做别的利用,除了做吃的。这个就有一组在专门研究镉超标玉米再利用的一些技术,但是这里面不是很清楚。比如说,镉超标产业化处置方案,我们可以将谷壳和超标稻米经过一些转化以后,生产出一些无害化的饲料,也可以做生物质燃料,同样可以做一些淀粉的衍生物。所以不能说,玉米超标了,就全部把它丢弃,这也是资源的浪费。这个是中科院亚热带研究所陈彩云博士做的对于低级类品种的基因的改良,这个基因改良的工作,看起来没那么难,但实际操作是很难的,日本搞了二三十年的工作,通过基因改良研究出两个新品种。超级稻的产量高,但是它对重金属的吸收能力也高,通过课题组的研究,发现这之间没有关系,并不是说超级稻一定会重金属含量高,大家不要有这个误解,我们研究所搞超级稻,重金属污染地区就不能种这个水稻了,这是不正确的。这些关系都是通过研究重金属与基因之间的关系弄出来的。

关于农田污染与修复的几个问题的思考。第一,我们现在的农业生产,在搞农业现代化,发展已经这么多年了,水稻耕作文化是否出现了偏差? 在古代的时候我们老祖宗讲究天人合一。加有机肥,但那时候没化肥,所以就加点石灰,不过尽量加有机肥,因为养分在农田系统甚至在自然界是不断循环的,我们没出现这些问题。科学发展到现在能够尊重土壤养分与资源循环的这种农业生产方式,能否结合现代技术,探寻一条现代化的农业生产方式,同时又是和谐的又是生态文明的生产方式,这是值得大家思考的一个问题。第二,我们是否已经找到一种根治农田重金属污染的方法,"VIP + n"的技术措施,到底有多大的提升空间,n 代表多种技术,可以是植物技术也可以是别的什么技术,那我们就可以在 n 字下发展,到底我们能否找到一种根治农田重金属污染的方法? 农田重金属污染有没有这个时间表? 日本到现在还没有把农田重金属污染彻底解决。度化技术虽然可以解燃眉之急,但形成的度化体,几十年以后,几百年以后,还会非常稳定吗? 它会不会重新释放出来? 它能保持多少年的稳定? 这是科学家现在所要研究的。第三,现有的农田生产标准是否合理,我们国家到底是 0.2 是合理的? 0.3 是合理的? 还是 0.4 是合理的? 这是非常复杂的一个体系,我们国家地大物博,幅员辽阔,土地的类型多种多样,所以实践的标准是不一样的。

动物源性食品安全控制

孙志良,博士生导师,中国畜牧兽医学会兽医药理毒理学分会副理事长、中华人民共和国兽药典编写委员会委员、农业部新兽药评审专家、教育部审核评估专家、农业部教材建设专家委员会委员、湖南省畜牧兽医学会副理事长、湖南省121人才工程人选、湖南省兽药工程技术研究中心主任、

国家植物功能成分利用工程技术研究中心生物兽药分中心主任,现任湖南农业大学教务处处长。科研的主要领域是药物靶位探寻与新药筛选,中草药功能成分分子药理学研究及药物新制剂开发。研究领域得到国家自然科学基金、科技部、湖南省科技重大专项及重点项目等多项资助。现主持国家自然基金"血管生成素样蛋白促动物酮病发生及天然多酚调控机理"(31072167)及"钩吻促肥育猪生长作用靶点筛选及机制研究"(0515038)项目的研究,主持国家863计划项目子课题"兽药分子设计与产品创制"(2011AA10A214)的研究,主持湖南省科技厅重大项目的子项目"新型制剂技术的研究与开发"(2012FJ1004 - 3)的研究。近十年获湖南省科技进步奖4项,授权发明专利4项,SCI收录论文24篇,主编或参编全国统编教材或著作6部。

动物源的食品是来源于动物的组织和它的附属产物,包括我们所提到的肉、蛋、奶等,也包括以这些为原料制作加工的一些产品,比如香肠、腊肉等。目前在食品里面,70%的食品安全问题都是来源于动物源食品。动物源的食品安全直接影响到我们的健康,影响到我们的民生问题和社会稳定。

第一个方面:希望同学们能多了解动物源食品的基本情况。每年的中央一号文件,内容都是我们的"三农"问题。特别是近几年,环境保护被提到一个更高的

高度,对于养殖业的要求和规范就更高了。所以我现在说五化,即规模化、产业化、工业化、绿色化、现代化养殖的模式越来越多了。在这么一种情况下,我们整个畜牧业经济占农业的比重由原来的23%提高至现在的40%。所有的肉制食品和所有的加工食品在一起,能够占整个农业经济的50%左右了。到2015年,有一些省份就超过了50%。

第二个方面:我们整个国家的养殖层面,我们首先从这些数据了解我们国家在世界上是一个什么样的位置。肉质食品,包括我们所讲的肉类、蛋类,从这些数据可以看出来,整个产量、质量,从2013年的一个高峰,到现在已经处于一个平稳的时期了。因为现在我们在追求产量的同时,也在追求质量。那么食品安全的不安全因素主要在一些什么地方?首先,我们要了解动物源食品安全问题。在我的印象里,1997年发生了瘦肉精事件,对我们整个牲畜出口造成了很大的创伤。随后是三聚氢氨,这个同学们都很清楚了。第三个是牛头马肉,因为当时一段时间牛肉的价格很高,于是有些商家用马肉来代替牛肉,后来在市场上面查出来了,并且在外国进口的牛肉里面也查出来了。第四个就是速成鸡,速成鸡与速生鸡是两个概念。速成鸡,是因为在鸡的生长过程当中,用一些限制使用的,或者不能使用的药物,或用一些非管制的添加剂,来促进动物的生长,但是添加剂在肉质食品的残留量是非常高的。还有一种叫速生鸡,也就是讲这种品种的鸡的生长速度是比较快的,只要你能够满足它的营养水平的需要,它的生长速度非常快。所以这里叫速生,生长的生,另一个叫速成。我们应该用各式各样的方法使这个鸡的生长速度加快,并且使药物残留减少。速生鸡是可以食用的,像我们现在都吃的一些洋快餐,比如肯德基或者一些炸鸡店里面,用的速生鸡是比较多的。你只要满足它的营养需要,它的生长速度就会很快。再一个就是人工鱼翅的问题,有些商家把明胶和色素搅在一起,做出一种人工鱼翅,而且味道和真正的鱼翅粉丝味道差不多,但是肠胃不会吸收明胶,就会造成腹胀腹痛的情况。

第三个方面:同学们要知道动物源性的食品安全问题造成的经济损失是非常大的。首先讲动物疫病,新的一些动物疫病的发生频率很高,特别是近几年,但是旧的一些疫病又没有走,我们叫作"旧的不去新的已来",严重地影响到了动物源食品安全。这里我讲三个病毒。第一个就是去年就有甚至今年还在非洲地区传播的埃博拉病毒。这种病毒引起了人类以及其他灵长类动物疾病的发生,感染后出现的主要特征是出血严重。这种病毒感染之后,造成的死亡率是比较高的。那么它的病原,是产生于人还是产生于动物呢?它能够在人和临床类动物之间传播,那么是不是能够通过动物传播呢?现在这些问题都还在研究过程之中。就好像2001年2002年SARS病毒发生的时候我们以为病毒来源是果子狸,后来通过专家研究之后,发现这个病毒的来源不是果子狸,它只是可以通过果子狸传播。埃博拉病毒的传播可能对于动物源性食品的安全有影响。第二个是近几年在东南亚广为传播的登革热病毒,该病毒通过伊蚊传播,虽然它的病死率不是很高,但是它对于人的身体是有极大的影响的。如果伊蚊体内的这个病毒可以在动物体内传播,那么我国海南这一带发生登革热的可能性会很大,而且它的感染人群数量也会非常大。第三,就是现在在我们国家发现的寨卡病毒,虽然病毒的致死率不是很高,但是它的传播速度是非常快的。我们国家已经出现了几例由寨卡病毒引起的疾病,现在患者已经治疗好并且出院了。我们军事医学科学院专家目前对疫苗研制的进程比较快,但一些新疾病的产生会对整个人类造成很大的危害,对动物造成的影响也很大。特别是这些我们还没有真正研究清楚是不是能够在动物身上传播,在传播的过程之中是不是能够在动物体内也进行寄存的病毒,它们对整个人类产生的危害是非常大的。如果在座有同学是动物医学、动物药学、动物科学专业的,在从事这方面相关研究的时候,我们可以去思考这个问题。这是一些新的病毒和疾病的发生。再就是旧的一些疾病仍然发生,比如狂犬病、炭疽病、链球菌病、禽流感、寄生虫病,一直在威胁动物以及我们人类的生命安全。

第四个方面:动物源性食品的药物残留对人体的危害也是很严重的。虽然我们说目前动物源性食品的安全性是好的,但毕竟还有一些是不安全的。如果这些不安全的情况发生在一个家庭或者一个同学身上,那么对于他们来说,发病者命中率就是百分之百。既然会在某一个人或者某一个个体的身上存在,而且会有百分之百的命中率,那我们就一定要采取措施将它杜绝。关于药物残留造成的危害,媒体也报道了很多,其中一些就属于药物中毒。PPT上列了很多药物中毒的病例,一些药物它在动物体内造成的危害不是很大,但是一旦转移到人类体内,很少量的一部分对人体造成很大的危害。我们都很清楚,将动物源性食品的内脏熬成汤以后,只要人喝了几口,药物进入体内,心脏和肝等部位就会引起很强烈的反应。如果抢救不及时,就会出现致命的情况。第二个方面,氯霉素只在伤寒、副伤寒和肠胃疾病很严重的时候用,但是兽医不能用,特别在食品动物的饲养过程中,是一定不能用的。第二点,就是过敏反应,大家应该都很清楚。过敏反应对人的危害是很大的,所以很多时候我们找不到疾病根源,就认为是过敏反应。我们所讲的过敏反应,最明显的就是青霉素。我在这里问同学们一个问题,为什么大家到医院里面去打针的时候,打青霉素之前会做一个皮试?而为什么做完皮试之后没有明显的过敏反应,打完针医生还要你坐15分钟再走呢?同学们去思考一下。这里有很多青霉素中毒的事例。有一次一个幼儿园的两个小孩吃了鲜奶,病得很厉害,找不出原因,这两个小孩就死了。如果是食物中毒的话,那么就不止两个小孩死了，这整个幼儿园的小孩都要死。后来通过专业的调查发现这两个小孩对青霉素过敏，而这个奶里面就有青霉素。为什么这个奶里面含有青霉素呢？因为这个鲜奶是从牛场里来的，而牛场里的牛得了乳腺炎用了青霉素。而打了药物的牛应该有个戒奶期，在此期间产的奶是不能喝的，这个牛场没有遵守这个规定，就导致了这个事件。所以我们同学对药物的过敏反应也要引起注意。第三个方面就是耐药性问题。同学们对于耐药性问题是很清楚的，这个危害也是很严重的。讲到耐药性，就不得不讲为什么会有耐药性。比如说北方的同学到了我们南方再回去后不吃辣椒就不习惯了。细菌同样如此，长期接触自然环境下的一些抗生素，它就会产生一种耐药性。如果你把这些药物搁置一段时间不用，它就又会恢复对这种药物的敏感性。这就是细菌的耐受性（耐药性）。如果我们长期使用这个药物的话，这种细菌的某些基因就会产生变化，专门对付这类药物，就成了耐药细菌。如果我们长年累月地让这些细菌在某些环境里面接触这些药物，那就惨了。超级细菌就是我们所说的任何药物对它都没有用处，如果这种细菌对任何药物的耐药性很强，它的自御能力很强，那么对于整个人类来说只有死路一条。因此，考虑到耐药性的问题，在美国和欧洲一些国家，包括亚洲一些国家是禁止使用抗生素的。什么叫作超级细菌，就是多重耐药菌，就是对所有的药物都耐药。它在细菌的体内有多个耐药的基因。比如说，最早的超级细菌是 2008—2013 年由英国的一个科学家提出的，我们可以查到的，这个科学家在印度首都新德里的受治疗者体内分离到了一株细菌，叫作肺炎杆菌，这个细菌含有酶 NDM－1 这个基因，通过研究发现，在这个肺炎杆菌内发现的酶对所有药物的耐药性都很高，所以我们把这个细菌称作超级细菌。在我们国内有华南农业大学的刘建红博士、中国农业大学的沈建忠院士与英国的吉姆博士一起组成的团队，他们经过 5～6 年的努力，在人体内发现了一种抵抗强效抗生素的超级细菌，它被称作 MCI－1。这种基因产生以后对抗生素的抗菌性非常强，就意味着最后一道防线已经被细菌攻破了。现在耐药的机理很多，不知道具体用哪种途径、哪种方法对付它比较好。超级细菌是肯定存在的，但是大部分致病能力很弱，一旦发现哪个病菌的致病能力很强，传播速度又很快，又没有任何药物治，那么事情就非常可怕了。

所以我还想对同学们提两个问题：第一个，作为兽医兽药的工作者，我们怎么消除细菌的抗药性。细菌会产生抗药性，我们就得想办法来解决这个问题。现在一些研究已经证明，我们使用的一些药用植物和在某些抗生素使用的过程中，细菌对于药物的敏感程度增加。第二个就是我们所说的靶向药物，进入人或者动物的体内会有针对性地和细菌结合到一起，并且减少药物对人和动物的不良反应，它治疗的效果也非常好。细菌能产生抗药性，能有抗药基因，那么我们就要想办法来克服这个问题。细菌具体分为三类:第一是有益菌,第二是条件菌,第三是致病菌。每个人的体内都有大肠杆菌,大肠杆菌是一种条件性的致病菌,只有当肠道的环境达到一定程度的时候,大肠杆菌才会大量繁殖致病。有益菌就不用说了,有害菌是从外界侵入体内的。如果一些药物在动物源食品中残留,人食用后就会对体内的菌群造成破坏,在这种环境下这些有益菌对药物的敏感程度会增强,而一些条件菌和有害菌大量繁殖对人体的环境造成破坏。

动物的加工屠宰问题,我们应该从如下几个方面对加工过程严格把关。第一关是安全把关。如果在整个加工屠宰的过程中不把好安全关,肉质食品安全性无法保障。第二关就是运输关。同学们在学校吃的肉一般是从冷冻库出来的。冷冻库出来的肉一般都是经过严格检验的,而且通过冷冻车运到我们学校来,要保证肉质食品在屠宰后到进入锅前的整个过程是无菌的。如果这一关把关不严,那么危害也是比较大的。从冷冻库出来没有问题,但是到了餐桌以后肉质食品变了质,学生们吃了就有可能中毒。这就是在运输过程中出了问题。所以这一关也要严格把关。第三关最常见,就是肉质食品在进入市场后有可能掺假,比如假奶粉、假肉等情况都发生过。所以我们要保证从生猪的养殖、屠宰以及到餐桌上面的整个过程都是非常安全的。只有整个过程安全了,我们才能保证肉质食品安全。第四个方面就是加强肉质食品安全的一些建议。首先要加强立法工作。第二个执法要严。如果执法不严,那么维护法律的尊严也很难。要是发现某个工厂的肉质食品检验不过关,就会在网上公布出来,这是十分严格的。我们要强化从牧场到餐馆的全程监管,要把好动物源食品安全关。动物在生长的过程中不可能不生病,而生了病就要治疗,治疗需要药物。现在有很多专家坚决反抗使用药物抗生素。但是要在全世界的范围内找到抗生素替代品,十年之内不可能。如果让所有的养殖场停止使用抗生素一个星期,那将会有许多损失。所以,我们要保证整个动物养殖过程规范化。我们要保证兽药生产严格按 GMP 规范。保证兽药安全严格按 GLP 规范。保证兽药临床实验严格按 GCP 规范。保证兽药销售严格按 GCP 规范。从牧场到餐桌的整个过程的监管有几个关键点,对危害关键点控制,这个规范叫作 GACCP。因此,把这些规范控制好之后,我们就可以控制动物源食品的安全。我们要建立动物食品安全的体系。我们国家对动物食品安全的要求比对欧美这些国家的要求要高。现在我们国家对动物食品安全的残留要求比一些国家要高,说明我们国家的食品安全更好了。这也使我国食品安全标准能与国际接轨,保持畅通性。要建立动物食品信息和追溯系统,如果说某个食品出了问题、某一杯奶出了问题,我就一定能查到这杯奶是从哪里来的,一定能查到这一斤肉是从哪里来的。建立好追溯系统能促进整个食物链的安全。既然动物源食品安全与兽药有关，我们就要讨论该如何使用好兽药这个问题。目前开发兽药的原料成本很高。目前我们很多的兽药都十分针对动物的性能，关键就在于我们该如何合理使用它，如何开发一些更好的药物使它的效果更加好、针对性更高、疗效性更强，让它的不良反应几乎等于零。到过很多的猪场后我发现，一种好的兽药就能够把某一个猪场的效益提高。我有一个硕士生毕业之后到一个养猪场，他把这些新的技术应用到这个猪场，发现现在用的药没有以前用的药多了，并且整个动物的抽样检查里面没有什么药物残留。所以说，我们学生在学习过程如果有什么好的学习方法能够为社会做出贡献，应用到自己的工作中就是非常好的。接着我们要讲一个问题，就是我们现在研究了很多中草药，在我们宝贵的药用植物里面，所蕴含的有效成分来治疗动物的疾病，来促进动物的生长效能是非常好的。我们现在正在研究钩吻，就是人吃了之后可能会死亡，但是动物吃了之后特别是猪和羊不但不死，它的促生长作用还非常好，大家搞清楚这个问题那就不得了了。为什么它在这个剂量范围之类对猪和羊有促生长作用，为什么用到人身上它就是毒药，像这种情况我们是不是就要去思考。并不是说是药就有三分毒？我们需要如何控制它的用量来发挥它的作用，发挥疗效？如何最大限度地在我们动物市场产生最大的效益？习近平总书记也强调食品安全是民生问题，一定要落实，要以最严谨的标准、最严格的监管、最严厉的处罚、最严肃的问责来切实保障人们的舌尖上的安全。

现代渔业发展与科技创新

王晓清,现任动物科学技术学院院长,博士生导师,学校学术委员会委员。王晓清教授于 1983 年考入湖南农学院,主修兽医专业,1985 年被选拔到华中农学院水产系进修水产专业,1987 年毕业后留校在动科院水产系任教至今。其间,2006 年到东京海  洋大学连续访问 6 个月,2010 年受农业部、商务部派遣到非洲加纳从事渔业技术援助工作。现为湖南农业大学水生生物学博士点领衔人、中国水产学会会员、中国水产质量标准委员会委员、中国水产学会生物技术分会委员、中国水产学会淡水生态分会委员,湖南省水产学会理事长,长沙市水产学会名誉理事长。主要从事水产动物育种及增养殖方面的研究,重点研究中华鳖生态养殖和品种改良技术。王晓清教授目前主持的项目较多,包括 3 项国家自科基金面上项目,公开发表学术论文 150 余篇(SCI 收录 20 篇),获 3 项省级科技进步奖,授权技术发明专利 2 项。

水产是一种非常巨大的产业。1994 年美国生态学家莱斯特·布朗写了一篇文章《谁来养活中国》,声称中国必将出现粮食短缺,进而造成世界性的粮食危机,2008 年在另外一次世界大会上他说出了中国对世界的两大贡献:第一是计划生育,第二是水产养殖。2015 年中国人均水产品占有量 47.24 公斤,远高于世界平均水平(20 公斤),但人均食用量仍很低,不到 15 公斤,还达不到世界消费的平均水平。国家"十三五"规划提出到 2020 年中国居民平均水产品消费量将达到 58 公斤,提出了要实现渔业的现代化,做到质量安全、环境友好。党的十八大也提出水产养殖发展在于生态优先、养捕结合、以养为主,首要任务是保障水产品安全有效供给,渔民持续较快增收,确保水产品供给安全、质量安全、渔业生态安全。

全世界渔业产量在逐年增加,年产量超过 1.64 亿吨。中国 2015 年产量约 6700 万吨,占世界水产品总量的 39.3%,养殖产量达 4762 万吨,占国内水产总量的 73.8% 以上,养殖产量全球遥遥领先。1989 年以来,中国的水产养殖量一直居世界第一。水产养殖品种非常丰富,有 200 余种,其中淡水约 100 种,海水 90 余种。其中鱼类品种超过一半,虾蟹类 20 余种,贝类 40 余种,藻类近 40 种,爬行动物、两栖动物、棘皮动物和腔肠动物等 20 余种。从养殖方式来讲,从过去的传统养殖混养方式,到现在的单养、主养,特色养殖、生态养殖等。我国内陆江、河、湖、库资源丰富,加强这些资源的利用也是渔业发展的重要内容。池塘养殖是目前水产养殖的主要方式;网箱养殖不仅是海水养殖的主要方式,也是内陆大水面渔业开发的一种方式;工厂集约化养殖是现代渔业生产的主要体现。稻田生态种养目前发展非常快,湖南省现有 2300 多亩稻田,稻田养鱼、养虾、养蟹、养蛙等成功例子很多,休闲渔业当前在国内也有很广阔的市场前景。

但是,中国水产发展至今,也存在一些突出问题。一是水产品结构不合理,结构调整从旧的趋同走向新的趋同;二是产业化程度偏低;三是设施比较落后、技术含量不高,机械化、自动化程度不高;四是种群混杂、种质退化,生长慢、抗病力下降,病害日益严重;五是养殖环境恶化,渔业自身污染较严重。针对这些问题,我们国家提出来发展现代渔业,现代渔业与传统渔业的主要区别就是现代渔业为科技先导型渔业,采用新技术和现代装备来提高生产效率,促进生产观念进步,重视环境保护和资源保护,生产的发展主要依靠质的提升而不是量的增长。从资源环境讲,我们要提高资源保护和环境保护意识。首先要在这种前提下来发展渔业,这样水产品质量和养殖技术都会有所提高。从产量上来讲,过去我们提倡的就是亩产过千斤、过吨,现在亩产过 5000 公斤都已很普遍。所以提高产量不是问题,关键是质量的提高。现代意义的渔业,是一种生态可持续发展渔业,是资本密集、知识密集型的产业,是一个集成物理、化学、生态、环境等相关科学技术的科技先导型渔业。

提到现代渔业的发展,我们就要提到一些技术创新,这也是我报告的主要内容。

一是水产育种方面的技术创新。从 1996 年开始我国开始正式对水产新品种进行审定,所有新的养殖品种都要通过审定和产业认可,现在发布的 131 个新品种中,有培育种、杂交种等。最有代表性的是鲤鱼品种,鲤鱼的杂交效果最好,所以做得最早,有关的品种也最多。鲫鱼也是新品种中出现很多的一个培育种。在引进品种方面,我国做的工作很多,虽然审定的有 30 多种,但实际上有 100 多种。国外在选育品种方面,美国、挪威等国家做出了很多成绩。我国在品种选育方面主要是针对传统的特色品种,如鲢鱼、草鱼等。育种方法从最简单的杂交方法到选择育种,再到现在的航空诱变育种,以及生物技术育种。最开始的杂交育种,世界上做了很多,鱼类中培植的1080种鱼类,大多数是淡水鱼类,而国内是从1958年开始的。除了种间杂交外,还有属间杂交,属间杂交取得了很多成果。其次就是选择育种的方法,选择育种的方法主要是群体选育、家系选育、混合选育,种混合选育难度比较高,在生产养殖管理方面比较难对付,这里选育出来的一些品种是通过群体选育出来的。家系选育还处在刚刚开始的阶段,还要经过长时间一代又一代精心的交配,通过多代的选择才能育出新的品种。还有一种是生物技术的应用,包括细胞工程、基因工程、性别调控。在基因工程育种方面,朱作言院士首先获得了转基因鲫鱼,又获得了转基因泥鳅。细胞工程育种的方法就更多了,用药剂诱导、利用细胞工程来实现,等等。太空诱变育种,诱变育种在植物方面做得最早最多,因为携带很方便,发射卫星时把种子带到太空,不需要其他特殊复杂的环境。但水产动物要保鲜活,就需要一个小小的养殖容器,比如一个小小的试管,这个管子需要供氧,要维持良好的水质,能够发射返回式卫星的话就能做这个试验,我国从1987年就开始搭载,在农作物里面做了很多实验,有的还通过了新品种的审定。淡水品种主要由中科院研究所承担淡水鱼类的搭载任务,海水品种主要由福建省水产研究所承担。再就是性别的调控,目前这个研究很热门,为什么要做这一方面呢?是因为一些水产种类雌、雄个体差异很大,生长和抗病性能等都有明显差异,我们做的一种方法是杂交性控,另一种是药物诱导。我们会人工去调控这种性别,比如鲫鱼为什么长不大,因为很小就已经成熟。甲鱼雌雄差异也非常明显,角鳖雄性只有500克左右,雌性有七八公斤,中华鳖雄性个体生长要快于雌性,生产上就需要去调控性别。从方法上来讲,有使用药物诱导处理的,像刚刚我们讲的罗非鱼,需要我们实现罗非鱼雄性化生产要用激素来投喂,刚孵化出来的鱼苗,就用雄性激素来诱导性转化,转化为雄性就长得快。如果你需要雌性的,就用雌激素来喂养,在性别分化之前,开始处理。但这也会出现一些问题,对鱼类进行一些激素投喂,它们长成之后体内会不会有激素残留让人们难以放心。除此之外可以通过杂交方法控制性别,如奥尼鱼就是尼罗罗非鱼和奥利亚罗非鱼种间杂交获得的,雄性率可以达到95%以上。以上这些是在育种方面的技术创新发展,更多的技术创新需要在座各位去努力。

二是在健康技术养殖方面要有创新。这里要讲的主要是养殖模式。第一个是池塘生态工程化的养殖技术。选用的是工程化养殖,以前的池塘养鱼,是有池塘就养鱼,现在从环保意义上来讲,这样是不合格的。养殖区的废水首先经过物理过滤,然后进入滤食性鱼类养殖池、芦苇湿地、生态水沟,水体中的金属离子、有机质得到净化,再通过一些微生物载体,高等水生植物进一步净化,净化池种植一些水草,包括狐尾藻、芦苇等,一个标准的生态养殖场就够做到零排放,这是池塘的一种生态养殖工程模式。另一种是复合生产模式,就是我们所讲的稻田种养,比如稻田养蟹、养鱼等,可以和池塘结合起来,池塘养殖废水可以通过稻田净化,再重汇到这个池塘里面来,形成良性的生态循环种养。在很多地方,尤其在沿海,在土地资源有限的情况下,适宜建设一些工厂化设施,集标准化、信息化于一体的现代养殖方式。工厂化养殖,需要详细规划,在养殖技术方面,第一要有现代的装备;第二要有先进的技术。如天津和江苏的一个水产公司,外观是标准化的厂房,室内有很多的养殖设备和设施,首先是有很多的养殖池,其次有水处理、监控等先进设备,还有控温设备和养殖系统。另外就是在自动化和信息化方面,水产领域有很多现代的管理都要参与进来,包括水质检测、视频监控,水质检测不仅工业化养殖可以用到,普通渔场也已经开始实施。还有自动化的控制设备,这些设备体现的是装备技能化,主要有渔业机械,包括一些仪器、渔船、捕捞机械、打捞设备等。渔业生产方面的主要设备是增氧机械、投饵机械、远程控制设备、通信设备、导航智能设备等;水产加工、制冰冷藏都是主要的加工设备;鱼饲料加工设备主要是一些饲料机械;养殖工程机械主要运用于清理淤泥、挖塘和运输等。当然除了这些装备,还有一些温室大棚,要建一座温棚很简单,有专业的公司为你设计安装。这些先进技术和装备是渔业科技创新的具体体现。

健康养殖时间就是要提倡建设发展保水渔业,致力于生态环境保护,建立鱼养水、水养鱼这样一个健康的生态系统。其次就是建设水产品安全保障体系,包括快速检测和安全评估体系,产品可追溯。其三是渔业自动化快速发展,智能化的设备,一个是智能控制系统,包括自动投入系统,循环水处理系统。现在我们可以实现手机养鱼,通过池塘里的水质在线检测,反馈到你的监控系统中来,比如说水体溶氧降低,它会报警提醒你去设置自动控制装置,自动控制装置可以控制增氧机。我们湖南也建立了渔业数字系统,这个系统属于信息系统,也属于操作系统,湖南所有的相关渔业机构、水产公司、养殖场,都可以通过这个数字系统进行查询。

关于渔业发展的趋势,我们渔业大国的地位是不能动摇的,在全世界有接近40%的产量。我们要以人为本、以安为先、以养为主,在养殖领域,我们要注重产品的质量安全、生态安全,以及节约资源方面的创新,要合理布局,优化产业结构,推进标准化健康养殖。要提升生物资源养护水平,确立现代产业体系和支撑保障体系,实现生产发展、渔民增收、产品优质、生态文明、平安和谐的发展新格局。

农业机械化与现代农业生产

孙松林,男,1963 年出生,工学博士,湖南农业
大学教授,博士生导师,农业工程一级学科博士点
领衔人,湖南农业大学第十三届学术委员会委员。
中国农业工程学会理事,中国农业机械学会理事,
湖南省农业机械与工程学会副理事长。《农业工程
学报》编委,《农机化研究》编委。

第一个问题:现代农业生产和机械化的关系。

在现代农业的基本特征中,首先就是要求生产
过程机械化。生产过程的机械化主要指用先进装备代替人力的手工劳动,在产
前、产中、产后各环节中大面积采取机械化作业。我们在座有学农学的同学,都很
清楚作物栽培包括选种、育苗、耕地、播种、施肥、植草、灌溉、收获、作粒、风干、加
工等。很多来自农村的同学都知道,看到过农业机械作业,整个作业水平很高。
需要从事农业生产的人力也很少,那这个是不是现代化呢? 我想说:这不是! 农
业机械化绝对不等于现代化。农业机械化是实现现代化的基础,是充分必要条
件,没有机械化的支持就不可能有农业现代化。

毛主席早就提出农业的根本出路在于机械化,改革开放以来,我国的农业机
械化取得了突出成就。农业机械化缓解了青壮年劳动力短缺的突出矛盾。现在
我们的农村是"386199 部队"在从事农业生产(38 代表妇女,61 代表儿童,99 代表
老人),我们的生产劳动力主要是这些人群,因此农业机械起到了重要作用。农业
机械化保障了农业的稳定发展,挖掘了粮食增产潜力,引领了耕作制度改革,推动
了农业技术集成、节省增效和规模经营,加速了农业现代化进程。特别是从 2004
年农业机械化促进法实施以来,效果非常明显。到 2015 年我国主要农作物机械
化水平已经达到 63%。按照机械化三个阶段的划分来看,40% 以下是初级阶段,
40% ~70% 是中级阶段,70% 以上是高级阶段,那么我们现在的机械化水平已经

达到中级阶段并且距离高级阶段不远了,所以机械化为实现粮食产量和农民收入的十一年连年增长做出了巨大贡献。

目前我国机械化农业生产的几个主要问题:

第一,农业劳动生产率水平低。美国、德国等国家农业劳动力人均负担耕地面积比我国大,但人均生产谷物和肉类产量比我国高。农业劳动力创造的附加值和养活的人口数也比我国多。

第二,农业资源利用率很低。目前我国氮肥和磷肥的利用率都比发达国家的利用率低。过量施肥不仅会提高生产成本和资本浪费,同时会造成对农产品产地环境的污染,还是引起地下水硝酸盐积累和水体富营养化等现象的重要因素。施药方面,我们现在以简单喷雾机为主,农药喷施量大,挥发、飘移严重,资源利用率不高,也使生态系统污染严重。

第三,农业机械化发展问题突出。农机装备虽然数量大,但档次低,基础设施条件差;双季稻地区机插秧,甘蔗主产区、棉花产区、油菜产区和丘陵山区机械化已经成为发展的瓶颈;农机合作社等新型社会化服务主体组织化程度低;虽然我国的农机工业产值非常大,但关键机具及核心部件对外依存度高。

第二个问题:农业机械化的装备的基本情况。

从主要作物生产的生产环节来看,农业机械化生产装备主要有耕、种、收、管、干等。

我们首先来看耕整地机械。我们现在的机械化水平还是比较高的。从全国的统计来看,就耕作这一块基本上接近于90%。现在你在农村看不见牛了吧,或是说很少,有一些偏远山区可能还有一点儿。目前我国耕整地机械的种类齐全,品种也很多。我们现在在向着国际化的方向发展,比如说,对于耕整地这一块无人驾驶的旋耕机、激光平地机等这些智能化技术和机具。这样一些机具正应用于我们的农业生产。这是旱地的平地铲,这在南方比较少见,在北方有应用。另外是水田激光平地技术这一块,可能现在很少能看到了,现在普遍是拖拉机平地。采用微机械陀螺仪和加速度计实时检测平地铲的水平倾角,实现了平地铲水平位置自动调整,并且平整精度高(<3 厘米)。这是应用到我们南方的丘陵地区的耕整机平整。

在种植机械方面。从水稻和旱地这两块来讲。这个大家应该看到过,最原始的人工插秧,现在我们湖南省还有些地方仍是人工的,但是少了。现在一般是撒播,或者是抛秧。在我国机械化种植发展还很快,也有很多机型。我省现在人工撒播的也不少,特别是益阳、常德、岳阳这些地区。撒播,学农业的同学应该很清楚,人工撒播的秧苗在田间无序分布,生长不匀,造成通风、透光性差,易受病虫害侵害,抗倒伏性差等问题。从水稻的种植来看,现在我们湖南省机械种植有两大块。一块是直播,一块是移栽。我们的农民把背负式的喷雾器改过来,里面装着水稻种子,用手一摇,就把种子撒到田里去了,这比手撒好多了。这种东西还传到了东南亚,他们发现东西这么好,很高级,所以他们引进这个。这种条播机,是一种高性能的机械直播机,是技术性比较好的,它可以实现同步开沟起垄施肥的水稻精量穴直播,在两蓄水沟之间的垄台上的播种沟一侧开设一条施肥沟,将肥料施入施肥沟中。飞机撒播的方式在澳大利亚地区广泛应用,这种方式最大的好处就是生产率高。毋庸置疑,这种方式对土地面积大的地区非常实用。对于插秧方面,大家的了解应该比较多了。在机械插秧方面,水稻育秧新技术与新机具,可一次完成播土、播种、覆土、淋水四道工序,既可播钵体苗,又可播毯状苗(适当更改相应装置)。采用电磁振动 V 型槽播种方式,可调节振频、振幅,以适用不同品种的播种量需求,这种方式播种均匀,生产效率高,每小时可播 550 盘。一方面利用水稻植质钵育栽植技术,高耐水性富含营养成分的新型植质钵育秧盘成型技术,水稻植质钵盘精量播种技术,水稻钵育定点栽植技术。另一方面是关于插秧机的,现在插秧机政府补贴很大,插秧机拥有量逐年在增加。这是摆载机。在久保田 SPU – 60 型插秧机上,开发了基于 RT K – BPS 的插秧机智能导航系统,路径跟踪最大误差小于 10 厘米。插秧机会自动在田里运行。另外就是旱地这一块,旱地移栽在我们国家应该来讲还是一个起步的阶段。事实上,旱地移栽以后的发展前景是非常大的,因为我们劳动力的成本高了,我们的蔬菜需要移栽,我们很多作物也是需要移栽的,比如说我们的油菜,虽然我们现在主要以直播为主,但是从农艺的角度来看,移栽也是一个很重要的方向,而且移栽机械在国外的发展也是比较快的。第三大块就是收获。收获这一块我们国家机械化水平的发展比较快。分析几大作物的收获水平数据,我们现在小麦的机械化收获水平已经达到了91.63%,水稻达到了79.02%,也很高。这个我们应该很有体会,现在湖南省农村里的水稻,基本上用人工的已经比较少了,都是用收割机。玉米这一块,虽然它的收割机收获水平只有50.37%,但是我们想一想,10 年前它的收割收获水平还不到10%,所以它的发展速度是非常快的。我国的机械保有量较大,发展也很快。现在的发展方向是高效化:喂入量大于 3 千克;高性能:中高端智能化技术;丘陵山地:小田块、深泥脚田的履带式全喂入联合收割技术;多功能:带秸秆粉碎或收集打捆功能的联合收割技术。我们油菜生产也是很重要的,粮食安全和油料安全是湖南省的重要任务,无论是水稻生产,还是油菜生产,国家对湖南的投入和重视程度都是比较高的。虽然我们现在的油菜种植机械化水平高,但收割机械化水平还是比较低。油菜的收获方式以联合收割和分段收割为主。其实国外很多地方都是采用分段收割,而湖南省主要是联合收割。现在油菜收割的主要问题是损失比较高,损失比较高的重要原因之一就是油菜的成熟度不一致。那么既要解决成熟度的不一致,又要降低它的损失的话,还是要采用分段收割式,但这种方式推广的难度较大。这方面机具的研究我们已经基本完成了,下一步的主要工作是推广应用。现在油菜收割的主要问题是降低损失率。

第三个问题:探讨一下农机农艺融合的问题。

国家中期关于促进农业又快又好发展的意见以及对于农机和农艺怎么良好地结合提出的意见,有两个基本点,一是我们要建立农机和农艺科研攻关机制。现在农艺学家研究播种栽培,农机专家研究机械,研究它的设计、它的制作,研究它的工作原理,并不断地创新,这个做得很好。但是,他们之间相互交叉、相互融合的度不够,也就是农机专家怎么了解农艺上的要求,农艺专家怎么了解农机上的要求。这个问题非常重要。近几年很多专家都开始重视这个问题。特别在我们学校,在这个农机农艺结合上,应该来说有很大的进步。我们学校有国家"2011创新中心",这是农机农艺融合的条件,也是机会。二是要制定相互适应的机械作业规范和农艺标准。我觉得这个非常重要,农作物的品种、播期、行间距、施肥、植保等这些因素,应该要协调,要为机械化生产提供条件。打个比方,如果把行距更改几厘米,我们的插秧机结构就要改,这对于机械化的经济性和适应性等都有影响。还有品种、施肥、植保等方面都应该有农机农艺融合的问题。

农机农艺怎么才能融合呢? 我在这里点一些方面。比如说,我们现在的油菜,油菜收获的时候最大的困难是什么?是油菜成熟后交叉比较严重,收获损失大。如果我们能把这种分叉减小,就可以降低损失。让油菜们单株,就解决了这个问题。飞机播种,问题主要是怕倒春寒。我本人认为直拨和插秧两种机械化种植方式比较,直播是一种很典型的轻简化生产。就像油菜种植,为什么现在油菜种植的机械化水平提高得这么快呢? 就是因为油菜种植采用了直播。如果水稻能解决种子的抗寒问题,那么这个问题完全就可以解决了。

我们再看看美国的标准化生产。现在北方种苹果成本越来越高是为什么呢? 因为没人去摘,摘苹果是很累的。可是如果我把这个苹果树种成这个样子,那么我们的机械就很好作业了。还有我们湖南种植葡萄,湖南是葡萄种植大省,我们同学们摘点葡萄就是为了好玩儿,自己吃几粒,真正说要大面积去收葡萄,我估计你们也不会去做。如果我把葡萄园也标准化,那么我采摘的时候就方便了。根据种植的行距、高度与我的机器来匹配。这就是农机和农业融合的问题典型。

关于移栽这一块,我们研究不同的移栽机,包括单行移栽、多行移栽,等等。

现在玉米的收获机械化水平已经超过了50%,为什么提高这么快,实际上就是农机农业融合的一个典范。还有割前脱粒。另外一个是秸秆处理,这也是现在我们急于解决的问题。秸秆不能老在田里,收上来又能做什么? 我们应该很好地去规划。秸秆处理这一块是我们的一个弱势,但这个在国外发展得很好,形成了综合处理机制。日本做的水稻秸秆包装,是用来做饲料的,这种的包装十分精致。那我们什么时候才能做到这一步呢? 应该说还有相当长的一段路程。

第四个问题:谈一谈我的几点思考。

一是要运用机械化先进技术,提高资源利用效率。发展"精细农业"及其相关技术是资源精准利用的有效手段。"精细农作"在很多国家已经成为节约水、肥、种、药、油的有效手段,也是发展低碳农业的重要措施。应大力开发和应用精准种植、精准施肥、精准喷药技术与装备,提高资源利用率,降低生产成本,减少对环境的污染。

二是要提高主机配套比例,优化农机装备结构。根据发达国家的一些数据,拖拉机与农具的配套比达到了1∶6。而我们国家是多少? 1∶1.6。这个差距非常大。打个简单的比方,现在我们耕种的机具,一台机具一个动力,而在国外不是这样的,它是一个动力配多套机具。

三是要扩大农业生产规模,提高农机作业效率。我国农业生产目前以小规模农户分散经营为主,地块小,不规则,农机作业时田间转弯、转移等耗工多。加快土地合理流转,通过农田修整、地块合并等措施,为农机装备的高效作业提供基础条件,加速产业结构调整,扩大农业生产和经营规模,推进农业产业化进程。我们国家要把这个良田改造摆在重要的位置。今年的一号文件中有一个很重要的热点,就是要保障8亿亩农田改造成高标准农田。这是一个非常好的事情,对于进一步提高机械化水平有很重要的作用。

四是要鼓励农机共同利用,提高装备利用效率。我们的主机配套低只是一个方面,另外一方面是我们现在的农机,虽然各家各户都拥有,但很分散。我们要加快建立健全农机社会化服务体系,重点培育和扶持农机合作经济组织、农机作业公司、农机大户和农机协会等新型农机服务组织,制定相应的政策,包括贷款优惠、购机补贴、跨区作业、作业质量、收费标准、信息服务、农机维修、产品流通等。

五是要加强农机农艺融合,统一农业生产标准。我们要培育适合机械化生产的作物品种;将农机农艺相结合,研究既符合农艺要求又适合农机作业的农业生产标准,制定相应生产工艺规程;结合农业产业结构调整,在农作物产业带内尽可能统一作物生产规格。

今天我们的主题是"农业机械化与现代农业生产"。未来的农业生产可以这样说：耕牛退休，铁牛下田，农民进城，专家种田。未来我们坐在田间喝咖啡，眼睛看着就可以了。

作物转基因研究的现状及发展趋势

陈信波,男,湖南农业大学二级教授、生物化学与分子生物学专业博士生导师,作物基因工程湖南省重点实验室常务副主任,湖南省高校学科带头人,湖南省新世纪"121人才工程"人选,中国农科院兼职博士生导师。1983年华中师范大学生物学专业本科毕业,1986年湖南农业大学生物化学专业硕士研究生毕业,1995湖南农业大学植物生理生化专业博士研究生毕业。1997在日本名古屋大学国家公派留学一年,1999年12月至2003年6月在美国南伊利诺伊大学和普渡大学从事博士后研究工作,2006年到日本筑波国家农业生物学研究所进行植物功能基因组合作研究与学术交流。1986年7月至1994年7月湖南农学院基础科学部植物生物化学教学,助教讲师。1994年8月至1995年7月湖南农业大学理学院生物化学与分子生物学教学,副教授。1995年7月至1999年12月湖南农业大学省作物基因工程重点实验室副主任,植物分子生物学与基因工程副教授。2003年至今,湖南省作物基因工程重点实验室常务副主任。曾先后承担了国家自然科学基金、"973计划"前期研究专项、国家转基因生物重大专项子项目和教育部博士点基金等20多项国家、省部级科研课题的研究工作。目前主要研究方向为水稻逆境分子生物学与分子育种和植物(亚麻、龙须草)纤维发育。自2000年以来克隆鉴定了一批水稻耐旱、耐高温和耐盐相关以及农艺性状相关基因,在 *Plant Cell*、*Plant Physiology*、*Journal of Experimental Botany* 等国际国内刊物上发表研究论文100余篇,其中SCI源刊文章32篇(第1和通讯作者23篇);研究成果获湖南省自然科学奖二等奖1项、湖南省科技进步三等奖2项。

转基因,就是把一个基因转到受体上面,这个受体包括动物植物和微生物。我们今天讲的就是植物方面,把基因转在农作物上,先让供体分泌一些我们感兴趣的基因,把DNA片段放在一个载体上面,通过一个转换的过程将其转移到我们的受体细胞里面。转基因的载体质粒是存在于细菌中的一种独立复制的环装DNA结构，我们将基因片段黏在其上，由电自我复制到受体内基因就可以表达了。这是细菌的转基因。如果是农作物的转基因，我们还需要把有所需基因的质粒转到染色体上去，这里就用到了农杆菌，这样一个特殊的细菌里也含有质粒，它的特性是在它侵染作物时它的外来基因可以转移到作物上。我们巧妙地利用了农杆菌的特性，永久的遗传性转移到了作物上，之后进行筛选直到有对农业生产有用的质粒出现。这个过程是比较长的，先发现这个基因然后确定其价值，最后进行转基因。我在实验室做转基因的功能鉴定，如果这个基因要应用的话就需要一系列的检查，比如对其他的性状有没有影响、有没有各种安全问题。有一个组织对农业生物技术与应用性对转基因产品各方面的信息进行统计和跟踪分析，这个组织每年都有一个年报，2016年出了一个1996—2015年20年的年报总结，从中我们看到转基因种植的国家，从1996年开始商业化到2015年是20年。从最开始的170万公顷到现在1.6亿公顷，差不多是一百倍。转基因作物中最重要的是大豆还有玉米、棉花、油菜，我们国家还有木薯。按照转基因的性状来讲，最多的是抗除草剂的。然后是一些符合性状，然后是抗虫，最早是抗虫和除草剂，现在可以看到符合性状逐年增加。这是主要种植的国家，美国是种植面积最大的，有7000万公顷，种类也是最多的，有玉米、大豆、棉花、油菜、甜菜、木瓜、马铃薯等。我国排第六，主要是棉花、木薯。可以看到，我们这个国家最新的跟美国来比面积相对而言还是不大的。

　　这里没有涉及粮食作物，因为木薯主要是淀粉，主要是作为酒精发酵，以工业淀粉为主，所以除了摸索杨树和棉花，用的还有它的纤维。目前我们国家还不存在转基因农作物的种植对食品产生的影响。其中这几个发展中国家，也是人口、种植面积比较大的这几个国家，都有转基因作物，这里面有四个都是金砖国家。这五个国家占据的人口比例是非常大的，我们可以看到转基因作物在欧洲种植面积很小，因为在转基因方面欧洲社会舆论压力比较大，甚至研究时限制非常大，因为他们除了讨论安全问题以外还有伦理宗教：他们认为生物都是上帝创造的，我们这样去改造行不行。我们新的育种、新的品种出现都是在改变遗传背景，只是改变的形式、手段不同而已。

　　那么我们可以看到农作物的应用领域在扩大，种类在增加，转基因的性状也在增加。根据国际组织的一项报道：中国种植有370万公顷的转基因作物，其中以棉花为主，使棉农产生了很大的经济效益。还有长Bt的粮食、抗病毒的木瓜，主要是这三种作物在商业化的生产应用。除此以外，我们国家已经有成熟的技术，玉米和Bt水稻我们国家有许可证。正面和负面报道有很多，特别是一些国际和平组织,还有一些其他的机构呼声比较高。有一台电话是专门播放转基因的,说这个 Bt 水稻虫子吃了都死,人还能吃吗?但我们现在把基因转过去已经得到了性状很好的可以成为品种的材料,通过社会舆论跟社会沟通或者科普,不能说大家完全没有安全顾虑,水稻这么大的作物推广,正式的种植还没有,但是我想我们的问题解决还是会有推广的。我们国家比较明显的是玉米、含 Bt 的水稻,因为 Bt 对一些昆虫抗性比较强,像直霜,植物不能直接用,但加入这种酶,植物就能主动吸收磷,应该说是一种很好的转基因产品。同时,我们国家水稻和玉米的进口量比较大。几个原因:一是我们自己大多产量在下降,需求在上升;另一个是差价比较大,因为转基因种植成本在降低,加上外国本身就是机械化生产,价格比我们国家低得多,所以我们进口得多。进口得多,国家又不允许做转基因的种植,所以成本比他们高得多,自己国产的也就卖不起价,农民就没有收入,这样循环,农民就不愿意做。对于转基因一些不同的观念,我找了一下 2013 年习主席的讲话,我觉得他的讲话很实在,很切合实际。他说转基因技术是很广阔的,这点是可以肯定的。

但是对于这个新生事物有疑虑很正常,就这个问题他强调了两点:一个是确保安全,一个是自主创新。也就是推广转基因产业化商业化要有严格的技术规范,要严格地按照规范来。Bt 的转基因水稻是华中农大研究出来的,因为没有打农药产量高,农民就把它们留下来了,留下来就自己去种了,种了就当普通苗卖了,国际和平组织就在市场上采集到了这样的转基因水稻,把这件事情报道出来了,所以这个事情影响很不好,农业部就进行了很严格的检查,包括我们的老师在海南岛做调查,因为海南岛在冬天还可以种,所以在那边种完再拿到湖南种就加快了育种的速度。包括海南岛,农业部基本上每年都会去取样检查,如果做转基因要表明按照国家规定设置隔离带等,再去进行种植。我们国家是比较严的,所以既要考虑安全同时也要大胆创新,这个转基因技术方向,如果我们不去做,不去抢占,就会在经济上受到很大的影响。同时我们国家也非常重视转基因的研究,我们在 2008 年的时候就发布了一个通过国务院会议的专项转基因作物培育的重大专项,总共要投两百个亿,刚才罗书记也有介绍。其中 2009 年的时候,我也参加了一个关于抗旱的转基因重大专项,这个工作还在开展。2016 年,我又发布了新的转基因专项的题目,关于转基因专项的成果,农业部有一个介绍,是从当时政协委员的提案里面提出来的,要求农业部说明我们国家转基因专项到底执行得怎么样。因为有民众提出质疑,花两百多亿用来干什么?转基因的安全究竟存不存在问题?民众向农业部提出问题,要求他们答复。这都是问题里面的,通过专项实施,抗生莲在我国的推进中,总共有 124 个不同的品种,毕竟它要适合不同的地区和不同的气候条件去栽培。尽管农业的使用减少了 37 万吨，但实际经济效益是 420 亿元。还有新产品的研发，刚才我们也提到了水稻、玉米等，这些都有比较好的转基因品种，只是没有推广而已。我们自主创新的能力在显著增强，通过转基因专项，包括我们参加的抗虫、除草剂等一些重要的基因，建立了主要农作物的一些技术规范。而且我们国家具体主要考虑到干旱、盐碱、病虫害等一些问题，这些方面也是我们国家的一个重点。重点就是优先进行抗虫、除草剂、抗旱这样一些检疫。我们的棉花抗虫，但是抗虫基因最开始是美国发明的，他们是有知识产权保护的。就是我们国家中科院，他们开放出来抗虫的基因，已经超出了专利所限定的范围。

我们跟他们从序列上来讲，转基因都是抗虫，但基因的序列不同，申请专利的时候，基因的作用在一定范围内不能是相同的。我们国家最后开发出来的，和他是不一样的。所以我们可以是自主的、专业的，这样我们国家的转基因棉花才能得到大面积推广。如果不是创新的，没有专利权保护的，是没办法种的。只要一种，他就会要你赔他多少钱，根本种不下去。这就是我们国家还要做的原因，因为我们不做，一些关键的基因都被他们克隆了，被他们做成专利，想用就要付钱，而且这个钱很不划算，被动就在这里，所以我们必须要做。在这方面是非常慎重的，同时也建立了比较完善的制度。今年我看到了一个报道，中国化工集团公司宣布要收购瑞士的农化巨头，估计这个价格要超过 430 亿美元，折合成人民币就是几千亿，这是我们国家最大的一起收购案。当然现在我看到一些报道，关于欧洲同不同意，因为它不属于一个国家，它属于欧盟，所以欧盟同不同意才是关键。同时他还要考虑收购之后对它们有什么影响，所以还会有一些审批和讨论。从这一点，我们可以看出来，由于这个公司在转基因方面有很多经验，还有很多专利和材料，如果收购的话，我们在全球的推广，以及我们国家的转基因水平都会有较大程度的提高。

再和大家介绍国外和国内的转基因农作物以及种植的一些基本情况。我认为转基因农作物的研究和发展主要是这样几方面。一个是新型的克隆和鉴定，就是要找新的重要的公众基因；第二个就是一些特异的启动组和载体；第三个是转基因技术；第四个是安全评价。这是一个趋势，从最开始的除草剂，都是特异性很强的单一基因的一种转基因。那么再往后，比如说增加产量、改善品质，都不是一个基因能够解决问题的。另外像产业现状，我们大部分的产业现状叫作数量现状，由很多个基因共同作用才能够得出它的产量，得到明显的提高。它不是由一个基因来控制，也就是说想要改善它一个基因的现状，要知道有多少个基因在控制它，要把这几个基因和它协同地去进行转基因，才会有明显的效果。也有可能以后的转基因,不仅仅是用于农作物,用作粮食,也可能用于其他的工业用途,包括利用转基因的植物、药物以及一些化妆品。其中一些用来生产药物,华中理工大学用水稻去生产人体的免疫蛋白这样一个研究工作。我总结的是总体的一个功能鉴定和转基因应用,可能需要由单基因到多基因,由简单信号到复杂信号。第二步就是对启动组和管理方面的研究,关于启动组,我们把它分为三种类型,其中一种是左锥型的。先说一个概念,关于我们刚说的一个抗虫基因,基因本身是形成蛋白质的一段编码序列,基因表达,需要前面有一段启动组,后面有一段终止组,中间这一段是我们的目的基因。那么这一段目的基因,买的这一段目的基因能不能拿去转入形成 MNA,并进一步形成蛋白质,不是由这段目的基因编码来决定的,是由前面的启动组来决定的,所以记忆力表达需要看启动组,如果启动组有问题,它的表达也会出问题。这个启动组就是在各个时期、各个部位持续,高表达的启动组,所以像我们刚才讲的抗虫、抗除草剂就比较适合,因为这段时间都可能要去打,不同的时期都有虫子要吃,树叶它也吃,根它也吃,所以就需要在这个时期打。没有打除草剂,那部分就死了。叶片打了,茎干没有打,那么茎干死掉了,那肯定不行,所以它本身是适合这样的表达的。还有些情况,它在特定条件长大的,比如说,抗变异、抗旱的、抗高温的,如果这个转基因起抗旱作用,也就是说遇到干旱的时候,这个基因存在的话,那么能够抗旱,没有干旱的时候,不需要它起作用,因为它能够正常地生长,所以像这样的基因,我们称为诱导性启动子,有干旱信号的时候,它就表达,没有干旱的时候,基因不表达,这样更有效,因为合成mRNA,基因编码的蛋白质,如果在我们不需要的时候表达出来,就是浪费。还有些情况,比如说高油酸,只需要在种子里表达,要这个种子的含量高,不是要把这个叶片提高,那我们只需要基因在种子里面表达就行。还有一种退异性的种子,称为主持特异体种子,这个基因需要在哪个地方表达?如果是前面放的,是只在这个地方表达,启动子的话,我们就可以让它只在这个地方表达,对于基因的表达,有些部位,可能表达以后,对它是有利的,有些部位表达会对它产生干扰。我们做这个转基因鉴定的时候,发现有的基因转进去了以后,对旱事确实有增强,但是呢,有的时候,发现植株变矮了,结实率降低了,有这样的异常现象。

这样的话,我们如果能有组织特异性这样的启动子,按照我们的需求,让它在我们需要的时间、需要的部位,或者它所需要的环境改变的时候出来。我们最后的产量,这种能源、物质,就不会受影响。所以,这一块必须加重研究,必须要找到这种退育的启动子。另外就是表达载体,刚才说到了,以后单基因会向多基因转变,我们是把多基因放在载体里面,而载体能否放进这个片段是受限制的,如果过大了,质粒就不能够正常地复制,这个时候我们需要对载体进行改进,使它能够装进更多的片段,有更大的容量,我们大片段的转化需要有大的容量,插入基因需要有特殊的酶来剪切,使它插进去。前面是怎么装,这个能不能装?我们要给它一些位点让它装进去,所以组装系统要研究。另一个就是定点整合。

目前的转基因有随机性,在任意位点都有可能。我们实际上也是利用它的随机性,让它插入一个基因中间把这个基因打断,我们曾经利用这个来构建大量的突变体,它插入哪个基因就把这个基因破坏了,这个基因就失活了。在任意转的过程中我们就发现,有的转基因材料可以正常地表达,有的表达的量很低,甚至相反。例如,水稻中我希望转一个基因使某个基因表达得更强,可是最后加入进去以后,不仅加入基因没有表达,还把原基因抑制了,可能这个基因插入的位点对这个基因有影响,或者对周围基因有影响。我们现在对越来越多的作物有全基因的测序。就是染色体上面的哪个位置有什么基因我们都知道。我们可以把握将基因放入哪条染色体,和哪个基因放到一起,和我另外需要的基因放到一起。这就需要有一个定点整合,这一块需要重点研究。另一点就是转基因体系,比如说我们国家水稻转移得比较成功,但是水稻中的新稻,有很多品种是转不进的。还有很多像小麦、芝麻的那些都是很难转进去的,在实验室研究的时候,可能一个研究生研究了一年也出不了一根转基因的苗子,这研究得不计成果和劳工地去做。转得这么低,怎么使它生产应用呢?所以需要有针对不同农作物的、不同品种的转基因技术发展起来。要让这种转基因能够变为一种程序化控制的、高效的、常规的转基因体系,当然安全方面的研究也是必不可少的。其他技术我就不详细介绍了。另外一个特点就是除了我们刚刚说的转基因以外,还有非转基因的,例如分子育种。转基因是分子育种的一种概念,现在还有些非转基因技术,去年特别热的那个技术叫基因编辑技术,那么这种技术能够对目的基因进行编辑,但它只是改变目的基因的序列,没有再加进任何其他的东西,严格地说它不算是转基因。它通过辐射、化学诱变、自然突变得到的基因的变异没有本质的区别,所以这个技术对于那些反对转基因看法的人来说是无法反对的,因为这个就是将它原本的基因按照我们的目的进行编辑,这个基因性状是更好的,没有别的。

另外,我们国家做得比较好的,就是分子育种。就是说我知道这个性状由哪个基因控制,有特定的序列,我们希望将基因转入农作物中,只要把需要的基因标记的序列拿去检测,那个序列在,就证明基因转接成功了。这就能作为一种手段很快地检测到是否转接成功,它不受环境的影响。产量性状的基因的种植条件、水肥、环境都在变,有时就不好比较。这种分子检测就会更加准确。它用标记的手段,将我们的目的基因转移到亲本上。另外一个就是分子聚合育种。这个中国农科院和南京农大弄得比较多。分子聚合育种就是把几个不同的基因同时标记来检测,通过标记鉴定把其他几个亲本的良好性状全部转移到这个亲本上,使它综合的各种性状都得到改善,这就是聚合育种技术。我主要是做水稻的研究,主要研究方向是抗干旱高温和盐。我在美国做的研究主要和干旱相关,回国后,2003 年我国出现了严重的高温干旱天气,使得我国水稻严重减产,特别是抽穗和扬花上结实,我们也称为生殖生产期。因为这个植物干旱高温生殖生产期最敏感,营养生长就不那么敏感,生物生长期,或者是花粉发育,或者是不能授粉,最后表现是空或贫。所以我就集中精力做了水稻耐旱耐高温,我们主要做水稻干旱下的基因表达,1986 年还没有人做这个,于是我做了这个。这个高温下的是很复杂的,它不是影响一个基因而是几个基因,受到几个基因的影响,只好从中筛选一些有重要影响的基因,把它进行功能鉴定,这个就是转录因子,这个是功能蛋白,发现这些基因能很明显地改变耐旱和耐盐性。这个基因表达升降低高的有区别,这个是降低的,这个是增强的,那么干旱以后呢? 表达增加以后耐炎热耐高温,像这个基因,当把它温度降低以后,它耐高温,所以这里面有不同的情况。这有一个例子,一个是转基因,这个是基因的表达,这个是没有干旱处理,那么干旱以后我们再跟它注射,这个过不了多久就恢复了,这个就明显地笔直增上,这个受影响更大了,也就容易枯死了。

另外想跟大家谈谈我对于专业的体会,为什么我想谈这个专业呢? 因为今年开学的时候,老师就要我们去给学生做个介绍,这就谈到专业,为什么呢,因为刚刚开学就有很多同学提出转专业,我就跟他们讲,转专业得慎重地去考虑,所谓"三百六十行,行行出状元"我是非常赞同的,每一个专业都不能说它好不好,关键是能不能学得好、干得好,所以不要轻易去变动专业。我自己是生物系,大家可能还不知道这个 1979 年的生物系是什么情况,在 1979 年之前我是华中师范大学的,在 1979 年之前生物学是搞劳动的,是专门种田的,所以他们给生物系一个定论,他们告诉我你们是劳动系,是种田的,不像写文章的系,我们是劳动系,说实话,我是农村的,我根本不知道什么专业,所以就随便填的,也谈不上什么人指导,被录取了生物系就去了,那时候不允许换专业,我们进去以后通过不断学习,我就觉得生物学没有什么不好,所以后面几年到了快毕业的时候就有人说 20 世纪是生物学的世纪,我就更加自豪了,另外我们也看到生物学从当时到现在的发展是非常快的,分子学的发展那真是飞快。我们看看 SCI 的杂志期刊,绝对是涉及生物学的最多,所以我觉得只要学好就有前途,关键是怎样去更好地认识这个专业。我当时是生物学,那么后来我进一步学化学、看文献,上课的时候,自己体会到我对这个感兴趣,那么我觉得有必要进一步了解,那么我就会在上课以外多去看些书,多去了解这个学科的进一步发展,那么再自己看看是否感兴趣,如果感兴趣,我就多花点儿时间,所以这是第一个专业。第二个就是我们对学习的交流,最近本人上课也了解了一些情况,我就发现有些本科生上完一门课以后,问老师姓什么,他不知道,还有我们自己院的学生,我们问他,你们院里面有哪几个比较有名气的教授、他们都做什么,不知道,我只知道院长是谁,因为院长做过报告,其他的都不知道。我觉得这个不好,你们这个学院的一些做得比较好的教授的研究方向,也要去了解,你如果觉得有兴趣还能继续交流,如果不是和他们一样的,你也可以跟他们交流一些问题。现在生科院还搞了个导师制,这是个很好的机会。所以我觉得要多交流,我们那时候上完课就一堆人去问老师问题,现在上完课后把老师拦下来问问题的真的不多,那也就是说我们没有问题,也就是说我们没有去想,没有做进一步的深入阅读和发现,所以你才提不出问题,但是你去提问题,实际上就是你在思考、在积累更深入的专业知识,这是我想说的第二点。第三点就是我们的学习不是为了考试,一定是要融会贯通去学,看文献研究方面的,看一部分很深的、很专业的、知识面比较广的文献,看文献的过程中,一定要培养我们科学思考的能力,培养这样的能力我觉得很重要。我到美国去做博士后,第一个去的地方它就交给我一个题,怎么做出一个酶,就是把这个酶提出来。那么第二次到普通大学,认识一个老师,他本人是做化学的,他分析了植物表面的蜡与这个耐旱的关系,发现这个有些突变体表面,比如说玉米表面有一层白粉,这个就是表面蜡烛,如果说这个合成表面蜡烛的基因突变了,白粉没有了,我们看到的就是光的亮的,那么这个突变体就不耐旱,它的水分由于挥发容易导致出现干旱,他就找这个材料分析里面的蜡烛,下一步怎么做呢,他就在想,我们把这个基因找到,那应该是一个很好的事,所以他最后找我,去了后他告诉我,他就是想把这里面的基因克隆出来,看是哪个基因,而且他以前没有做生物学,什么基本设备条件都没有,所以就交给我了,我去设计方案,再让他去做,我帮他设计采购,购买药品,做设计方案。

最终我用不到两年的时间跟他完成了两个基因克隆,这个是第一个,是当时一个很重要的蜡烛基因,当时是十一点多,那么回来之前完成第二个是五点多,两年的时间就克隆了它们两个,这个老师非常高兴,为什么? 因为在美国,他们一个老师在大学里面给了五年时间,进去以后帮设计部做事,这五年时间也提供了一定的经费,那么这五年要发表多少文章要考核,如果考核符合了,那么就留下来,我就给你这个资格,资格就是终身的,那么你就是副教授,教授就是终身的职位,只要你能够上课教学,没问题的话你就保留了,如果说考核不过,你就自己走人,有的人到了第三年、第四年发现根本不可能在第五年完成任务,第三年就自己主动走人了,我回来的时候他就告诉我我的考核通过了,非常高兴,所以也就是说因为是博士后招去让我干的,那么对于研究的人来讲,材料更重要,现在一般的研究老师都有,但是得到一个很好的材料就很难,搞好材料,方法一用上就出来了,当时他有好材料,所以对于我来讲是个非常好的机遇,我知道怎么去做,没有哪个地方是不通过我自己去查文献去学能够做好的,所以我自己体会比较深。还有大家千万不要忽略实验课、实验技术的掌握,因为我现在觉得有很多实验课堂老师把东西都准备好了,瓶瓶罐罐按照他的要求那里加一点儿这里加一毫升,以后设计不管是对是错填完就走人。现在学校有强调技能培养,特别是有强调综合技能,综合实验课,像这种我觉得大家可以做,不光非常认真地对待实验技能,还要从理论分析上面多动脑筋。我觉得实验技术也是非常重要的,还是举我这个例子,当时1999年年底我到美国去进修博士后,我当时什么都没有,SCI文章没有一篇,当时和现在不一样,那时一篇也没有,但是中科院也是有SCI的文章,做酶的分离。我的简历里面说我有很强的生化操作技能,我给他们放生物实验、放研究技术实验,我说我对酶的提取分离从化鉴定都能掌握,就凭这一点就让我去了,去了以后他确实也不会操作,都是我操作,当时是因为我有这个基础,所以我最后能够把这个任务给完成。所以就是说我们在大学期间,不管是理论课的学习、实用技能的学习还是科学思维科学分析这种能力,我们一定要非常注重,要去培养。当然也包括信息获取能力和与老师交流的能力,这些都要培养。我还发现一个情况,像现在考研究生,报完研究生后问他们报了哪个学校,他知道报哪个学校,但那学校有些什么老师、他们做什么研究,都不知道,包括到我们这里来,我们有哪些老师、都是做什么的,也都不知道,我觉得这个是比较盲目的。我们当时报完研究生,首先将自己的专业确定好了,然后要看看全国有哪些大学研究生研究机构,这个做好以后,当然我也要评估,做好以后我是不是能进,考不进我当然要往下面再降一点儿,而且我们都会跟老师交流,这之前都是有准备的,不像现在有些人报完再说。大概就谈这些吧,讲得不是很认真,请大家原谅啊!

油炸食品的安全性分析

谭兴和，男，二级教授、博士生导师。现任湖南农业大学第十三届学术委员会委员、食品科技学院学术委员会主任、湖南省人民政府参事、湖南省食品安全专家。曾任湖南省乡镇企业局局长助理、食品科技学院副院长，湖南省第八、第九、第十届政协常委，食品科学与工程湖南省重点学科带头人、食品科学与生物技术湖南省重点实验室主任等职。

谭教授主要研究方向是农产品加工及贮藏工程，先后承担了国家支撑计划项目、国家重大科技攻关专项、国家948项目、国家973项目和国家自科基金等科研项目；获得省部级科技奖励共6项、省级教学成果奖2项；获得地（厅）级科技奖及教学成果奖6项；共主编和参编出版了著作及全国使用的教材22部；公开发表学术论文200多篇；获得国家发明授权专利10多项；在科研开发与产业化方面，多项技术得到转化，并且与企业建立了良好的合作关系。

如今，大家都十分关注食品安全问题，都担心这个能不能吃，那个能不能吃。我在外面开会的时候，碰到一些领导或者专家，总有人问："谭老师，什么食品能吃，什么食品不能吃？"我说："这个可不好回答，如果用四个字回答的话，就是要'平衡膳食'；如果要多讲两句的话，那就是'什么食品都要吃一点儿，什么食品都要少吃一点儿'。"也就是说，要多吃些种类，少吃些数量，这个就是健康饮食。同时也经常有人问到油炸食品是否安全的问题。

我们小的时候，常听到这么一句话——"油多不坏菜"。那时候，我们觉得这是个真理。因为那时候，吃菜经常是吃"红锅菜"。所谓"红锅菜"就是炒菜时，先把锅烧红，不放油，就直接炒菜。如果要是放油的话，就是用锅铲把肥肉中的油挤出来后炒菜。然后，剩下的油渣，全家兄弟姐妹都争着吃，吃起来好香。同学们可能觉得好笑，但这却是真实的故事。我们中国真的发展得很快，我们小的时候，正赶上国家自然灾害时期,常常觉得饿,原因是吃油吃得不够。所以,那时候,我们希望能够多吃一些油脂,"油多不坏菜"自然而然就成为真理了。但是,现在同学们这一代对于油的摄入,绝对不是够不够的问题了,而是吃得安全与否、科学与否的问题了。对于油或者油脂,我们不能讲它是好还是坏,应该正确地看待它。

油或油脂,首先是我们必不可少的营养素,人没有摄入一定的油脂是不行的,但是油脂摄入过多也不好。在肯定油脂的营养价值以后,我们再来看看油炸食品里面的问题,这个问题,我们要客观地来看待。我想讲这么几个问题:油炸食品中油的问题、油炸食品油炸的问题、油炸食品中添加的问题、反式脂肪酸问题,再概括一下油炸食品是否安全的问题;最后,谈谈我们团队在油炸食品方面所做的科学研究工作。

一、关于油炸食品中油的问题

我们以油炸食品里的油炸薯片、薯条为例,就了解了它们是怎样生产出来的。大家一般看到油炸工艺是油炸食品的简单工艺,比如油条的制作工艺。现在,我们来看看薯片、薯条的工业化生产工艺是怎样的:

新鲜马铃薯→浸泡→清洗→切片或切条→漂洗→油炸→沥油→拌料调味→冷却→装袋→封口→入箱→捆扎。

薯片、薯条的制作过程是:先将新鲜马铃薯浸泡在清水里,再用清洗机洗净马铃薯表面的泥沙污物,然后通过提升机送往机器切片或切条,接着用清水将薯片或薯条表面的淀粉漂洗干净,最后将薯片或薯条送入隧道式油炸锅内进行油炸。隧道式油炸锅很长,里面装满了油炸用油,薯片或薯条通过传送带经过隧道中的热油,从油炸锅的一端到另一端,就炸熟了。炸熟以后,把油沥干,然后拌入调味料,再冷却、灌装、封口。这样,不同风味的薯片(薯条)就做好了。不同风味的薯片或薯条,如茄汁味的、鸡汁味的、牛肉味的,就是通过添加不同调味料来实现的。薯片或薯条的加工过程中关键的一步就是油炸。油炸的温度比水的沸点要高,一般是170℃左右,需要两三分钟,油炸温度越高,油炸所需时间越短;反之,油炸温度越低,油炸所需时间就越长。了解这个工艺以后,就可以开展油炸食品的安全性分析了。

油的问题,主要是油脂摄入过量的问题。一般油炸的薯片、薯条里面油脂的含量是30%~50%。有些同学可能有不吃早餐的习惯,有时就吃一包50克的薯片。其实,吃一包50克的薯片,就可能吃了25克的油。那你一天之内就不要再吃油了,油脂已经够了,你再多吃,那油就多了,油脂多了就会发胖,这个是基本的常识。我们国家的《中国居民膳食指南》建议成年人每天油脂的摄入量是25~30克。但是,我们国家的食品标准里面却没有对油脂进行限量,不管油炸食品里面的油脂含量是多少,都是合格的产品。所以说,这个标准还不健全。我们不知道油炸食品的含油量,就无法控制油脂的摄入量,就有可能摄入过量的油脂。摄入过量的油脂会引起什么健康问题呢? 那就是肥胖。所以我们应该学会计算我们一天之内摄入了多少油脂。成年人一天摄入油脂超过了 30 克的话,就算超量摄入了。长期超量摄入油脂,就可能导致肥胖,而过度肥胖,就可能引起生病了。例如心脑血管疾病。

下图是我国居民膳食宝塔。该图对成年人每天合理摄入的食物量提出了建议,包括油脂的摄入量、食盐的摄入量和其他食物的摄入量,我们可以参照该宝塔衡量我们对食物摄入量的合理程度。

居民膳食宝塔

正常人的动脉血管内壁是光滑的,人体过于肥胖以后,血管壁就会逐渐硬化,内壁就会附着粥样斑块,血液也会变得黏稠,甚至形成血栓,堵塞血管。这就意味着人体出现了健康问题。肥胖还可能引起心脑血管疾病,如高血压、心脏病、脑血栓等。不同的食物,脂肪含量是不同的。例如,烤花生 50% 是油;猪的肥肉 90%以上是油;猪的瘦肉 20% 是油;松子仁有 60% ~ 70% 的油;葵花籽有 50% 以上的油;其他食物或多或少有一定的油脂。如大米 0.4% ~ 1.0%;面粉 1.1% ~ 1.5%;鸡蛋 6.4% ~ 11.1%;鸡蛋黄 20% ~ 30%;大豆 18% ~ 20%;柑橘 0.1% ~ 0.4%;苹果 0.1% ~ 0.4%;大白菜 0.1% ~ 0.2%;马铃薯 0.2%。

了解了不同食物的含油量和我国居民膳食宝塔,才能正确控制油脂的摄入,否则,就可能摄入过量的油脂。例如,有一位女士说,她家吃油吃得少,但不知道为什么体检时发现她的血脂高。通过询问她的饮食习惯后,发现她特别喜欢在晚上边看电视边吃松子。上面提到过,松子仁有 60% ~ 70% 的油,而且她是在晚上睡觉前吃了松子,这些松子在当天无法消耗掉,于是就汇集到了血管里面,导致血脂升高。

二、关于油炸食品中油炸的问题

油炸的问题之一,是油脂变化的问题。油脂的变化包括油脂的氧化变质,使之失去食用价值。放置时间太长的油脂出现怪异的味道,就是氧化的表现。油脂的氧化是由于长时间的高温油炸所致。油炸温度一般是170℃,一般油脂要使用多次,多次使用后,就引起了油脂的氧化变质。另外,油脂的变化还包括油脂的变黑、黏度加大等。油炸过程中,一些原料的残渣经过反复油炸,越炸越黑,因而导致产生致癌物,同时油脂的黏稠度也越来越大。比如,有些摊子上的油条、油饼黑乎乎的。这些黑乎乎的物质中,就可能有致癌物质的存在。此外,油脂的变化还包括油脂聚合物(环状单聚体、二聚体和多聚体)的形成。长期摄入这些物质可能会导致人体神经麻痹、患胃癌。高温过程中,还会发生热氧化反应,形成不饱和脂肪酸的过氧化物,妨碍肌体对蛋白质和脂肪的吸收,降低油脂的营养价值。所以,油炸食品到底能不能吃?我们的回答是能吃,但要适当少吃。我们有时听到媒体说食品安全问题,就会被它的说法吓到;一说到某某食品有问题,就是吃了生病,生病就一定是致死的癌症。其实,不能这么简单地等于。对于如何防止油脂摄入过多和油脂变化对身体健康产生不良影响的问题,我给大家几条建议:一是建议大家参照我国居民膳食宝塔,来指导自己吃什么,吃多少;二是不要吃太多的油;三是要少吃油炸食品,特别是油炸洋快餐。有些小孩喜欢吃油炸洋快餐,做家长的应该正确引导。家长带着小孩去吃一两次洋快餐,让他见识一下是可以的,但不要让他形成吃洋快餐的习惯。油炸洋快餐,快是快,但是油脂含量太高。还建议有关部门在油炸食品的标准中,限制油脂和氧化物等有害成分的含量,同时建议食品加工企业采用科学的方法降低食品中的含油量。

油炸的问题之二,是产生有毒有害物质丙烯酰胺的问题。十多年前,有人发现油炸淀粉类食品中存在丙烯酰胺。WHO规定,饮用水中不得超过1g/L,但食品标准中尚无限量值。实际上,热加工淀粉类食品中的丙烯酰胺含量远比水中的限量值要高(表1),而动物实验发现,丙烯酰胺具有一定的毒性。

表1 部分食品中丙烯酰胺的含量(24个国家的数据)

食品种类	样品数	均值(g/kg)	最大值(g/kg)
谷类	3304	343	7834
水产	52	25	233
肉类	138	19	313

续表

食品种类	样品数	均值(g/kg)	最大值(g/kg)
乳类	62	5.8	36
坚果类	81	84	1925
豆类	44	51	320
根茎类	2068	477	5312
煮土豆	33	16	69
烤土豆	22	169	1270
炸土豆片	874	752	4080
炸土豆条	1097	334	5312
冻土豆片	42	110	750
市售薯片	4	905	960

当时,就有媒体把丙烯酰胺叫作"丙毒"加以渲染,使很多人谈"丙"色变。后来,世界卫生组织对丙烯酰胺的毒性进行了全面的评价,认为:尽管丙烯酰胺具有一定的毒性,但是,根据人类对油炸食品的消费量来看,丙烯酰胺并没有对人类健康构成威胁。这个评价结果只是提醒我们不要偏食,或者说少吃油炸食品,但不是不能吃油炸食品。有些媒体的报道可能有夸大的嫌疑,或者说不专业,我们应该学会自己判断食品安全问题,不要盲目听信某一方面的报道。我曾看到过一份报纸,有一个标题非常醒目,也非常吓人,但我仔细看过内容之后,就觉得该标题似乎有点哗众取宠的味道。那篇报道的标题是"食品与农药同一生产线"。你看这个标题有多可怕,但是,其后的具体内容却是说在同一生产线上生产的包装袋,既有农药包装袋,也有食品包装袋。我不知道为什么要这么命题。后来,我想明白了,媒体可能是通过标题来吸引读者,提高报纸的卖点。

三、关于油炸食品中添加的问题

很多老百姓认为食品添加剂是一个很大的问题。其实,只要按照国家标准正确使用添加剂,是合理合法的。我国有一个关于食品添加剂的标准,叫作《食品安全国家标准　食品添加剂使用卫生标准》,该标准的内容是随着时间的变化不断更新的。该《标准》中,有食品添加剂2000多种,而每种添加剂都有它的使用范围和限量。

油炸食品中容易超标的添加剂是明矾(硫酸铝钾、硫酸铝胺),因为明矾中的铝可以使油炸食品的脆度变得更好。营养学家建议每人每天摄入的铝不要超过

0.7毫克,那么,摄入过量的铝会有什么坏处呢?过量摄入铝,可能导致神经衰退、记忆力衰退、老年痴呆、骨头软化甚至胚胎发育异常。所以,对于含铝较多的食品,我们不能吃得太多,特别是作坊制作的炸油条、油饼,更要少吃,尽管同学们觉得这些东西好吃,但也还是要少吃。虽然我们不能超量摄入铝,但是,铝仍然是人体所需要的物质。成人每天从食物中摄取铝的总量为20~40mg,50kg体重对铝的安全摄入量为35mg。

自然食物中本身就含有一定的铝。谷物、蔬菜、肉类等食品含有少量的铝,一般在10mg/kg左右。常见食物铝含量:粮食12.6mg/kg;水果4.9mg/kg;豆类27.3mg/kg;酒类饮料1.1mg/kg。据报道,铝含量高于100mg/kg的样品中,油条占73%,馒头占39%;铝含量超过1000mg/kg的样品中,油条占21%,馒头占7%。加工食品中,油条、油饼中铝的含量是最多的,粉丝中的铝也容易超标,因此要少吃一点儿粉丝。有些加工企业,为了使粉丝好看,就加了明矾,使粉丝看起来发亮。饮用水中也有一定含量的铝,只要铝含量达到标准的水,就可以尽管喝。铝质炊具会导致食物中的铝含量增加,因此,铝锅、铝水壶都要少用。在用铝锅炖猪肉、煮面、煮西红柿时,都会导致食品里面的铝增加。

四、反式脂肪酸的问题

这里,我们再来分析一下反式脂肪酸的问题。有一段时间,个别媒体报道了反式脂肪酸的安全性问题。消费者一听到食品安全问题的报道,就觉得很可怕。反式脂肪酸究竟是什么东西呢?我们学过有机化学的同学都知道,不饱和脂肪酸碳—碳双键上两个碳原子结合的两个氢原子在碳链两侧的脂肪酸就是反式脂肪酸,与之相对应的是顺式脂肪酸,其双键上两个碳原子结合的两个氢原子在碳链的同侧。那么,反式脂肪酸到底可不可怕?我们先来看看反式脂肪酸到底是怎么来的。第一个来源,是自然存在的,我们食用的自然油脂,如牛羊肉、奶类,都含有天然的反式脂肪酸。这就是说,天然食品和油脂里面就有反式脂肪酸的存在。人类自古以来就是这么吃下来的,有什么可怕的呢?第二个来源,就是植物油的氢化产生的。我们知道,如果油脂闻起来有怪异的味道,这就是由于含有不饱和脂肪酸的油脂不稳定,被氧化了。如果向含有不饱和脂肪酸的油脂里加氢,使之发生加成反应,不饱和脂肪酸就变成了饱和脂肪酸,油脂就稳定了,不容易被氧化了。这个过程,就是油脂的氢化过程。油脂氢化时,就有反式脂肪酸的形成。通过氢化反应得到的油脂,叫作氢化油。由于氢化油具有熔点高、氧化稳定性好、货架期长、风味独特、口感更佳等优点,且成本上更占据优势,所以这一工艺在20世纪被西方工业国家广泛使用。以人造奶油、起酥油、煎炸油等产品形式投放市场,从而导致反式脂肪酸在西方国家的一些糕点、饼干、油炸食品中广泛存在。

过量摄入反式脂肪酸,可能引起人体血脂代谢异常,增加低密度脂蛋白胆固醇(LDL－C)含量,降低高密度脂蛋白胆固醇(HDL－C)含量,促进动脉硬化,增加心血管疾病发生的风险,还可能增加糖尿病、肥胖等慢性疾病风险。对于食物中的天然反式脂肪酸,尚没有资料证明其对健康的不利影响。部分研究显示:天然反式脂肪酸对人体健康甚至可能有益。

我国政府一直在积极倡导健康生活方式和平衡膳食,以此减少总脂肪及反式脂肪酸的摄入。2015 年,国家卫计委推荐发布的《中国居民膳食指南》建议:成年人每人每天食用油脂不超过 30g,总脂肪的摄入量要低于每天总能量摄入的30%,同时建议我国居民要"远离反式脂肪酸,尽可能少吃富含氢化油的食物"。世界卫生组织建议:为促进心血管健康,应尽量控制膳食中的反式脂肪酸,反式脂肪酸的最大摄取量不应超过总能量的 1%。也就是说,如果按一个成年人平均每天摄入能量 2000kcal 来算,则每天摄入的反式脂肪酸不应超过 2.2g。美国成年人日均摄入量为 5.8g,约占总能量的 2.6%;欧盟 14 个国家的调查显示,男性日均摄入量为 1.2~6.7g,女性为 1.7~4.1g,分别相当于总能量的 0.5%~2.1%(男)和0.8%~1.9%(女)。我国城市居民每天摄入量平均在 1g 左右,仅占总能量的0.5%左右,低于西方国家摄入水平和 WHO 的建议控制值。此外,一些国家还采取在食品标签上强制标示反式脂肪酸的方式管理反式脂肪酸,比如美国食品和药品管理局要求自 2006 年 1 月起,对加工食品中的反式脂肪酸进行强制标示。

五、油炸食品的安全性问题

油炸食品的安全性问题,主要是油多的问题、油炸时油脂氧化和丙烯酰胺形成的问题、添加明矾导致铝超标的问题,还有反式脂肪酸的问题。但从食品安全方面来说,总的是可以控制的。我们平时注意不吃太多的油和油炸食品,就不存在油炸食品的危害性问题。

六、我们团队在油炸食品方面所做的工作

我们刚毕业的同学,往往不知道怎么做科研,特别是读研究生的同学,不知道选什么题目开展研究。我们认为,选题一定要慢慢来,我们团队的科研始终没有离开果蔬贮藏及加工。"十五"期间,我们开始做马铃薯安全食品加工关键技术的研究,主要是为了降低油炸薯片和薯条的油脂含量,减少丙烯酰胺的含量。通过研究,我们把油炸薯片的油脂从 30%~50%降低到 10%左右,将丙烯酰胺含量降低一半以上。经过 5 年时间的研究,我们发表了 30 多篇文章,获得了 4 项发明专利授权,培养了一批博士和硕士研究生,获得了湖南省技术发明奖二等奖。有了这个研究基础之后,"十一五"期间,我们承担了国家科技支撑计划项目——即食食品安全控制技术研究与示范,继续研究油炸方法对于降低油炸食品丙烯酰胺含量的影响,取得了很好的效果。完成以上项目的研究之后,"十二五"期间,我们团队成功申报了两个国家自然科学基金项目,开展抑制油炸食品中丙烯酰胺形成及机理研究。现在,也取得了很好的进展。通过长期的研究,我们的体会是:科研工作一定要做到产学研相结合,长期坚持做好一件事,形成明显的科研方向,这样才能在科研工作中不断发现新的选题,才能把科研工作不断地做下去。

复杂生物数据分析

袁哲明,教授,先后主持国家自然科学基金、教育部新世纪优秀人才支持计划项目、教育部博士点基金、湖南省杰出青年基金、湖南省自然科学基金等多项课题。近五年(2011 年至今)共发表 SCI 论文 26 篇(均为通讯作者),SCI 引用 106 次,其中 SCI 他引 61 次,一级学报论文8 篇(均为通讯作者),获湖南省自然科学三等奖 1 项(排名第一)。获国家科技进步二等奖、教育部科技进步二等奖、湖南省科技进步三等奖、湖南农业大学自然科学二等奖各 1 项。在肿瘤表达谱分析、多维时间序列分析、定量构效关系建模、分子序列的特征提取等方面取得了新的进展,先后提出了 SVR – CAR、SVR – KNN 和多尺度组分与关联等算法,较大幅度提升了相关研究的模式识别与预测精度。发展的多因素多水平实验设计与分析新方法 UD – SVR 已获得 9 个成功应用案例,申请专利 2 项,在动植物营养、微生物发酵、工艺优化等领域有切实广泛应用前景,并已产生了一定的经济效益。先后受邀为 *BMC Genomics* 等多家国际重要期刊审稿,匈牙利科学院 Karoly-Heberger 教授等多家国内外科研小组发来算法交流邀请,并获得了 the 4th World DNA and Genome Day (WDD – 2013)组委会的小组发言邀请。

大数据与信息时代,我们并不缺少数据,缺少的是对数据深入分析、挖掘、获取知识的能力。数据变"现",算法为王。

考虑数据矩阵(Y_i, X_{ij}),$i = 1, 2, \cdots, n$,n 为样本数;$j = 1, 2, \cdots, m$,m 为特征数。Y 是感兴趣的因变量(表型如得病与否,性状如作物产量),X 是自变量(如基因表达值)。如样本无序,称为非纵向数据;如样本有序,称为纵向数据如时间序列。如 Y 存在,称为有监督学习;如 Y 不存在,称为无监督学习(聚类);如 Y 是离散的,称为分类问题(二分类或多分类);如 Y 是连续的,称为回归问题。

依据 Y、X 是连续或离散,非纵向数据的有监督学习包括 Y 离散 – X 离散(如基于 SNP 的病例对照数据)、Y 离散 – X 连续(如基于基因表达谱的病例对照数据)、Y 连续－X 离散(如基于 SNP 的作物产量数据)、Y 连续－X 连续(如基于基因表达谱的作物产量数据)4 种类型。以基于基因表达谱的白血病病例对照数据为例,Y 为得病与否(二分类),样本数 n 一般在 100 左右,基因数 m 一般在 20000 左右,呈现为典型的小样本、高维特征。分析时需从以下六个方面考虑:

在 m 个基因中,与疾病有关的基因仅是少数,需进行特征(基因)选择。

1. 两变量关联 MIC

两变量关联即单变量过滤,每次只考虑一个 X 与 Y 的关联程度。经典统计学在 Y 二分类－X 连续时采用 t 测验,$|t| \in [0, \infty]$,要求总体符合正态分布;在 Y 多分类－X 连续时采用 F 测验,$F \in [0, \infty]$,要求总体符合正态分布;在 Y 离散－X 离散时采用 $\chi 2$ 测验,$\chi 2 \in [0, \infty]$,要求总体符合卡方分布;在 Y 连续－X 连续时采用 Pearson 相关系数 R 或决定系数 R_2,$R_2 \in [0, 1]$。对某个 X,算得 F＝5 并不能给出该 X 与 Y 关联程度的度量,需与临界值 $F(\alpha, V_1, V_2)$ 比较,其中 α 为显著水平,V_1 为大均方自由度,V_2 为小均方自由度,临界值的计算需已知总体符合某种理论分布如正态分布。因此,当总体分布未知时,t、F、$\chi 2$ 应用受限。决定系数 R_2 虽已标准化到 $[0, 1]$,但不能反映非线性关联,例如,对抛物线函数 $Y = aX_2 + bX + c$,算得的 $R2 \approx 0$,依决定系数我们会得到该 X 与 Y 无关的结论,事实上,该 X 与 Y 是完全关联的。

2011 年 Reshelf et al 在 *Science* 提出了两个变量关联的新测度——最大信息系数(Maximal information coefficient,MIC)。$MIC \in [0, 1]$,与 R_2 一样都已标准化。MIC 具有两个显著的优点:普适性,任意形式无噪声函数(线性或非线性),MIC 得分均为 1;叠加函数、圆等非函数关联亦能检测到。等价性、等噪声强度的不同函数,MIC 得分接近。

A

Relationship Type	MIC	Pearson	Spearman	Mutual Information (KDE)	(Kraskov)	CorGC (Principal Curve-Based)	Maximal Correlation
Random	0.18	-0.02	-0.02	0.01	0.03	0.19	0.01
Linear	1.00	1.00	1.00	5.03	3.89	1.00	1.00
Cubic	1.00	0.61	0.69	3.09	3.12	0.98	1.00
Exponential	1.00	0.70	1.00	2.09	3.62	0.94	1.00
Sinusoidal (Fourier frequency)	1.00	-0.09	-0.09	0.01	-0.11	0.36	0.64
Categorical	1.00	0.53	0.49	2.22	1.65	1.00	1.00
Periodic/Linear	1.00	0.33	0.31	0.69	0.45	0.49	0.91
Parabolic	1.00	-0.01	-0.01	3.33	3.15	1.00	1.00
Sinusoidal (non-Fourier frequency)	1.00	0.00	0.00	0.01	0.20	0.40	0.80
Sinusoidal (varying frequency)	1.00	-0.11	-0.11	0.02	0.06	0.38	0.76

图 1　MIC 的普适性(Reshelf et al,2011)

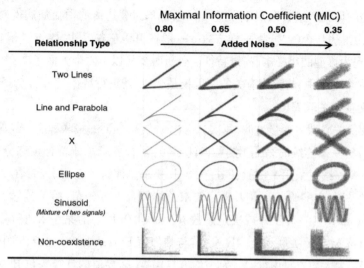

图2 MIC 的等价性(Reshelf et al,**2011**)

Reshelf et al(2011)给出了 MIC 普适性的一个实例:世界卫生组织 WHO 中各国妇女肥胖程度与收入的关系。大多数国家妇女肥胖程度与收入的关联不显著,但在十多个太平洋岛国,妇女肥胖程度是其社会地位的象征。该数据集用 R2 检测关联不显著,用 MIC 检测关联显著。

MIC 的理念是极为简单的:画格子计数。对抛物线函数,在图3 示例给出的6种划分中(实际远不只6种划分),右下 2×3 的划分算得的互信息经 log(min(x,y))标准化矫正后是最大的(x,y 分别为变量 X 与 Y 的划分段数)。给定最大分段数 B(n) = xy < 0.6n,X 与 Y 各分多少段、如何分段? MIC 采用动态规划算法搜索实现,并通过划分簇与超簇降低计算复杂度。

（图3 A 区示意图）

等间隔均分

	X<0.33	0.33<X<0.66	X>0.66
Y>0.5	5	20	5
Y<0.5	35	0	35

不等间隔划分

	X<0.25	0.25<X<0.75	X>0.75
Y>0.5	0	50	0
Y<0.5	25	0	25

图3 MIC 的不等间隔离散化寻优(Reshelf et al,**2011**,有改动)

MIC 的一个主要缺陷是在小样本时易导致虚假关联。MIC $\in [0,1]$，对两个独立变量，其 MIC 应为 0，但这仅在样本无穷大时成立。取最大分段数 B(100) = 1000.6，两个独立变量的 MIC 约为 0.24。

2. 两变量关联的改进 Chi – MIC

我们改进 MIC 发展了 Chi – MIC。其核心思想是：在动态规划算法中每增加一个分段点实施一次卡方测验，若显著则增加该分段点，否则划分终止（图 4）。

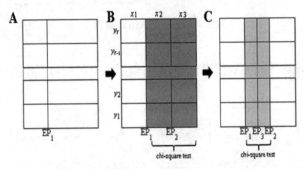

图 4 Chi – MIC 基于卡方测验控制 x 轴划分过多示意图（EP 为分段点）

取最大分段数 B(100) = 1000.6，两个独立变量的 MIC 约为 0.24，而 Chi – MIC 约为 0.06。对无噪函数，Chi – MIC 同样是普适的，Chi – MIC = MIC = 1；对有噪函数，Chi – MIC 有效地控制了格点划分过多，其统计势系统高于 MIC，能更合理反映不同函数随噪声增加复杂度 MCN 的变化。四个 UCI 经典实例数据的支持向量机 SVM 预测表明，结合单变量过滤与前向选择，Chi – MIC 可以更少地保留特征，从而获得更高的独立预测精度。Chi – MIC 速度快于 MIC，更适合大数据分析。

3. 考虑配对互作的三变量关联

在图 5（左），注意到 X_1 为 1 时，Y 既可能不得病（ – ），也可能得病（ + ）；在 X_1 为 0 时，同样 Y 既可能不得病，也可能得病。这表明，如果我们采用两变量关联（单变量过滤）研究 X_1 与 Y 的关系，无论用什么方法，我们均会得出 X_1 与 Y 无关的结论。X_2 同样如此。事实上，取 $X_1 \oplus X_2$ 或 $|X_1 - X_2|$，我们会发现 $X_1 \oplus X_2 = 0$ 时不得病，$X_1 \oplus X_2 = 1$ 时得病，X_1 与 X_2 通过互作与 Y 强关联。图 5（右）是 X_1 与 X_2 取值连续时对 Y（二分类）的互作。显然，MIC 不能检测配对互作。

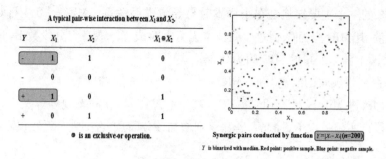

图5　配对互作仿真数据

在癌基因表达谱真实数据中，我们也发现了大量的配对互作实例（图6）。

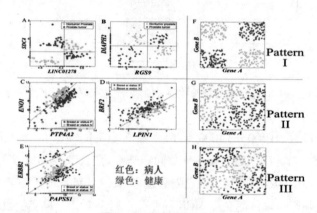

图6　配对互作真实数据

我们将 MIC 从两变量关联拓展到三变量关联。

依信息论，$I(X_1X_2;Y) = I(X_1;Y) + I(X_2;Y) + I(X_1;X_2;Y)$，标准化后有 $MIC(X_1X_2;Y) = MIC(X_1;Y) + MIC(X_2;Y) + MIC(X_1;X_2;Y)$。其中 $MIC(X_1X_2;Y)$ 为 X_1、X_2 对 Y 的标准化联合效应，$MIC(X_1;X_2;Y)$ 为 X_1、X_2 对 Y 的标准化配对互作，$MIC(X_1;X_2;Y) \in [-1,1]$；正互作表示 X_1、X_2 对 Y 协同增效，负互作表示两者对 Y 存在信息冗余。MIC(X;Y) 是在一个二维平面中的划分寻优，而 $MIC(X_1;X_2;Y)$ 或 $MIC(X_1;X_2;Y)$ 是在一个三维立体中的划分寻优，更为复杂。幸运的是我们解决了这一算法（图7）。

240

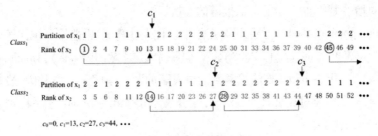

图7　配对互作时簇的划分示例

多种情形的仿真数据验证表明,我们算得的标准化联合效应同样是普适的(对任意形式的二元函数,其标准化联合效应近似为1)(图8),并具近似等价性。

Function	Domain of X_1	Domain of X_2	$Y=f(X_1,X_2)$	$MIC(X_1X_2;Y)$	$MIC(X_1;Y)$	$MIC(X_2;Y)$	Joint effect
A	[0,1]	[0,1]	x_1+x_2	0.3667	0.3817	0.3798	1.1283
B	[0,1]	[0,1]	$x_1 \cdot x_2$	0.3793	0.3824	0.3663	1.1280
C	[0,1]	[0,1]	$ABS(x_1-x_2)$	0.8222	0.1287	0.1281	1.0790
D	[0,1]	[0,1]	$x_1 \times x_2$	0.3215	0.4134	0.4144	1.1493
E	[0,1]	[0,1]	x_1/x_2	0.3835	0.3804	0.3653	1.1292
F	[5,23.3]	[5,23.3]	$10^{x_1}+10^{x_2}$	0.2390	0.4657	0.4628	1.1675
G	[0,1]	[0,1]	$ABS(1000^{x_1}-1000^{x_2})$	0.4555	0.3386	0.3381	1.1322
H	[0,1]	[0,1]	$ABS(ABS(x_1-0.5)-ABS(x_2-0.5))$	0.7080	0.1295	0.1298	0.9672
I	[0,3.13]	[1.5,4.75]	$LOG(ABS(SIN(x_1)-COS(x_2)))$	0.2853	0.3824	0.4274	1.0950
J	[0,3]	[0,3]	$SIN(x_1) \cdot SIN(x_2)$	0.3044	0.3848	0.3832	1.0723

图8　$MIC(X_1X_2;Y)$ 的普适性

我们应用 $MIC(X_1;X_2;Y)$ 来发现3个癌基因表达谱真实数据中的增效基因。$MIC(X;Y)$、mRMR、SVM-RFE 与 TSG 是当前癌信息基因选择的主流方法(其中部分特征选择方法同时考虑了两个或两个以上基因)。每种方法对每个数据集选取 Top200 个信息基因,结果4种方法选择的信息基因彼此重叠程度均很高。明显,$MIC(X;Y)$ 只能检测到单因子效应显著的基因。我们推断,mRMR、SVM-RFE、TSG 与 $MIC(X;Y)$ 一样,只能检测到单因子效应显著的基因,不能检测到配对互作基因。

与此相反,$MIC(X_1;X_2;Y)$ 检测到的信息基因,与 $MIC(X;Y)$、mRMR、SVM-RFE、TSG 检测到的信息基因基本无重叠。这表明 $MIC(X_1;X_2;Y)$ 能检测到前人方法难以检测到的配对增效基因。支持向量机 SVM 预测表明,这些配对增效基因具有与单因子效应显著基因可比的预测能力;GO 注释表明,这些配对增效基因与单因子效应显著基因共享了相同的生物学功能;$MIC(X_1;X_2;Y)$ 找到的相当一部分配对增效基因也得到了文献报道的支持。

Dendrogram – based 方法是配对互作中的代表性算法,也能检测单因子效应显著的基因(Watkinson et al, 2008)。对同一个数据集(Prostate),Dendrogram – based 方法与 MIC – based 方法检测到的最显著的两个单因子效应基因、最显著的两对配对增效基因对比如图 9、图 10,充分展示了 MIC – based 方法特别是 MIC $(X_1;X_2;Y)$ 的优势。

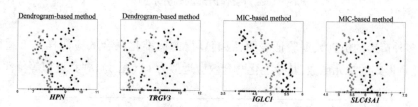

图 9　The Top**2** individually discriminant genes selected by dendrogram – based method and MIC – based method

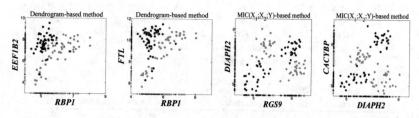

图 10　The Top**2** synergy pairwise genes selected by dendrogram – based method and MIC – based method

沃尔玛周末(X_1)、啤酒(X_2)与尿不湿(Y)的销售关联是大数据分析中的一个经典例子。分析表明,不考虑日期(X_1),啤酒(X_2)与尿不湿(Y)销售关联不显著;考虑日期则关联显著。调查表明,其原因是周末年轻妈妈给年轻爸爸下达了购买尿不湿的任务,周末有多种体育赛事直播,年轻爸爸认为在观看比赛时喝几听啤酒是非常惬意的享受。沃尔玛据此将啤酒与尿不湿就近布展,较大幅度提升了两者周末销量。值得注意的是,这种周末关联是分析人员偶然发现的,采用 $MIC(X_1;X_2;Y)$,我们将能更主动地发现大数据中的配对互作。

4. 特征冗余

假定我们获得了若干人体重与胸围、腰围、臀围的数据,很可能我们建立的多元线性回归方程为:$Y_{体重} = 3.1 + 1.2 \times X_{1胸围} + 0.8 \times X_{2腰围} - 0.9 \times X_{3臀围}$。臀围与体重呈线性负相关与我们的直觉不符,这是由于胸围、腰围、臀围之间存在信息冗余(多重共线性)导致的。对非线性模型,特征冗余也很可能导致多重共非线性。

最小冗余最大相关法(mRMR)采用去冗余策略,存在诸多弊端。我们基于MIC与冗余分摊策略,发展了 MIC – share,获得了较为理想的结果(待发表)。

5. 样本异质性(群体分层)

已知黑人易得高血压。假定某医院收集了 100 个高血压病人,其中黑人 90,白人 10;100 个健康人,其中黑人 10,白人 90。采用基因芯片测定了每人 20000 个基因的表达值。我们知道,黑色素基因在黑人中高表达,在白人中低表达。这样,黑色素基因就被误认为与高血压有关,事实上它仅与肤色有关,这就是群体分层导致的错误分析结果。

当前基于不相关基因组遗传标记的基因组对照法 GC 在解决群体分层问题时仍有诸多缺陷,我们正基于 MIC 与 TSP 尝试新的解决方案。

6. 个性化预测

在预测某个待测样本时是否需要所有的训练样本参与建模? 打个比方,三峡大坝建还是不建? 全国人民投票无疑是耗时费力的(支持向量机 SVM 在训练样本较大时极为耗时),结果也未必可信。水利部长一人说了算相当于最近邻(1NN)算法,显然风险太大。找水利、发电、国防、生态、航运、移民、建筑等方面的若干专家来决策相当于 K 近邻(KNN),较为可行。问题是,K =? 这就是 K 值选择难题。即使已知 K,如何从全部训练样本中找到这 K 个样本仍然困难。更进一步,三峡大坝我们找了 7 个专家,葛洲坝水电站我们也找 7 个专家吗? 即使也是 7 个专家,此 7 个专家与彼 7 个专家相同吗? 正如个性化医疗一样,我们希望实现对待测样本的个性化预测。

地统计学为我们解决 K 值选择难题与个性化预测提供了新的思路。我们将地统计学推广到高维空间,经特征选择与特征加权,对训练集获得一个公用变程。在变程范围内,样本是相关的;在变程范围外,样本是独立的。对每一个待测样本,以公用变程为半径画一个超球,超球内的训练样本即该待测样本的近邻,从而实现了对待测样本的个性化预测(Dai et al, 2014)(图 11)。

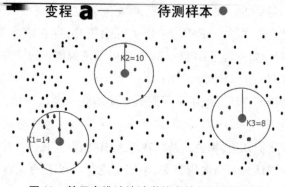

图11　基于高维地统计学的个性化预测示例

7. 学习机器选择

现有的学习机器分为两类:1)归纳—演绎推理。如 Fisher 线性判别,存在一个显性的表达式 $y = a + b_1 \cdot x_1 + b_2 \cdot x_2 + \cdots + b_i \cdot x_i$,先由特殊到一般(归纳,即模型训练求解参数),再由一般到特殊(演绎,即独立预测)。2)转导推理。如支持向量机 SVM,不存在一个显性的表达式,直接由特殊到特殊(转导),但学习机器需训练即搜索核函数最优参数。

我们前期研究显示,即使对基于转导推理的 SVM,分类器需训练即搜索核函数最优参数仍会导致过拟合(Chen et al,2016;Zhang et al,2015)。在 9 个多分类癌基因表达谱数据集上,需要训练的 mRMR – SVM 与 SVM – RFE – SVM 模型独立测试精度总是系统地低于或等于拟合精度与训练集留一法 LOOCV 精度,平均精度下降超过 12 个百分点。我们提出了无须训练、无须参数优化的直接推理(直接分类)概念,发展了基于卡方得分指标的直接分类器 Top – scoring genes (TSG)(Wang et al, 2013)及其改进版 x^2 – based Direct Classifier(x^2 – DC)(Zhang et al, 2015)以及基于相对简单度得分指标的直接分类器 Relative simplicity – based Direct Classifier(RS – based DC)(Chen et al,2016)。结果表明,3 种直接分类器的独立测试精度与训练集 LOOCV 精度差异都比较小,平均下降不超过 4 个百分点,在部分数据集上独立测试精度甚至优于训练集 LOOCV 精度,表明无须训练的直接分类能有效控制过拟合。

未来我们将基于 MIC(X;Y)、$MIC(X_1;X_2;Y)$、MIC – share 发展基于不完全网络 MIC – net 得分指标的直接分类。

8. 模型可解释性

我们并不满足模型好的预测表现,还要"知其然,并知其所以然",即模型的可解释性要好。多元线性回归模型如 $Y = 0.3 + 3 \times X_1 - 2 \times X_2$ 有显性表达式,可解释性好,上例 X_1 与 Y 正相关,X_2 与 Y 负相关,且 X_1 变动一个单位比 X_2 变动一个单位对 Y 的影响更大(偏回归、单因子效应分析等)。但对非线性模型如 SVM,如何建立非线性解释性体系仍是空白。

我们基于 F 测验对支持向量回归 SVR 建立了一套较完整的非线性解释体系,包括模型非线性回归显著性测验、单因子非线性重要性显著性测验(非线性偏回归)与单因子非线性效应分析等(Zhou et al,2016)。进一步,我们将均匀设计 UD 与 SVR 相结合,发展了多因素多水平实验设计与分析新方法 UD – SVR,截至目前,9 个应用案例全部成功。代表性案例是:棉铃虫半纯人工饲料配方优化,6 因素,出发配方(前人已优化配方)平均蛹重为 0.244g/头;经 UD – SVR 两轮 24 个组合,优化配方平均蛹重为 0.304g/头,成虫平均寿命 12d;再添加合适比例的 3 种支链氨基酸,最终优化配方平均蛹重为 0.348g/头,成虫平均寿命 27.3d。UD – SVR 在动植物营养、微生物发酵、工艺流程优化等领域有广泛应用前景。

9. 结语

我们从特征选择、特征冗余、样本异质性、个性化预测、学习机器选择、模型可解释性 6 个方面给出了复杂有监督学习非纵向数据分析的整体框架,其中样本异质性、基于不完全网络 MIC – net 得分指标的直接分类等仍有待解决。这一框架经适度改进,同样适于复杂有监督学习纵向数据分析。

从 MIC 的两变量关联 $Y = f(X)$ 到三变量关联 $Y = f(X_1, X_2)$ 是一大步,但到 $Y = f(X_1, X_2, \cdots, X_{m}')$ 仍有很长的一段路要走。更为重要的是,即使我们解决了 $Y = f(X_1, X_2, \cdots, X_{m}')$,我们仍只局限于关联,而非因果。须知因果必有关联,关联未必因果。科学研究就是这样,永无止境。

远离草木丛,避开吸血鬼——蜱及蜱传病简介

程天印,男,1964 年出生,汉族人,河南柘城人,农学博士,中共党员。湖南省"优秀教师"。现为湖南农业大学动物医学院院长、预防兽医学硕士生导师、临床兽医学博士生导师、兽医学博士后流动站负责人。兼任国家教育部动物医学专业教学指导委员会委员,《中国病原生物学杂志》编委,Plos One 等杂志审稿人。1989 年参加工作,2000 年调入湖南农业大学。2007 年晋升为教授,2009年被评为临床兽医学博士导师。2006—2011 年任湖南农业大学动物医学院副院长,2012 年至今任湖南农业大学动物医学院院长。目前主要从事蜱及蜱传病、病原功能蛋白的研究,先后主持国家自然科学基金项目 4 项、省部级科研项目 12项。曾获省部级科技进步奖 2 项、教改成果奖 2 项,地厅级科技进步奖 6 项。主编《禽病学》和《养龟与龟病防治新技术》专著 2 部,翻译《全球跨境动物疫病》。以第一作者或通讯作者在《畜牧兽医学报》等专业权威刊物上发表论文 120 余篇,其中 SCI 源刊物上发表论文 10 余篇。

现在正是一年四季中最好的时期,草长莺飞,阳光明媚,但是,也正是蜱生长的季节。同学们可能都想出去走走,到树林里,到草丛上,但是这潜在一个非常危险的事情,在草丛里有一些虫子,它们就等着大家去。我们先从虫媒病开始说,什么叫虫媒病呢? 就是由节肢动物传播疾病的总称,换句话说,就是由虫子传播的疾病。这种疾病种类很多也很杂,有病毒病,有细菌病,还有寄生虫病。有些病大家可能听说过或是很熟悉,年前的时候,各种媒体在说塞卡、三福雷邦、小头娃娃,比如说,2010 年,河南发生蜱咬死人的事件,当时 500 多人发病,死了十几个人。比如脑炎,在二三十年前每到现在这个季节的时候,各个单位都发净花让大家回去煮着喝,并且会发很多的药,这样做就是为了预防脑炎。还有呢,像上海,大家可能看过电视,在古代的时候,经常发生人瘟,我们中国有一部医术书,很有名的,

叫《伤寒杂病论》，可见那个时候人瘟对人的威胁有多大。比如说鼠疫，日本侵略者，在东北建了个七三一部队，是干什么的？其中一个就是养跳蚤，跳蚤在养的过程中就喂它鼠疫的细菌，等到哪个地方打不下去了，就用炮弹带着那些带着病毒的跳蚤打那儿，一崩一这一片人就发鼠疫，像这个疟疾，现在还有，这些都是由虫子传播的。其中两大虫子发挥的作用最重要：一个是蚊子，另外一个就是蜱。这两个相比，传播最多的就是蚊子，第二就是蜱。

我们所说的蜱，就是螨。大家好多身上都有蠕形螨，脸上起很难看的斑。这是跳蚤，这是一种蝇子，这个也有我们一个博士后老师在研究。蜱，是一个小物种，是一个小种类，全世界只有不到900种。我们国内有110多种，湖南不超过6个种，我手上抓到了5个种，我估计还会有一个种。在以前，蜱一直不受重视，真正让人们开始引起重视的是两件事。一个发生在2010年的河南信阳，这个地方发生了蜱咬死人事件。当时也是这个季节，五六月份，病了560多个人，死了十七八个。当时这件事轰动全国，卫生部、河南省的卫生厅都派专家在那个地方蹲了一两个月，最后才确定是蜱咬死人的。2010年国家卫生部专门发布了一个发热伴白细胞减少症防治指南。在这个指南里面，有一句话：蜱携带的病毒有83种，细菌有31种，寄生虫有32种，当时我凭着专业知识质疑这个数据从哪里来的呢，我就去查文献，我们就自己做研究，做了将近三年的时间。我们没研究病毒，没研究寄生虫，但是我们研究了细菌，发现远远不止这个数字。有多少呢？大概带的细菌有300种。

这是大概半个月前才发的一篇文章，在做研究的两年时间里，我们前后发了11篇文章，其中收录了5篇SCI。我们采用两种方法做研究，一种是比较先进的，一种是现在最先进的。用比较先进的方法，可以从一般的蜱虫里检测出来三四十种细菌，用最先进的方法可以检测到200多种。那么到目前为止我们检测了4种蜱，结果差不多，都是200~300种细菌。那么可以这样说，现在在世界上做蜱带细菌的人里，我们应该是做得最全的，也是做得最多、最深的。不客气地来说，现在全世界在这个方面的文章有10篇左右，我们占了5篇，也就是说，如果我们说我们的研究情况是第二的话，没人敢说第一。为了帮助大家对这个病有深刻的认识，我来讲下蜱的生活史，在这个生活史里面再给大家介绍一下它的危害的严重性。蜱虫的一生有四个阶段：开始是卵，孵化出来是幼蜱，幼蜱有六条腿，它就在树叶上、草地上等着，等到动物接近的时候，它就爬到这个动物的身上去吸血，吸2~3天，就掉下来。然后在草丛里面脱一层皮，脱了一层皮之后它的身体很嫩，它不动地待着，过几天就会变硬，变成了八条腿后它再去找动物。它不挑食，老鼠、人都是它的对象。尤其是像大家，一天到晚也不出去干活，细皮嫩肉的。你去了以后那它非常喜欢,叮咬到你这样的大学生相当于吃了一顿豪餐。这个蜱吸血的时间是 4 ~ 5 天,吸饱了以后再掉下来,在草丛里面再脱一层皮,蜱虫没脱皮以前没有肛门,脱皮了以后就有了。

那么成蜱还是在草丛里面等着,等动物接近了,它再去叮咬,叮咬了再掉下来。这个成体的吸血时间,为 10 ~ 15 天,成蜱能变化到大概什么程度呢? 吸血前,它大概是芝麻米粒大小,吸饱血之后可以达到花生米大小。最可怕的是你不知道它前面一个阶段吸的是什么血,可能是蛇的,可能是黄鼠狼的,那么这些动物带细菌的话,它吸血就把细菌也吸下去了,等它咬你,吸血的时候就把口水吐到你身上,你就倒霉了,就可能生病。如果生一个大家都知道的病还好办,生一个不知道的病那就麻烦了。虫卵照样可以有细菌、病毒,随时传播。所以我们讲蚊子的细菌,有二三十种,到蜱虫就有几百种,因为蚊子中间也有这些环节,而这个家伙呢,环节太多,不知道它前面咬的是什么,吸的什么血,所以这个家伙的细菌更多。它在温暖的季节活动,在寒冷的季节躲起来。像我们湖南地区,它大概从 4 月上旬就开始活动了,一直到 11 月中下旬,还在活动。它活动的地方,就在树林和草地里面,它趴在草叶树叶上,有太阳的时候它在背面,没太阳的时候就跑到正面,就在那儿等着大家。很多同学天气好的时候就在草地上玩,或者搭帐篷,在里面睡,其实很危险;有的人还喜欢在树林里面钻,也很危险。有同学问我我们学校有没有,是草地就会有,就会咬到你,咬到你之后发病的概率多大呢? 3‰。所以你被咬一千次,就可能倒三次霉,所以以后接触树叶草叶要格外小心。刚才我们说河南这个地方发生得比较多,为什么河南发生得比较多呢? 这是由当地的特色所决定的。我们都知道河南信阳很有名的东西,就是信阳毛尖,四五月是采摘的季节,摘茶的这些人一天到晚就在茶园采摘,和蜱虫接触的机会太多了。不像我们只是时不时地到草地一趟,他们却是天天在茶园,所以他们就有很大可能被咬。蜱虫没有眼睛,只有眼睑,它的眼睑不是用来看东西的,而是用来感受天黑天亮的。它靠嗅觉,用嗅觉感受人们的二氧化碳,它能感受到二氧化碳浓度高和浓度低的地方,有四五米范围。所以你一坐,它就能感受得到,然后就过去了。到冬天它就躲起来,所以我们说大家不要随随便便去树林、草地。那么大家想去树林草地旅游怎么办? 这就需要注意防护。首先,把袖口用透明胶粘起来,然后再喷点儿药。有个同学问会不会中毒? 不会,喷的是维生素 B 水,它讨厌这个味道,包括蚊子也讨厌这个味道。在去的前两天,可以吃大蒜,大蒜产出的那个味道我们闻不到,它闻得到,它讨厌,那么这样子就减少它到你身上去的机会。回来以后要记得看看身体,在卫生间把衣服脱光,用热水烫衣服,再洗一个澡,以及看看身上有没有这个家伙,衣服上有没有。检查衣服是检查不到位的,最好用四五十摄氏度的热水烫一下,别把这个东西带到家里面了。因为我们同学很少到这个地方,所以缺乏了解,经常到树林的人感受可是很深的。这个蜱虫呢,山里人都知道,但我们很多同学不知道,因为接触的机会太少了。这就是我们说的去树林草地前后要做的工作,回来后要检查。

那么有的时候万一被蜱咬了怎么办?有的同学说拔下来不就行了吗。不行,因为它在吸血的过程中间会吐唾液,万一你一挤,它会吐得更多。而且往外拔也不是那么好拔的。我们校园这个地区里面蜱还好一点儿,牙比较短,一拔就拔掉了。前天下午我到浏阳去看那个羊,我一看,头就蒙了,因为它那个牙齿很长。尽管它在皮肤里面,但是我一看品种就知道它牙很长。规范的做法是用那种很尖的镊子,紧挨着皮肤,尽量挨着它的头按一下,然后捏着它的嘴拔。这样就不容易使它的嘴断到肉里面。要是断到肉里面就麻烦了,过一段时间它会发炎。像刚才说的,我们在浏阳看到羊身上的,我们的经验是用酒精擦一下,过个 5 分钟它就喝醉了,我们就好拔啦,但是事实上它是个难缠的角色,所以无论怎么用酒精麻醉它,就是不松口。昨天拔了半个多小时,一个都没拔出来。最后没办法,只好用手术刀把那块肉挖掉。另外一个是全蜱,就是经常在城市里面的它最容易去的地方就是皮比较薄的地方,例如胳肢窝、大腿内侧。这些地方,第一个是皮肤好叮,皮肤柔软。第二个,就是对动物来说这是最好的地方,风水宝地。为什么?因为一般我们注意不到这个地方。如果在草地上的是人,有的时候它们会钻到我们耳朵孔里面。大家看这个片段,这是辽宁一个地方一个小孩儿钻树林里面,最后虫就钻到了耳朵里面。开始的时候他也没注意,后来发现听不见声音了,医生一检查,这是什么东西啊?里面怎么有一个豆子。最后再看看是个蜱虫。如果被虫咬了,过一段时间身上起斑的话,那就很麻烦了,那就必须赶快到医院里面去认认真真地治疗。像图一这样的斑是虫咬得留下来的伤疤。这还算是好的,像是我们昨天看的羊,一个很小的蜱虫,能肿多大呢,比花生米还大。这是被蜱虫咬了之后发生的伴白细胞减少症,会引发发烧。血小板是一种会使得我们血液凝固的好东西,所以这个减少了以后会引发全身出血。前天我到河南的医院里面去,他们说你没看到啊,那个人浑身就是红的,解剖以后内脏都是出血。

小小蜱虫能咬死人,其实是由于蜱虫体内携带的布尼亚病毒。一直到 2012年 7 月才被专家们破解。之前的诊断常常是被误诊了,使得病人的死亡率超过30% 。如何才能够有效地防备蜱虫。我们来看看医生的提示。研究发现被蜱虫叮咬的病例从每年 5 月开始出现,六七月达到高峰,然后接下来开始减少。蜱虫常常出现在草木树林和动物身上。除了野外作业工作者以外,那些爱钓鱼、喜欢在草地上面游玩的游客也应该格外注意。旅游也好,劳动也好,就要做一个防护。

袖子衣服要穿好，避免在草地上面玩耍，或者睡在地上，暴露自己的皮肤。洗澡的时候也应该检查，注意自己的耳和腋窝等皮肤有褶皱的地方，是否有叮咬的痕迹，一旦发现被蜱虫叮咬了，医生强调不可强行拔出蜱虫，也不可用手强行将其碾碎，因为蜱虫口器上长有倒刺。如果折断在皮肤里，更会增加感染概率。二是火烧也不可取。这样会刺激蜱虫分泌更多带病毒的唾液。正确的方法是拿酒精、驱风油、松节油等涂在蜱虫的头部，将其麻醉让蜱虫自行松口，用液体石蜡甘油涂在蜱虫头部使其窒息松口，再用镊子取下。

转型期中国农业生产技术发展的机遇与挑战

邹应斌,1954年2月出生,湖南望城人。1978年毕业于湖南农学院,毕业后留校工作,二级教授,博士生导师,国家现代农业产业技术体系(水稻)岗位科学家,农业部水稻生产专家指导组成员,国家有突出贡献中青年专家。1995年被评为享受国务院特殊津贴专家,1996年被评为国家中青年有突出贡献专家,2004年至今被聘为农业部水稻生产专家组成员。1987—1988年在美国密西西比州立大学进修作物生理生态,2001年赴埃塞俄比亚讲授粮食作物栽培学和种子生产,2002—2005年多次赴国际水稻所学习与交流。主要研究方向:水稻生理、生态、栽培技术及生长模拟。"九五"和"十五"期间主持了国家重大攻关研究专题3项:双季稻超高产栽培综合技术研究与示范、南方早籼稻品种改良配套技术研究、水稻持续高产栽培关键技术研究;争取国际合作课题等课题2项。获得国家科技进步二等奖1项,省科技进步二等奖4项、三等奖2项,国家发明专利2项,国家计算机软件著作权1项,发表论文80多篇,出版著作5部。

第一,农业生产的技术转型。我们国家由原本的农业化国家发展为现在的工业化国家,中间经历了漫长的时间。在20世纪70年代甚至80年代我国都是一个以农业为基础经济的国家。80年代的我们都很羡慕外国,他们都是工业补农业。那时候我们是农业补工业。但是我国发展了这么久的时间以后,特别是1978年以后的改革开放,使我国这样许多原本的农业经济国家变成如今的农业工业化国家的转型。我个人理解就是农村劳动力向城镇转移——农村城市化加速。这种过渡不只是在中国存在,其他的国家也是一样的。之前联合国做过一个统计调查,统计某些国家每天有多少人从农村转移到城镇。第二,农业生产向规模化、机械化、信息化发展。在座的有很多是学机械或者是信息的。过去都是一把锄头一根扁担,那么,为什么要从农村向城镇转移呢?首先,城镇赚钱要多一些。一把锄头一根扁担去干农活,显得很没有面子。我们农业局局长说,当看见一个农民开着拖拉机,去干农活的时候会发现他觉得很有面子。所以他说,一只手拿着锄头一只手拿着扁担去干活,这已经不是年轻人的事情了。第三,大家都知道,现在农业生产由数量高产型向质量效益型发展。我们在座各位的父辈,像我一样年龄,甚至比我大的年龄的,他们那时候是吃不饱的,因此那时候的农业生产是以追求高产为目标。如今大家吃得饱了,生活质量提高了,于是我们的农业要向优质产品、有机产品发展。于是就出现了一个问题,我们过去种油菜都是手工移植,纳米受精,那么为什么现在人们却不太喜欢这种呢?我就来回答这个问题,是这样子的,那个时候大家是因为吃不饱才拼命地干活。现在呢,大家吃饱了,所以不愿意干活。第四,由单纯的提高耕地生产率到提高劳动生产率和耕地生产率。耕地生产率是人多地少的国家所追求的目标。像我们国家14亿人口,18亿亩地,所以我们国家必须提高耕地生产力率发展。像美国、加拿大这些国家,他们人少地多,的确他们追究的是人均生产效率。我国城镇发展速率很快,所以我们非常有必要提高劳动生产率和耕地生产率。以后我们国家的要求会更高。如美国加拿大这些地多人少的国家他们只需要加大劳动投入,提高人均生产效率。如人多地少模式的国家,欧洲,日本,他们是以密集的劳动技术资本投入和原材料自然资源合理配置的集约化农业,来提高单位耕地生产率。而我们中国是规模化农业加集约化农业,以集约化农业生产为主,向规模化农业生产发展。这是结合了美国、加拿大、欧洲、日本的发展模式。在座的同学,无论你们是否学农业,我都希望你们关注这方面的问题。这几张图是对我们农业发展的一个概括。第一张图是传统的面朝黄土背朝天的工作方式。虽然我们还没有完全做到机械化,但至少已经做到了"机械插秧",但是手插秧在我们湖南还是有很多的,比如郴州、怀化这些地方,他们也是面朝黄土背朝天地劳作。在这个转型期,我们并没有进入规模化生产的时代,还是由传统的农业发展向现代化农业发展。大型农业生产机具,在我们南方暂时用不了,但是在我们东北三省,他们已经开始使用这些大型农业生产机具了。

国家会在法律上把这个经营权等的权力明确规定下来,以保证种田大户地还没有破产,这也是政府给的。技术在进步,以及下个月能源加速一体化进程,体现着能源生产的重要性,我们也要为它们做出贡献。比如说你们是学计算机的,特别是学农科专业的,这是责无旁贷的责任和义务。我有一个朋友,现在他投资了一个大棚,140亩。他投资了2000多万元,赚了2000万块,投资能源生产。像这种投资能源生产,在外地,或者是在沿海打工的,稍微有一点儿积累的,其实都是可以投资能源生产。可以这样说,是我们能源生产的一个机遇这是我个人的理解,不一定讲得很全面。有一些在农业方面成功的人士,也能指导我们,给我们启发,我现在了解到最成功的事是一头猪的改革和一只鸡的改革,这是怎么回事呢?就是把猪苗和鸡苗饲料给农民,然后,这个企业把这个鸡和猪收回来。说实话,这个农民是不接受的,这个投入不现实。但是把这个猪和鸡收回来之后,就可以投入市场,这是非常成功的。你不要小看一只鸡,广州的一个集团,我在 2001 年在农田场做实验的时候,这个集团在试验田里面发鸡苗。产量不是很高,但是老百姓喜欢养,因为不容易死,好养。这是给大家举一个例子。我今天讲技术,其实包括很多科学在里面。是早熟还是高产? 水稻,育种家培育出来的水稻,农民喜欢多穗型的。单穗型能够长势紧密。在气温和土壤条件下,它是可以进行育种的。但是我们在栽培,我们国家有 2/3 的土地是中产的,另外 1/3 是高产的。我们的中产没有那么优越的条件。还有一个,比如像棉花,出一个杂交棉,长得比人还高一点儿。现在说一下收购,我们现在要思考在使用这个转型之前,我们种的,我们培育出来的,要适合农民的需要和技术的需要,这就是一个机遇。我们的目的是提高社会指数,提高物质产量。我们一直在讨论这个问题,比如说袁隆平超级水稻,是因为增加干物质生产为主,实际上可以提高生活指数,这是一个 S 型生产曲线,这里不管是养猪还是种水稻,都是一样的,前面是一个缓慢的生长时期,后面是一个快速的生产时期,再后面是一个缓慢的时期。比如说养猪,猪长得很慢的时候,需要赶快把它宰掉,因为它照样吃饲料,但是长不大。养鸡也是一样,农作物生产也是一样。

这个可能有点夸张了,但这不是一个小问题,不要简单化思考问题,这就是我很深的体会。我觉得由化肥为主的生产是不可逆转的,由精耕细作到精简栽培的转变,也是不可逆转的。我们的老祖宗都讲田秀才,什么是田秀才? 我那个时候在家里当农民的时候他们就告诉我,我高中毕业在家当了三年农民,什么事都干过。那个老人就告诉我,什么叫田秀才,那时候他说一天到晚围着那个田转三个圈,这就叫田秀才。就是我们那个时候的农业生产,一个人只能种两三亩地,一天到晚就围着这两三亩地去转。现在不可能了,你种两三亩地养不活一家人了是吧。所以要精简,由人工劳动为主到机械生产为主的转变,我刚刚就跟大家讲了这个有机肥的例子。我不是讲有机肥不好,但是大众农产品你要去生产啊,那是买不起的,量也会不足的。像我们这个专业就是从过去的作物栽培向生产管理发展,这是个重大的转变。现在我们就提出来,我们这个专业要改名字了,不要叫作物栽培学了。我们作物栽培翻译成英文就是 Cultivation,Crop Cultivation and Farming System。但是在国外,欧美国家出的书里面没有 Cultivation,都是叫 production management。为什么我们叫 Cultivation 而人家叫 management 叫 production? 因为人家是种几千亩种几百亩一大片,他哪能在那样一个大规模下像我们这样 Cultivation,是吧,你背个锄头去Cultivation。这个要转变,这是发展,我们现在就发展到了这种机遇,这是一个,所以叫转型期。我们要从Cultivation转到一个management去。我是种几千亩,不是种几亩。我们只能做到绿色无公害,远远做不到有机。你做出来也卖不起,你也没有那么多量。我们为什么讲需要这种生产机遇呢?对于我们过去几十年,作物的生产目标,追求的是高产再高产的单一目标,袁隆平追求高产是对的,他是育种家,他在探索它的产量极限。但是我们做生产就不能去探索那个极限,我们应该追求生产绿色高效可持续目标的发展。不光是指水稻,所有作物都是这样。所以过去高产是主题,追求极限。但是反思过来呢,几十年来呢,就是高产不高效,所以我们农民种田一直不赚钱,一直到现在有一定规模以后,才开始赚钱了。像种个五十亩一百亩的话,一年赚个十来万块钱是可以的,那比到外面去打工强多了,所以现在很多沿海的打工的,有一定资本积累以后回来承包地种,这是一个非常好的政策。那是种植方式的转变,过去是植播、移栽,讨论来讨论去,是少免耕,还是深耕、深环耕。讲过一个例子,在澳大利亚在美国,它就是植播水稻,用飞机植播,还不是拖拉机去植播。但是我们呢,走的是日本韩国的方式,是移栽及插秧。这个是什么差异呢,因为我们是多收种植,一年不光种一季作物,像发达国家呢,人少地多的国家一年只种一季就够了。我们是多收种植,这个植播和移栽,不是一个简单的好与不好的问题。现在我们的玉米花生,已经实现了单粒播种,关于这个技术,你们可能不深入思考的话觉得太简单了,那么播三粒改为播一粒不就行了?这是一个科学问题,你的种子的发芽率,要达到100%,至少要达到95%以上吧。如果你的种子的发芽率低了,你能够单粒播种吗?所以美国先锋公司,它的玉米就凭这一条,把我们国内的玉米市场基本上压制了,倡导中国公司买美国的种子,这是技术问题,也是科学问题。人家的种子的发芽率高。这个玉米为什么是个科学技术问题?它玉米种子耐密植,植播,含水量低,容易干燥,就两个性状突出,把我们中国的玉米市场几乎压下去了。就是说,我们在做科学研究的时候在追求高产更高产的同时,没有去挖掘这些好的性状。它就两条,你们要做育种的,要提高种子的发芽率,种子质量,要研究好的性状,含水量低容易干燥,就耐密植,两条性状突出,产量不比你的高,但是老百姓喜欢种啊。容易干燥,这就是给大家讲的一个例子。我今天讲技术实际上是有很多科学技术在这里。作物的品种需求,是大涉型的品种还是多涉型的品种,是早熟高产还是直熟超高产。我们讲的水稻,育种家,追求大穗值,400粒一穗,实际上农民喜欢多穗型的。大穗型的水稻能展示产量潜力,在一个非常优越的气候和土壤条件下,展示产量潜力。那袁老师他是对的,他搞育种。但是我们栽培呢,我们国家有2/3的土地耕地是中低产田,只有1/3的耕地是高产田。我们在中低产田的条件下没有那么优越的条件是吧。这多穗型的品种它是稳产。还有一个，比如讲棉花，我们是杂交棉，长得比人还高些，好，不适合机械收割。我们的油菜，现在也是杂交油菜，过去栽 4 千株一亩地，现在植播栽到 3 万株。就是这些要思考，我们在实现这个技术转型的时候，你培育出的品种要适合农民的需要，技术发展的需要。

品种适应人民的需要，适应发展的需要，这就是机遇。作物的增产条件，是增加农作物产量，这就是作物生产需要讨论的问题。比如说超级稻，是因为增加干物质生产，也可以增高指数，这是个恶性生产条件，再一个就是不管你是养殖还是种水稻，现在一样是个缓慢的增长时期，后面有一个快速的增长时期，最后有一个慢慢的替转期，你在养殖时养得很慢时，赶快把它宰掉，它照样吃饲料不长肉，养鸡也是一样的，我们这作物生产也是一样，作物生产和养殖道理是一样的，在一个快速增长的过程，就像你需要赶快宰掉收回来，在这个过程重要的就是要有新的技术，去取代这个旧的技术，去整治播种、施肥等，去形成一个规律。前面讲了我们有很多机遇，政府的机遇，市场的机遇。下面我们来讲作物生长的挑战。我们这个题目是机遇与挑战，作物生长是多方种植，在规模化生长条件下，我们目前面对的一些困难，也是给在座的大家提供机遇，规模化生产、机械化生产，特别是直播，手动作物的生长季，在过去，两熟就是 150 天，以后就变成 110 天，这生长期缩短了，增长密度，所以说我们这个作物生产在一个人多地少的国家受政治影响。像法国边域的油麦玉米，我们这边的油菜水稻，双季水稻，至少是两期种植，不然就吃不饱。两期种植在规模化机械化生产下生长期缩短了，面积增加了。生长期是有学问的，也要研究。在生长期缩短的条件下产量增加，在同样条件下我需要维持同样的产量，是很不容易的，这就有很多科学问题需要大家去探讨，这就是挑战和机遇。机遇就是作量增加，挑战是什么？就是作物的生长链。为什么生物的生长是科学问题？机械化生产是作物生长的一个条件，即使是水稻机械化插秧，也得缩短插秧期，缩短 15～30 天，这个作物生长说是挑战。品种的培育和早熟很难，规模化生产条件下，增加轮候时间，从北方开始，一直到南方，到广东，都是两熟。在我们湖南这叫"双响"，这个轮候时间加长，生长规模越大轮候时间越长，就这个轮候时间来说，它也是个挑战。在座的要搞研究的话要搞个易熟的品种，再试验这个作物生长，完成它的需要。那我们不能简单地讲这个，为什么搞政治农作物，相信大家都清楚，不搞卖不完，就算我们不进口农产品粮油作物，我们也需要一亩地来生长。我们的食用油一进口就是 8000 多万，多大的数字啊，小麦、玉米、稻谷，这些进口需要 2000 多万。我们的大众农产品，进口也是一等以上。一等是什么概念呢？就现在的作物生产水平，还需要 9 亿亩耕地，还需要 1/3 的地来生长，我们够吃吗？所以人多地少这是个矛盾。但是农业规模化生产将时间缩短，我们也为之将产量提高，是非常困难的，这就是大家思考的问题。我们需要为作物转型做努力。作物的增加不是这么简单的，把移栽改为直播，应增量需增长一倍以上。现在好的品种六七十块钱一斤，已提高两块钱的成本，收不起了，你说为了省成本就改为直播，不是那么简单的事，一个受政治影响，另一个受种子自身培育的影响。直播比移栽至少增加一倍以上。另外直播还带着严重的环境污染，现在美国农业也开始闹事，转基因导致癌症。我们到地里去看看，根本不需要什么仪器设备，只需要看有没有水生生物，这个地方环境好不好，有的地方我们现在水生生物都没有了，一点儿都找不到。大家看电视看挑战不可能，挑战不可能就秀出刀片，百万分之一才找得到，仪器测不出来。我家里养了只甲鱼，我就买了猪肉给它吃，我从家里带回来的猪肉甲鱼要吃，我到市场买的猪肉甲鱼不吃。这是真的，动物就有这种本事，所以讲你现在破坏环境是多么危险的事，你们可以问那些去实习的学长学姐。

　　大穗水稻能够展现生产率和生产潜力。在非常优越的土壤环境条件下，能够展现土壤的生产率和生产潜力。但是我们国家的土地只有 2/3 的土地是中产的，1/3 的土地是高产的。我们中等产值的土壤没有那么优越的条件。所以只能种植多穗型水稻，因为它的产值稳定。例如棉花，我们种植的杂交棉长得比人还要高一些。我们的油菜也是撒娇油菜，过去一亩地只有 3000 斤，现在能够达到 3 万斤。所以我们需要思考我们这些搞农业育种的，我们所培育的品种需要适合农民的需要，适合社会发展的需要。

　　接下来我们所说的是机遇，作物的增产途径提高收获指数还是增加干物质产量。我们一直在考虑这个问题，例如我们袁老师的超级稻，认为是增加干物质生产为主。但是事实上，这也同时提高了收获指数。于是新技术的发展造成了我们新旧技术的 S 型曲线图示。无论你是养猪，还是种水稻，这个图像都是一样的。前面是一个缓慢的增长时期。后面是一个快速的增长时期，最后有一个慢慢的渐长期。因为养猪，如果养猪养到一头猪，它的体重增长缓慢的时候，我们就应该立刻把它宰掉，因为接下来它只吃饲料却不长肉。养鸡作物生产都是一样的。我们作物生产要追究一个快速的生产，加速过程，然后当它平稳时将它摘掉。一个快的生产过程就需要我们用新的生产技术去取代旧的技术。我们农作物收获的方法都要遵循这一规律。前面我们讲了我们有很多的机遇，政治的机遇，政策的机遇、还有市场的机遇。接下来我们介绍一下挑战。

　　那么为什么我们的生产转型期是如此的困难，却还提供给大家一个如此好的机遇呢？这个规模化生产机械化生产，特别是直播，它缩短了作物的生育期。过去的品种需要120天,而以后的品种却只有110天。生产期缩短了,于是它的种植密度就需要增加。那么我们的育种量也就增加了。所以在我们这个人多地少的国家,我们要实行多收政策。至少一年也有两次收获。像我们这里的水稻种植,至少是两期种植,不然的话我们就会吃不饱。在工业化生产机械化,我们的生产总量增加了。于是现在我们要考虑一个科学问题,要在缩短育种期限的条件下保证产量不变。原本120天的育种我们缩到了110天,需要维持一样的产量就是非常不容易的。上面有很多科学问题,需要大家去探讨,这就是我们的挑战与机遇。所以作物用总量增加,挑战的是一个技术问题。接下来还有一个挑战就是作物杂种优势利用。为什么说生育的生产缩短,是科技问题呢?机械化的种植水稻,我们要缩短它的秧苗期。一般情况下,要缩短15~20天,最多15~30天。一个品种的枣树,高产是很难的。过去种植35亩地的农民他们搞人海战术,35天搞完双响。但现在没有二三十天你是完不成双响的。在座的要搞农业物育种的话,必须研究农业早期育种。大家不要认为我们国家生产的粮食堆积吃不完。我国每年还需要依靠大量进口。例如我国生产的植物油,只占我们总需求的35%,我们每年进口的植物油达到8000万吨。玉米、稻谷等每年需进口2000多万吨。我们的大型农产品,每天都需要吃的,需要进口1亿吨以上。1亿吨是什么概念?按照我们现在的产率水平,我们还需要9亿亩耕地。还需要如今1/3的耕地来生产。所以我们种一季是根本不够吃的。这就是我们国家人多地少的矛盾。如果我们选择农作物育种、生产时间缩短,生长期限变短,我们要维持如今的产量,甚至提高是非常困难的。这就是我们大家需要努力的方向,我们需要努力为农业生产做贡献。无论你学什么,植物育种栽培还是搞机械的信息的,你都需要为农业生产做出贡献。这个育种量增加可不是一个简单的事情,如果我们将所有的移栽全部改为直播以后育种量增加一倍,这就是农业生产的成本。有个好的杂交水稻的种苗,需要卖到六七十块钱一斤。传统的插秧,每亩地需要100~200块钱的重置成本。但是直播省工,我们就改为直播,并不是一个简单的事情。这受到政治等多方面因素的影响。因为直播还会带来严重的环境污染,例如除草剂。

没有水生生物这个地方的环境好不好?有的地方,我们现在水生生物都没有了,像是蚯蚓,现在就找不到了。大家看电视,挑战不可能,一个镜片刀片百万分之一,它找得到仪器测不出来的。我告诉你我从家里带回来的东西我的甲鱼吃,从市场上买回来的它不吃,是真的,动物它就有这种本事。所以我们现在破坏环境有多严重大家知道吧。像是七几届大家的学长在实习的时候喝的沟里面的水,现在沟里面的水馊得不行了,都是喝的井里面的水,大家看这对环境带来的伤害有多大啊!说到直播不仅有技术问题,还有环境问题。我跟大家交流一下,我们挑种子长茎的杂种优势,但是种子成本高,越来越用不起,所以油菜、棉花在我看来,就不要搞什么杂交作物了。以前种三四千斤一亩地,现在种 3 万斤,还种这些油菜吗？棉花以前种 4000 多,现在没人种了。一亩地种 18000 斤棉花用得起吗？我们现在的杂交水稻要是用到三四斤一亩,用不起。所以玉米没有这个问题,当发生变化之后,作物栽培是一个很好的试验。现在方式改变了正常的优势却抵消不了消耗,那你还去搞这些事情干什么呢？杂种优势下降,孕种量增加,它的优势是营养体长得很大,但是它不需要那么大的营养体啊,所以就挑杂种优势。再就是我们杂交玉米的生长,它的发芽率会达到 98% ,99% ,甚至 100% ,但是我们的种子做不到啊。发芽率国家标准,去年改的还是 93% ,杂交种子维持原来的 80% 。单粒播种不是生产者想播一粒就播一粒,很多技术要跟上来呀,要是不发芽怎么办？如果做到了单粒播种,种子成本就大不一样了。现在都是大规模生产,油菜过去都是手工移栽,现在是机械移栽,生产大幅度增加。我们眼里最好的水稻这些年在走下坡路,直速下降,大家都很担心,主要是生产方式发生了变化。由移栽改为直播,由手插秧改为机插秧。我们要想想这问题,要想这个棉花生产的成本不是一个简单的生长方式。这个时候我们珍贵的杂交水稻种植面积逐年下降,国外的还在上升,上升最多的是美国,它机械化制种,养殖规模也是生态养殖分散养殖,这个是很大的问题。我的家里养过甲鱼,这就叫生态养殖。它不吃市场上的油,是真的。分散养殖向规模化养殖发展,这是个大问题,环境污染。

这是相对剩余的艰巨任务,像长沙市人民政府,株洲财政厅,就算是湖南省人民政府又能怎么办。这个是生态放养,面临的挑战,我想就是生殖牛羊家畜这些规模化养殖和规模化放养,将引进与保护地方品种相结合,主要是地方品种,引进的味道不好,养猪需的财力也很大,高规模的生态圈养,既是科学问题,也是技术问题。那么规模化的发展模式差不多,我想了很久,就是把养殖和政治相比较,下面讲的几张图片,是说养殖业的挑战,市场资源的开发与高效利用造成了两个矛盾,70 年代的四斤稻谷和一斤猪油,那时的草食动物比较有利于人的健康,就发展草食动物,草食动物的数量在北方就有些过量增加了,南方还可以,现在养羊,要进行动物食品的优质与安检,动物生产的有害气体分辨。欧洲人讲亚洲人种水稻十分繁杂,亚洲人讲欧洲人养牛十分繁杂。有机无机对这些环境的影响,比如有机肥,像猪粪就变得污染环境了,动物饲料相对于生态环境养殖的动物福利扩展,我们的目标就是把饲料的利用率提高,生产出更多的优质产品,以便对品种进行改良,饲料的管理,目标就是关于科学问题。再就是生产问题,饲料的资源短缺,动物产品质量安全,这是以后大家要做贡献的研究方向。

数据,计算与认知

戴小鹏,1964 年 4 月出生,汉族,博士,教授,硕士生导师,信息科学技术学院计算机科学与技术系系主任,校学术委员会委员,中国计算机学会高级会员。1987 年获厦门大学学士学位,2002 年至 2004 年在湖南大学进修研究生课程,2007 年获湖南农业大学博士学位,2006 年至 2007 年在日本国弘前大学做访问学者。目前主要研究方向为人工智能、复杂网络及智能信息处理。

戴教授在教学科研第一线工作,先后主讲了《数据结构》《数据库原理与应用》《人工智能》《MATLAB 与数值计算》等多门课程。发表学术论文 50 余篇,主编和参编教材 7 部,主持和参与科研项目 10 余项,获软件著作权 10 个。

有一种思维叫计算思维,大家知道 BAT 吗? 我相信在座大多是信息学院和工学院的学生,那大家对 BAT 这三个字母有什么感触? 这里 B 代表的是百度,A 代表的是阿里,T 代表的是腾讯,B 是信息的联通,A 是产品的联通,T 是人的联通。比如现在的共享单车,这就是技术给我们生活带来的便利和感受,所以今后我们的世界怎么变? 两个字——联通。现在我们要实现人与人的联通、人与物的联通、物与物的联通,我们要实现互联网、物联网。大家想百度联通了什么呢? 信息又怎么联通? 现在我们做什么事,都会百度一下,找一下信息。还有就是产品的联通和人的联通,现在我们有微信、QQ,我们通过这种方法实现了人的联通。但联通之后,产生了问题。现在的信息产品知道我们的趋向,知道我们的行为和数据,在数据里面有我们每个人的信息。

所以现在有三个问题需要我们考虑:第一,我们怎样去解决问题? 第二,我们怎么去构建一个系统？第三，我们怎样去理解人的行为？比如我们现在的交通，长沙市还好一些，如果在北京，把一条路堵死了，那我再加一条马路行不行呢？是不是又会堵死？我们怎样来理解这种行为？现在出现了大数据，我们生活在数字化时代，靠数字化生活。如果你离开了手机，离开了微信，你想想我们的生活是怎样的呢？马云说，移动互联网来了，我们觉得移动互联网很好，然后大数据来了，所以说现在是互联网的技术革命的年代。未来的三四年中我们学信息的、学工学的同学有很大的机会。我们国家现在在提智能制造，智能制造基于大量的信息，信息的来源是数据。过去的工业时代是要把人变成机器，而未来我们是要把机器变成人。

我们今后去学习，出去找工作，创新创业在哪里？科学的发展是为了解放人类的生产力，人类的社会生产力要化成人力的工具。我们现在的体质增强，但有谁去舞刀弄枪？因为我们有动力工具，现在我们有飞机大炮，没必要再去拼刺刀了。动力工具它需要什么科学呢？像能源、动力设备等，到了我们21世纪，我们最需要什么科学？需要智能科学，还要有智力工具。像工业4.0和中国制造到中国创造，就需要智能科学、智能机器。我们要改造自然，要想我们的大脑是怎么思维的？去年人工智能做了一个最大的突破，阿尔法狗下赢了世界级的围棋选手，围棋这种棋类规则少、变化多，这个巨大的突破，让我们接触到智能时代，我们由农业时代、工业时代、信息时代进入智能时代。那么我们思考阿尔法狗为什么能赢呢？因为有大数据。我们应该怎样去认识它？对于一个外部世界，我们需要去感受它，去知道它。通过我们信息技术的处理，也就是计算机神经系统，智能的中枢也就计算机网络，这个就叫作"泛在网"。这也就是我们今后改造世界的一个流程，信息技术的扩展，数据时代的变革，就如农业社会需要人力与土地，工业社会需要的是机器技术与资本能源。而信息社会最核心的是需要用户与数据。所以我们讲物质、能量与信息是社会发展的三元因素。比如我们研究物质的物理化学，研究能量的物理学，现在我们去研究数据，以研究人类的方式去考虑数据的变化。

我们人不仅要学一些技能，更重要的是要有一定的思想。我们说一个人要有四个头脑：一个是哲学的头脑，一个是经济的头脑，一个是政治的头脑，一个是数学的头脑。我们学习是为了什么？是为了人类的美好改造，从而学习。那么，如今的新经济时代的开启、数据驱动到底是怎样的呢？互联网，移动互联网驱动的是信息经济、数据经济和智慧经济。现在的智慧经济有很多种叫法，例如我们的农业叫作智慧农业，我们的交通叫作智慧交通，我们的生产叫作智慧生产，没有信息的生产是盲目的生产，没有技术的生产是愚蠢的生产。这是我们现在经济的发展行情,由信息经济向数据经济再向智慧经济的过渡。信息经济如今给我们带来很大的影响,它的反映主要体现在"互联网＋"。我们要发展,关键的问题是思想与理念。现在的生产力是以互联网为核心的新技术,新要素从劳动资本到数据,我们要掌握数据流动性新价值的来源。从 IT 到 DT,过去我们讲信息技术是 IT 技术,现在更多地讲信息技术其实是 DT 技术。现在我们的新结构要从分工到共享,特别是我们的互联网,重视的是共享经济。例如现在的生产是个性化生产,我们的个性化宣传要以消费者为主导。要达到这个标准,就要求我们拥有现在的新基础设施,从"铁公机"到云网端需要云计算、移动互联网、智能终端。所以我们有很多很多的机会来做,所以我们说大数据已经来临。

2015 年互联网流量超过 70EB 的水平。这是什么概念呢？我们最基本的单位是字节,一个字节,等于八个 Bit,1K 等于 1024 字节,1M 等于 1024K,1G 等于 1024M,1T 等于 1024G。所以我们可以想一想大数据在未来会给我们的生活带来怎样的改变,未来人类又会过怎样的日子。现在我们就来认识大数据时代,假如给你一天大数据的生活,你早上七点被手机叫醒,你醒来以后看看自己的血压心跳,翻身次数,然后白天戴一个运动手环,到处走走路看看自己走了多少步。你准备出去玩,你的手环就会告诉你,你应该走哪条路最省时间。你玩儿了一天玩累了想到哪儿吃东西,它也会告诉你哪一家餐馆比较好,当你吃饱想到其他地方去玩,它也会分析,你去哪儿最方便。所以说,现在大数据给我们带来了生活上的很多改变。

大数据时代,我们又应该怎么做呢？首先我们要学的就是统计学,然后就是数据库的管理,接下来就是最核心的一个——数据的分析。我们讲,最核心的就是理解人类的行为。

联邦快递公司把数据卖给谷歌公司,房地产公司把数据卖给建材公司,儿童医院把它的数据卖给奶粉公司。我讲的第一个是数据的积累、来源、类型多样的超大数据集,与大数据齐步。第二个就是数据内容的分析。第三个是做数据的服务与处理。这是我们的数据的价值。比如说美国的医疗环境、欧洲的公共部门管理,市场都在成倍增长。每一个数据都经过许多遍的处理,让它有可利用的价值。现在计算机行业,一个大数据分析师他的年薪至少有 50 多万元,所以我们讲中国已经进入了大数据时代。我们有一个中国互联网的统计调查报告,每年有两次。现在中国的网民据不完全统计,有 7 亿多。还有手机的网民,中国网站的注册量,发布的网页的数量,与中国手机入网数,月均网络交易,微博的用户数,都说明中国已经进入了大数据时代。所以现在很多行业零售率很重要,沃尔玛、家乐福这样大型的零售业都在做大数据分析。沃尔玛很典型的一个故事就是啤酒尿布的故事。啤酒和尿布排在一排,有助于尿布的销售。

金融领域,比如马云的支付宝支付,有很多的应用软件,比如小额贷款、易贷客。最关键的是理解人类的行为,人的行为是最复杂的,不像别的动物。大家都知道2008年美国的金融危机,叫作次贷危机,它是怎么来的? 它就是很多的数据计算,经过很多产品什么的总结出来的,它知道怎么定价。还有我们教育领域,在教育领域里,比如说我们讲慕课。你每一天花了多少时间,你的学习成绩、入学率、辍学率等,等级分析,你的等级为什么变好为什么变差,你的学习行为是什么样的。我们如果能搞定每个同学的学习行为,就可以做到因材施教。所以有很多领域的应用。还有一个找女朋友的问题,大数据告诉你周一周五不要去,周五都去找,竞争压力很大,周一是经过周五周六完了以后她心情很烦躁,经过星期二的休息,星期三就想通了,你再去找她,这就是大数据的分析,这就是合理的分析,据《非诚勿扰》《世纪佳缘》等分析出来的。因为有大量的数据去分析,像阿里巴巴、腾讯每一年都有这样数据分析的比赛,大家下载它的数据去分析它。还有生活娱乐方面,粉丝比例,地区排名。《爸爸去哪儿》的观众明显向GDP高地聚集,偏好度前十名有五个GDP十强省份。它都有大数据的分配,做广告,做需求。其实我们讲这么多,那什么是大数据? 这个我们讲MB到GB到TB。

大数据有四个特点:数据规模非常大、数据类型特别多、数据价值比较高、速度比较快。所以我们叫作大数据实用理论。数据分析,我们做数据怎么做啊? 一要懂业务,二要懂管理,三要懂分析。因为往往得到的是不确定的数据,所以我们要懂概率,我们都有不确定到确定的经历,就是概率。有模糊不确定,模糊数学。比如刚才我们讲物联网互联网怎么联系在一块,之后我们讲商业职能、消费职能从生产智能到创造智能。数据是有价值的。计算不仅仅是个人的计算,计算机的计算,各行各业都需要计算,我们说计算无处不在、无时不有。生物上有计算生物学,社会上有社会计算学等,这样的计算有很多,大家都有网盘,这叫云计算。过去是几个人用一台电脑,现在是一个人用几台电脑。什么是云,不论你人在哪里,你的数据都在电脑上,打开电脑随时都可以阅览。

我们先看下一个简单的计算,三个人挣了1000块钱,这1000怎么分? 我们来看这道解答题的计算。在这里我先把故事和大家讲一讲,有三个人合伙经商,第一个干活挣了100块钱,第一个和第二个挣了200块钱,第一个和第三个人干活挣了300块钱,第二个和第三个一起又挣了400块钱,这三个人合伙就挣了1000块钱,这1000块钱怎么分? 我们再讨论一下污水处理厂,拿出一个最优的污水处理方案,第二个你根据这个方案来,如果你建厂,你怎样来分担费用? 首先我们可以根据各城镇的污水量分担,但排污量不同,排污费不可能平均分,肯定会有人多出钱,有人少出钱。这个问题在现实生活中是有道理的,你排的污水量比较多,你就要多出点儿钱。或联合使用按污水量分担,怎么分配污水处理?现在我们看一下,这里有五种方案,城 1、城 2 合建,城 3 单建一个方案;城 2、城 3 合建,城 1 单建是另一个方案;城 3、城 1 合建,城 2 单建这又是一种方案。那么通过图中的这个公式我们应该就知道,单独建要 620 万元,A、B 合建要 580 万元,A、C 合建要 623 万元,B、C 合建要 595 万元,我们再看第五种方案,这个第五种方案是最好的,556 万元。那么问题来了,如果按这样我们怎么分呢?我们三个城镇,每个出多少钱?那我们就通过计算来看,A 是亏的。现在想一想我们怎么做才是合理的呢?我们计算的时候要这样考虑它,我们的利益在哪里,我们的利益就是这 64 万元,我们可以通过这个式子去设置这 64 万元,如果我们有三个人,我们可以设置一个模型,这就是我们的沙利模型,这 64 万元里 A 应该能分到 19.7 万块钱,A 应该要出 230 万元,减去获利的 19.7 万元,就是出的 210.3 万块钱,这个就是合理的是吧。

我们一定要建立自己的数学模型。这个我们应该怎样去做呢?有一个数学家,他就建立了这样一个模型,大家可以用这个计算。数学家定义了很多这样的模型,这是一个思维矛盾,其实我们可以去做这些事情,这是一个问题,所以今天晚上大家可以分配。我们有三个班,一个班 25,一个班 30,一个班 40,那么你们应该怎么分配?你们要注意一定的方法,然后我们可以发现一下问题,这是第二个问题。这里有一个表,根据每一个人去打羽毛球的情况,可以列一个表出来。比如说什么情况下去打羽毛球,什么情况不去,你能知道吗?最近有一个人,给我提了一个很好的概念。他其实是我的信息祖师爷,他提出了一个信息化的概念。我给大家出一个阿里巴巴面试题,看大家能不能计算出来。比如我这里有 1000 个瓶子,1000 个瓶子里面都装有水。其中一瓶是有毒的,抓一只老鼠,让它来喝,一个老鼠去喝有毒的水,那么这只老鼠 5 分钟就会死亡,当然,我给你的时间只有 5 分钟。那 5 分钟之内你肯定知道哪一瓶有毒,1000 只瓶子,问题是你要找多少只小白鼠,才能识别它出来。当然,你找 999 只老鼠肯定会知道的。那么养小白鼠的人就会发财了。我们应该要用职业的资源去考虑。现在我们来考虑一下,8 个瓶子,至少需要几只老鼠。你不可能把它直接喝一下,每个老鼠去喝一次。有人能够计算吗?那让我们想一想。8 个瓶子我们不能确定,每个瓶子都是有毒的。那么它的概率是多少?1/8。这种信息告诉我们是不确定的,那么我们给它取倍数,我们就可以得出是几只老鼠,3 只老鼠。以二维的 1/8 为倍数,等于 3,所以用 3 只老鼠就可以了。那么我们又设计了一个信息问题,我们把这 8 个瓶子,用二进制数来编译,从 000 到 111。给第一只老鼠去喝个位为 1 的瓶子,给第二只老鼠去喝十位为 1 的瓶子,给第三只老鼠去喝百位为 1 的瓶子。在实验之后发现第一次老鼠没有死,第二次、第三次死了,那么我们就知道了哪一瓶有毒。

我们刚才讲到的一些问题,构成一个问题的框架,以建立数学模型。第二步,我们需要问题的描述,要算出它,我们要培养一种理论思维,理论思维就是逻辑的推理,比如数学的推理。第二个是实验的思维,比如归纳。找了一个里面没有失败了,找了两个里面没有失败了,找了 100 个里面也没有,还是失败了。另外,我们要讲的就是计算思维。这个计算思维就是构造的过程,我们第一个问题的解,要引用这种思维模式,去构造它,就是我们刚才讲的那个问题,用问题框架建立数学模型。第二步,我们用问题的描述,这就是数据结构。第三个,构造它要有自己的算法,用这种算法去解决这个问题。构造模型—数据描述—算法出现,这就是我们的计算思维。所以我们讲,要用各种思维去处理它。培养我们的方法和思维,提升我们的能力。用这种思维来支持我们的能力,培养自己心灵手巧的能力,形成自己的奇思异想,换一种角度来讲,要培养仰望星空的能力。

猪的遗传育种

陈斌,湖南农业大学教授,博士生导师,畜禽遗传改良湖南省重点实验室主任,湖南农业大学学术委员会委员,动物科技学院学术委员会主任,动物遗传育种与繁殖专业博士点及硕士点领衔人,兼任全国生猪遗传改良计划专家组专家,中国畜牧兽医学会动物遗传育种分会理事,信息技术分会理事,湖南省畜牧兽医学会常务理事,政协湖南省第十一届委员会委员。

陈教授主要从事猪的遗传育种研究,获多项省部级科技进步奖及教学成果奖,其中:省科技进步二等奖 3 项、三等奖 1 项,国家教育部科技进步三等奖 1 项,湖南农业大学科技进步一等奖 1 项,湖南省优秀教学成果二等奖 1 项。参与培育的"湘虹猪配套系"和"湘益猪配套系",于 2006 年通过了湖南省畜禽品种审定委员会审定。主编了专著《养猪专业合作社读本》,参编专著 4 部。先后在国内外刊物上发表学术论文 120 多篇,其中第一作者或通讯作者论文 80 多篇,SCI 收录论文 10 多篇。

一、养猪业的概况和发展趋势

中国是世界第一养猪大国,我国出栏猪的数量占了全世界一半以上。生猪养殖是我国的传统优势产业。猪肉是我国人民动物蛋白的主要来源,猪肉消费量保持在肉类消费总量的 60% 以上。2015 年全国生猪出栏 70825 万头,同比下降 3.7%;年末生猪存栏 45113 万头,同比下降 3.2%;猪肉产量 5487 万吨,同比下降 3.3%,猪肉占肉类总产量的 63.6%。2016 年全国猪肉产量 5299 万吨,比 2015 年下降 3.4%。2016 年年末全国生猪存栏 4.35 亿头,比 2015 年年末存栏数量下降 3.6%。正因为这两年生猪养殖数量下降比较快,所以价格比较高,养猪效益很好。

湖南是粮猪大省,畜牧业产值占农林牧渔业产值的 45% 左右,而养猪业产值占畜牧业产值的78%左右。生猪养殖是湖南农业经济中重要的支柱产业,生猪产业的持续健康发展在满足人民消费需求、保证食品安全、促进农民增收、保障农村劳动力就业、发展农村经济以及推动相关产业发展等方面具有重要的意义。

我国未来对猪肉需求量会呈刚性增长,原因有三:(1)我国人口总数持续增加,预计到2030年前后会达到15亿;(2)未来20年,我国经济增长5%~7%,居民收入增长同步,消费能力增强;(3)城镇化率进一步提高,到2015、2020和2030年分别达到55%、60%和70%。

养猪业发展方向:

(1)高效——养猪业综合生产效率、资源利用率和劳动产出率显著提高;

(2)健康——以动物健康保障人类健康,充足、安全、营养的猪肉产品保障人类更高层次的健康需求;

(3)绿色——环境友好和生态和谐。

养猪业的发展趋势和特点:第一,分散饲养向适度和规模经营发展,集约化程度不断提高。第二,更加重视环境保护,发展循环农业。第三,随着生活水平的提高,对优质肉、高档肉需求稳步增加,地方猪品种资源保护、开发利用日益受到重视。第四,区域化生产更加清晰。在2016年4月农业部发布了《全国生猪生产发展规划》,在这个规划里把省份分成了四个区:重点发展区、约束发展区、潜力发展区、适度发展区。因为湖南养殖总量比较大,且湖南是重要的水源地,所以湖南属于约束发展区。第五,新技术的不断采用。现在有很多新的技术都应用在养猪业上。第六,产业化经营不断发展,组织化程度进一步提高。

二、生猪遗传改良的地位和现状

影响动物生产效率的因素可以用四个字来概括:种、料、管、病。种就是遗传育种,料就是营养饲料,管是饲养管理,病是疾病防治。其中遗传育种对动物生产效率的贡献率最高,达到40%。良种是生猪生产的物质基础。猪的育种就是利用现有猪种资源,采用一切可能的手段,改进猪的遗传素质,以期生产出符合市场需求的数量多、质量高的猪肉产品。

为提升畜牧业综合竞争力,保障畜产品供给安全,2016年6月,农业部发布了《关于促进现代畜禽种业发展的意见》(以下简称《意见》)。提出要形成以育种企业为主体,产学研相结合、育繁推一体化的畜禽种业发展机制,到2025年主要畜种核心种源自给率达到70%,国家级保护品种有效保护率达到95%以上,基本建成与现代畜牧业相适应的良种繁育体系。《意见》明确,我国畜禽种业将重点突出生猪、奶牛、蛋鸡、肉鸡、肉牛和肉羊等主要畜种,兼顾水禽、蜜蜂等特色品种,坚持地方品种原始创新和引进品种消化吸收再创新相结合,坚持常规育种与分子育种相结合,家畜突出本品种选育,家禽突出商业配套系培育,加快构建商业化畜禽种业体系,着力提升畜禽种业的核心竞争力。

重点任务有:(1)提升育种创新能力。全面实施遗传改良计划,继续开展国家核心育种场遴选,探索建立家畜联合育种机制,开展全基因组选择育种。(2)完善育种评价机制。完善新品种和配套系审定制度,探索开展新品系审定,建立健全种畜禽性能测定体系,加快建立畜禽良种优质优价机制。(3)加快优良种畜推广。明确优势区域主推品种,支持建设国家良种扩繁推广基地,打造一批国家级育繁推一体化种业企业,加强基层畜牧技术推广机构建设。(4)强化畜禽遗传资源保护。建设一批国家级和省级畜禽遗传资源保种场、保护区和基因库,建立国家畜禽遗传资源动态监测预警体系。(5)培育壮大龙头企业。培育一批大型畜禽种业集团,以优势品种为基础,以优势种畜禽企业为载体,打造一批具有国际竞争力的畜禽种业品牌。(6)加强种畜禽疫病净化。以核心育种场为重点,积极开展种畜禽场主要动物疫病净化试点、示范,推动主要动物疫病净化,从生产源头提高畜禽生产健康安全水平。

中国猪育种工作的现状:20世纪80年代以来,我国从国外引进了大量的瘦肉型种猪,对提高猪的出栏率、胴体重、瘦肉率、良种覆盖率、经济效益等起了重要作用。生猪出栏率从1978年的53%提高到目前的150%左右,胴体重从57kg提高到80kg以上,育肥猪出栏时间从300天左右缩短到160天左右,瘦肉率由40%左右提高到65%左右,饲料转化率提高了30%以上。但从总体上看,养猪生产水平仍然低于欧美等发达国家。

20世纪90年代以来,我国生猪遗传改良工作稳步推进,猪的育种技术水平有了较大提高,种猪质量明显改善,对猪的生产性能的提高和养猪业的发展做出了重要贡献,养殖效益明显增加,养猪业得到持续稳定发展。

但是,我国生猪遗传改良工作与发达国家相比存在较大差距,引进的优良瘦肉型品种,经选育后还是赶不上同时代国外的猪种。

由于长期存在重引种轻选育倾向,认为进口种猪便捷,立竿见影,选育费钱费时收效不大,从而花费大量资金盲目进行重复、大批量引进种猪,引进后缺乏继续改良的动力,导致种猪退化,出现“引种—退化—再引种—再退化”的恶性循环,这对于我国养猪业的可持续发展不利。长期重复、大批量引进种猪,会造成资金大量流失、用于种猪选育的经费不足、种猪质量难以保证、容易带进疫病(如蓝耳病)与养殖大国地位不相称等问题出现。

因此,必须转变观念,扭转种猪长期依赖进口的局面,加强对引进种猪的选育力度,采取正确的技术路线和育种方法,达到改造、创新的目的,培育瘦肉型猪新品种(系),打造华系种猪品牌。

三、猪遗传改良的目标和方法

1. 猪育种的总体思路

采取开放核心群育种体系,开放与闭锁相结合,常规育种与分子育种技术相结合,在常规育种技术基础上融入分子标记辅助选择、基因组选择、分子标记辅助选配、DNA 分子诊断等手段,开展种猪选育工作。

2. 选育方向

根据国内外市场对种猪和商品猪的需要,种猪的选育方向主要向生长快、饲料报酬高、产仔多、瘦肉率高、肉质优良、抗病力强、体型外貌符合市场需求的方向选育。采用分化选育,父系种猪侧重生长速度、胴体性能及肉质,母系种猪侧重繁殖性能。

3. 选育目标

(1)杜洛克猪:选育方向为终端父系种猪。30 ~ 100kg 日增重 900g 以上,达 100kg 体重日龄 150d 以下,背膘厚 10mm 以下,饲料转化率 2.40 以下,胴体瘦肉率 66% 以上。前后躯发达,全身肌肉结实紧凑,头中等大,背阔胸深,四肢粗壮有力,毛色以棕红为主。

(2)长白猪:选育方向为母系种猪或在配套系中作第一父系种猪。总产仔数 12 头以上,产活仔数 11 头以上,21 日龄窝重 70kg 以上。30 ~ 100kg 日增重 900g 以上,达 100kg 体重日龄 155d 以下,背膘厚 12mm 以下,胴体瘦肉率大于 66%。皮毛全白,头清秀,前躯较丰满,四肢粗壮,体型高长,有效乳头数 7 对以上,排列均匀。

(3)大白猪:选育方向为母系种猪或在配套系中作第一父系种猪。总产仔数 12 头以上,产活仔数 11 头以上,21 日龄窝重 70kg 以上,30 ~ 100kg 日增重 900g 以上,达 100kg 体重日龄 155d 以下,背膘厚 12mm 以下,胴体瘦肉率大于 66%。毛色全白,前后躯发育良好,头中等大,前胸宽深,腹线优美,四肢健壮,体形高长,有效乳头 7 对以上,排列整齐匀称。

4. 育种的基本手段

(1)选种:选择具有优秀性能的个体做种用。

(2)选配:使优秀性能稳定遗传下去。

5. 选种的三个环节:性能测定、遗传评估、留种

(1)性能测定:有测定站测定和场内测定两种形式,目前以场内测定为主。

(2)遗传评估:20 世纪 80 年代以来,随着人工授精技术的广泛应用,动物模型 BLUP 方法广泛应用于猪的遗传评估中,大大提高了猪遗传改良的速度,猪的生

产性能得到很大提高。

BLUP 的主要优点有:能充分利用所有亲属的信息;可以校正固定环境效应,有效地消除由环境原因造成的偏差;能考虑不同群体、不同时代的遗传差异;可以校正选配造成的偏差;当利用个体的多项记录时,可将由于淘汰所造成的偏差降到最低。

加拿大是世界上开展遗传评估工作最早的国家,通过遗传评估,从 1980—1996 年,大白猪达 100kg 体重所需要的时间减少了大约 23 天,其中遗传评估所起的作用占 16 天,达 100kg 体重时猪的背膘厚降低了 4.8mm,其中遗传评估所做的贡献是 4.2mm,其他猪种中,有关生长速度和背膘厚度的结果也是相似的。同时,母猪年生产能力也逐年提高,给加拿大养猪生产者带来了极大的好处。

美国通过建立遗传评估体系,猪的改良效果非常显著,1999 年与 1990 年相比,杜洛克后备猪达 250 磅天数的育种值下降了 2.9 天,背膘厚的育种值下降了 1.2mm,母猪总产仔数的育种值增加了 0.26 头,21 日龄窝重的育种值增加了 1.7kg,瘦肉率的育种值增加了 2.8%,终端父系指数增加了 23.3,母系指数增加了 11.5,母猪繁殖指数增加了 2.8。

四、全国生猪遗传改良计划

为推进生猪品种改良进程,提高生猪生产水平,促进生猪产业持续健康发展,我国农业部 2009 年颁布了《全国生猪遗传改良计划(2009—2020)》,2010 年颁布了《〈全国生猪遗传改良计划(2009—2020)〉实施方案》。主要内容包括:遴选国家生猪核心育种场;建立种猪性能测定体系;开展种猪遗传评估;开展遗传交流;建设种公猪站和人工授精体系。

1. 国家生猪核心育种场遴选

截至目前,已遴选出 96 个国家生猪核心育种场,其中湖南占 7 个。

2. 生产性能测定

母猪繁殖性能测定(总产仔数、活产仔数、初生重、出生窝重、21 日窝重、断奶仔猪数、断奶重、断奶窝重)。

后备猪生长发育性能测定达 100kg 体重日龄:控制测定猪的体重在 85 ~ 130kg 的范围,经称重,记录日龄,并按如下校正公式转换成达 100kg 体重日龄(全国生猪遗传改良计划专家组,2016)。

达 100kg 体重日龄 = 实际日龄 + (100 - 实际体重) × ((实际日龄 - A)/实际体重)

100kg 体重活体背膘厚:在测定体重时,同时用测膘仪测定猪的活体背膘厚。采用 B 超扫描测定倒数第 3 ~ 4 肋间、距背中线 5cm 处的背膘厚,以毫米为单位。

然后,按如下校正公式转换成 100kg 体重活体背膘厚(全国生猪遗传改良计划专家组,2016)。

100kg 体重活体背膘厚 = 实际背膘厚 + (100 - 实际体重) × (实际背膘厚/(实际体重 - B))

3. 遗传评估

母猪繁殖性能育种值估计模型:

$y_{ijk} = \mu + hys_i + l_j + a_{ijk} + p_{ijk} + e_{ijk}$

生长发育性能育种值估计模型:

$y_{ijklm} = \mu i + hyss_{ij} + l_{ik} + g_{il} + a_{ijklm} + e_{ijklm}$

选择指数计算

父系指数模型:

$INDEX = 100 + \sum w_i A_i$

其中,w_i 为第 i 个性状的经济加权值,A_i 为第 i 个性状的估计育种值 EBV,父系指数中包括的性状为达 100kg 体重日龄和 100kg 体重背膘厚。

母系指数模型:

$INDEX = 100 + \sum w_i A_i$

其中,w_i 为第 i 个性状的经济加权值,A_i 为第 i 个性状的估计育种值 EBV,母系指数包括的性状为达 100kg 体重日龄、100kg 体重背膘厚和总产仔数。

2015 年,全国生猪遗传改良计划专家组对选择指数进行了修改,主要修改内容:不再为每个品种分别设定父系指数和母系指数,而只设定一套通用的父系指数和母系指数。父系指数用于所有父系品种(目前主要是杜洛克),母系指数用于所有母系品种(长白、大白猪)。父系指数中包含达 100kg 体重日龄和 100kg 体重活体背膘厚,相对权重分别为 70% 和 30%。母系指数中包含达 100kg 体重日龄、100kg 体重活体背膘厚和总产仔数,相对权重分别为 30%、10% 和 60%。以后可能会在指数中增加其他性状(如饲料利用率、体型评分等),并相应地调整相对权重。

种猪的选择:通过遗传评估,准确地选择在遗传上优于亲本的种猪;后备公猪的重点是生产性能;瘦肉率高、生长快、饲料效率高和结实度;后备母猪的重点是母性能力;产仔数、泌乳力、温顺和易管理、结构和结实度。

核心群更新:核心群母猪的年更新率控制在 30% ~40% 之间。核心群公猪若是引进的原种,年更新率控制在 40% 左右;若是自留的个体,年更新率控制在 50% ~60%。

4. 开展遗传交流

每个国家生猪核心育种场至少应与其他 3 个核心育种场保持持续的遗传交

流。经全国遗传评估评定最优秀的种公猪应根据场间遗传交流计划参与场间遗传交流。应保证5%以上的育种群母猪用其他场种公猪配种。

遗传交流方式:(1)直接引入其他场的优秀种公猪;(2)引入其他场的优秀种公猪精液。

5. 种公猪站和人工授精体系建设

2017年,农业部审核认定了两个全国生猪遗传改良计划种公猪站(上海祥欣畜禽有限公司、广西农垦永新畜牧集团有限公司良圻原种猪场),主要用于核心育种群的公猪精液交换。公猪站的种公猪主要来源于国家生猪核心育种场,且必须是经性能测定、遗传评估优秀的种公猪。计划于2020年前建设400个种公猪站,合理布局人工授精技术服务点,用于社会化遗传改良与生猪良种补贴工作。生猪良种补贴项目优先选用经过性能测定和遗传评估的种公猪。

五、猪遗传改良的新技术

1. 动物克隆技术

细胞核移植得到的个体都叫作克隆。根据核供体的来源不同,可将其分为胚胎细胞克隆和体细胞克隆。通常所说的动物克隆指体细胞克隆,即动物的无性繁殖。

克隆技术的特点和优势:目标明确,短期高效。传统的猪育种工作,需要数年至数十年方可选育出一个顶级种猪群,且需要花费大量人力物力财力。如果利用克隆技术,能在短期内目标明确地大量"复制"猪群中特别优秀的个体,同时保持优良性状,再辅以选种选配等常规育种手段,可大大缩短育种年限,提高遗传进展。

发展前景:建立一整套克隆猪生产的技术体系,完善与之相配套的技术环节,包括:供体猪选择、克隆仔猪培育、克隆种公猪的调教等,提高克隆猪生产效率,降低生产成本。

2. 动物转基因技术

概念:(1)将人工分离和修饰过的基因导入动物基因组中,由于导入基因的表达,引起动物性状可遗传的修饰。(2)指利用分子生物学技术,将某些生物的基因转移到其他物种中,改造生物的遗传物质,使遗传物质得到改造的生物在性状、营养和消费品质等方面向人类需要的目标转变。

转基因动物:指以实验方法将外源基因导入动物染色体基因组内稳定整合并能遗传给后代的一类动物。

转基因技术的应用:可大大改进动物生产性能;可实现抗病育种;产生新的代谢途径,从而提高其生产性能;可改进动物产品的质量;可使奶用动物获得乳腺生物反应器;建立毒理试验的动物模型;人类医学(如器官移植)。

存在问题:食品安全问题。未知的可能副作用;外源基因在人体内表达。技术问题:成本高、成功率低、基因组的有效整合、稳定遗传问题。

3. 分子标记辅助选择(MAS)技术

(1)概念:借助分子遗传标记信息选择种用个体(个体遗传评定)。

(2)MAS 的优势:增加遗传评定的准确性;进行早期遗传评定;减少遗传评定的成本;获得更大的遗传进展和育种效益。

(3)MAS 的基本策略:

①保持现行的育种方案,但同时利用标记信息、表型信息和系谱信息对个体进行遗传评定。提高遗传评定的准确性。

②两阶段选择:可以减少测定的数量,降低育种成本。

③早期选择:可以缩短世代间隔。

(4)影响 MAS 相对效率的主要因素:QTL 效应大小;QTL 与标记及标记与标记间的连锁程度;MAS 的应用策略;选择的世代数;性状的性质:遗传力;是否限性性状;测定的难易程度;是否连续分布。

4. 全基因组关联分析

GWAS(Genome – wide association study),最早用于医学研究,通过提取对照组和病例组的 DNA 样品,进行全基因组的 SNP 芯片扫描,找出对照组及病例组中基因频率差异著的 SNP 位点,则认为该位点与疾病(性状)存在关联。

GWAS 就是标记辅助选择在全基因组范围上的应用,在全基因组层面上开展大样本的、多中心的、重复验证的技术,并对相关基因与动物数量性状进行关联研究,从而全面地揭示出不同数量性状的遗传机制和基础。

利用高通量基因分型技术,分析数以万计的单核苷酸多态性(SNPs)以及这些SNPs 与动物数量性状的相关性。

GWAS 的优点:

(1)可以一次性检测到数以万计的 SNPs 信息,从而提高试验效率以及检验功效。

(2)可对未知信息的基因进行定位探索。传统的 QTL 定位仅仅限于对已知的候选基因进行分析探索,而 GWAS 是对全基因组的范围内的所有位点进行关联分析,拥有更广泛的关联信息,相比候选基因分析,GWAS 更有可能找到与性状真正关联的候选基因,因此,不再受到预先假设的候选基因的限制。

(3)不需要"盲目地"预设一些假定条件。有目的地比较全基因组范围内所有 SNPs 的等位基因频率或者通过家系进行传递不平衡检验(TDT),从而找出与数量性状显著相关的序列变异。

5. 基因组选择

(1)概念:基因组选择(Genomic selection,GS)是后基因组时代的动物育种方法,是在全基因组范围内的标记辅助选择。基因组选择主要应用于:①限性性状的选择;②早期选种,缩短世代间隔;③遗传力低的性状;④不能重复度量的性状。

(2)基因组选择的思路:在全基因组范围内,用大量的SNPs标记或微卫星标记对所有QTL估计一个总的育种值,即把单个QTL的标记辅助选择"化零为整"。

(3)基因组选择的步骤:①建立参考群体:表型记录;基因组标记分型;通过数学模型估计出每个标记效应型。②待选群体:对个体进行标记分型;累加每个标记效应值得到个体基因组育种值(GEBV);根据每个个体基因组育种值进行排队。

(4)影响基因组选择效果的因素:①参考群体:群体规模;表型测定的数量和准确性;表型记录的世代数;参考群与待测群的世代距离;参考群与待测群的遗传差异;参考群体的合并。②标记间的连锁不平衡程度:LD程度越高,GS效果越好。③标记密度:标记密度越大,GS的效果越好。

后 记

　　《走进修业大学堂》(第一卷)终于付梓出版了,作为编者,我们有一种如释重负的感觉。这是因为,从修业大学堂创办之日起,许多人给予了支持;从筹备编这本书开始,很多人给予了关注;更因为要把学术委员会委员们的讲座录音整理成册,结集出版绝非易事。我们唯恐因为自己的拙笨和疏忽带来错误和遗漏,辜负大家的期望。我们怀着极强的责任感编校本书,万不 有丝毫懈息。

　　我校修业大学堂创办于 2015 年。三年来,在学校和社会各界悉心呵护下,修业大学堂日渐成熟、越办越好、四方赞誉,深得师生喜爱。由于领导重视、组织周密、善于学习、注重创新,修业大学堂推出了精品、形成了品牌、产生了效益,取得了成果。为了更好地发挥修业大学堂的育人功能,在学校领导的大力支持和精心指导下,在编委会全体同志的共同努力下,我们对 33 期修业大学堂的讲稿进行了记录整理,并从中精选出了一部分结集出版。

　　从约稿到录音整理,从稿件的筛选到润色加工、校对、审定,其中辛劳自不待言。但当想到这些委员的精彩演讲将由声音变成文字,使更多的人受益,我们备感兴奋,顿时充满了热情和干劲。不管怎么说,这本书是集体智慧的结晶,集体劳动的成果。我们要感谢来自修业大学堂的专家学者:王健、王晓清、邓子牛、兰勇、龙岳林、匡远配、孙志良、孙松林、刘仲华、李骅、李明贤、邹立君、邹冬生、邹应斌、陈斌、陈光辉、陈信波、肖浪涛、吴明亮、沈岳、岳好平、官春云、周冀衡、周文新、周清明、罗琳、胡东平、贺建华、袁哲明、程天印、谭兴和、戴良英、戴小鹏等提供讲座的稿件。我们要感谢学校领导的大力支持。另外,还有一大批学生工作者和学生干部为修业大学堂的成长和本书的出版做了大量工作,在此一并表示感谢。

我们希望通过不懈的努力,促进修业大学堂更好地发展,传经授道,增强学术氛围,催生更多的学术大师。未来的路还很长,打造知名品牌的任务还相当艰巨。但无论遇到多大的困难,我们都会倾尽全力,努力为之。我们深信,有第一卷的出版,就必将有第二卷、第三卷乃至更多卷精品书籍出版。

由于编者水平有限,错误和不当之处在所难免,恳请专家学者和读者批评指正。

编 者

2017 年 9 月 27 日